いちばんやさしい

WordPress 入門教室

バージョン 6.X 対応

佐々木 恵［著］

本書のサポートサイトについて

本書で使用するテーマやサンプル画像素材、正誤表などを公開します。
下記URLよりアクセスしてください。

書籍サポートサイト
http://www.sotechsha.co.jp/sp/1323/

本書ご利用にあたっての注意事項

- システム環境、ハードウェア環境によっては本書どおりに動作および操作できない場合がありますので、ご了承ください。
- 本書の内容は執筆時点においての情報であり、予告なく内容が変更されることがあります。また、本書に記載されたURLやアプリの情報は執筆当時のものであり、予告なく変更される場合があります。
- 本書の内容の操作によって生じた損害、および本書の内容に基づく運用の結果生じた損害につきまして、著者および株式会社ソーテック社は一切の責任を負いませんので、あらかじめご了承ください。
- また、本書の制作にあたっては、正確な記述に努めていますが、内容に誤りや不正確な記述がある場合も、著者および当社は一切責任を負いません。

はじめに

本書の第一版を執筆した2020年、ソースコードを書かずにWebサイトやアプリケーションを開発する「ノーコード開発」の流れが加速していると書きました。あれから3年が経ち、その方向性は変わることなく進化を続けています。

ノーコード開発は、ノンプログラマーでも短期間・低コストで構築できることが大きな魅力であり、小規模なWebサイトを作成するプラットフォームではノーコード開発が主流となっています。

WordPressにおいては、バージョン5.0から「ブロックエディター」という機能が搭載され、ブロックを組み立てるように直感的にコンテンツを作成することが可能となりました。

さらに、バージョン5.9からはフルサイト編集（FSE）機能が搭載され、これに対応したテーマ（テンプレート）を使用すれば、サイト全体をブロックで編集できるようになりました。

このように、ますます便利になったWordPressですが、自由度が高くなった反面、初心者には操作が難しくなっている部分もあり、学習コストが以前より高くなっていると感じます。

そこで、本書では大切なポイントに重点を置き、具体的なWebサイトの作成例をもとに効率よく学習できるよう手順を工夫して解説しています。

まずは一度、8章まで順番どおりにサンプルサイトを作成して、WordPressの操作方法としくみを理解しましょう。

そして、10章では同じテーマを使ってどんなアレンジが可能なのかを知り、自分のWebサイト作りにチャレンジしてみてください。

「今すぐ自分の会社のWebサイトを作りたい！」「知人のお店のWebサイトを作ってあげたい…」そんな方々の一助となれば幸いです。

2023年6月

佐々木 恵

CONTENTS

Chapter 1

Webサイトを作る前に知っておきたいこと

Chapter 2

レンタルサーバーにWordPressを設置する

Chapter 3

WordPressとテーマの初期設定について

Chapter 4

投稿ページを作ろう

Chapter 5

固定ページを作ろう

Chapter 6

問い合わせページを作ろう

Chapter 7

トップページを仕上げよう

Chapter 8

サイトエディターでサイト全体を整えよう

Chapter 9

Webサイト運用の知識を身につけよう

Chapter 10

テーマをアレンジしよう

Chapter 1

Webサイトを作る前に知っておきたいこと

Webサイト作りの基本と、多くのWebサイトでWordPressが採用されている理由を知り、必要なものを準備しましょう。

Lesson 1-1

どんなWebサイトが作れるようになるの？

本書の目的とゴール

「WordPressで作るWebサイト」と一口に言っても、個人のブログサイトからプロが作る大規模な企業サイトまで、幅広い用途や難易度があります。まずは、本書で作れるようになるWebサイトのイメージを共有します。

WordPressで自分のWebサイトを作りたいと思い、この本を手に取りましたが、Webサイトの知識や経験はありません…。こんなボクでもWebサイトを作れますか？

問題ありません！ 本書は、WordPressで誰でも簡単にWebサイトを作成できるように解説しています！ まずは本書の内容や目標について説明していきますね。

サンプルは小さな音楽教室のWebサイト

本書では、以下の手順でWordPressでのWebサイト作りを学んでいきます。

❶ Webサイト作りの基本とWordPressの概要を知る［Chapter 1］
❷ レンタルサーバーを用意してWordPressをインストールする［Chapter 2］
❸ サンプルサイトを作りながらWordPressの基本と操作方法を身につける［Chapter 3～Chapter 8］
❹ 完成後のWebサイト運用について必要な知識を身につける［Chapter 9］

❸では、WordPressに付属のデフォルトテーマ『Twenty Twenty-Three』を利用して、小さな音楽教室のWebサイト作りを説明していきます。手順に沿って、実際に手を動かしながらサンプルサイトを作ってみましょう。

難しい知識は必要ないため、はじめてWebサイトを作る人でも大丈夫！

もちろん、スマートフォンにも最適化されています。

図1-1-1 完成サイト（左：PC表示、右：スマートフォン表示）

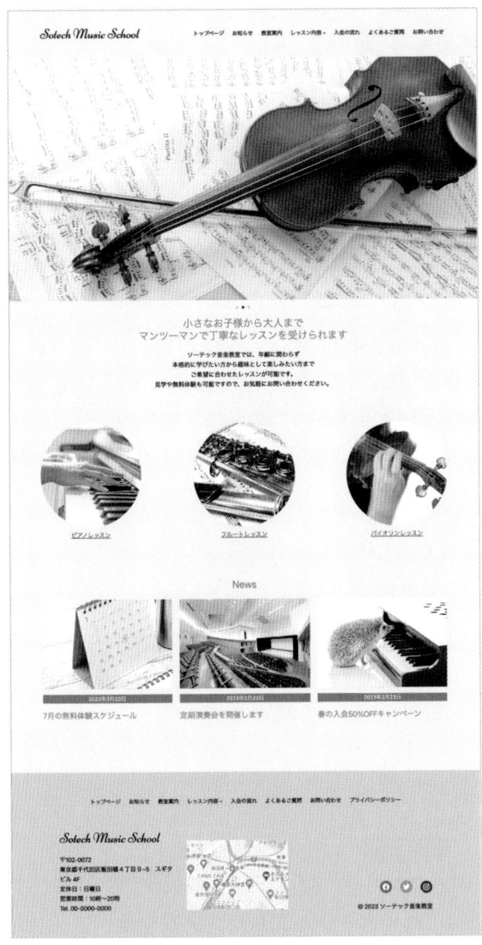

サンプルサイトのURL▶https://wp-book.net/2nd/

スマートフォンの表示は
こちらでチェックできます

ゴールは小さな企業やお店のWebサイトを作れるようになること

サンプルサイトを作ることによって、小規模な企業、お店、教室、個人サロン、クリエイターなどのWebサイト作りにも応用できる知識が身につきます。

「会社のWebサイトを作りたいけどプロに依頼する予算がない……」「自分のお店だから自由に作ってみたい！」「Web制作者ではないけれど、知人のためにWebサイトを作ってあげたい！」そんな人たちを対象としています。

Lesson 1-2

そもそもWebってなに？

Webのしくみを知ろう

私たちが普段Webブラウザを通して見ているWebサイト、その中身はいったいどのようなしくみになっているのでしょうか。予備知識として知っておきたい、Webの基礎について学びましょう。

本書で作成していくWordPressのWebサイトでは、難しい知識やプログラミングのことは知らなくても問題ありません。しかし、自分でWebサイトを作って運営するのであれば、Webの概略については知っておいたほうが良いでしょう。

以前からWebサイトの「Web」って何?という疑問を持っていたので、非常に助かります!

Webとは

Webページ上にあるリンクをクリックすると、別のページに移動できることは知っていますよね。このリンクのことを正式には**「ハイパーリンク」**といい、ハイパーリンクが書かれた文書のことを**「ハイパーテキスト」**といいます。

このハイパーテキスト同士がハイパーリンクによって無数につながっているハイパーテキストシステム全体のことを**「Web」**、ひとつひとつのハイパーテキストのことを**「Webページ」**、ハイパーテキストのひとかたまりを**「Webサイト」**といいます。

図1-2-1 World Wide Webのイメージ

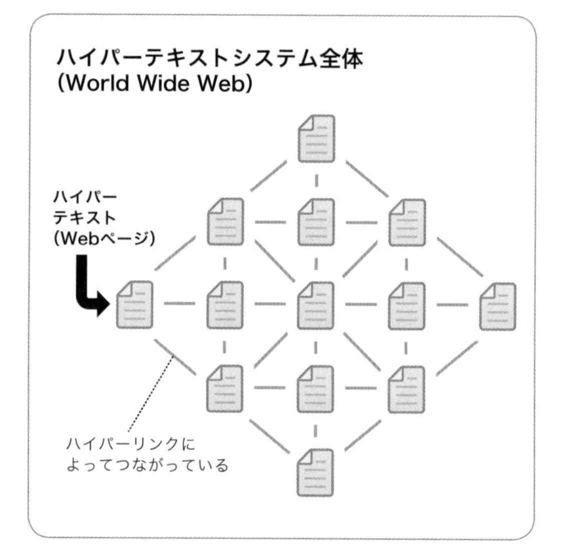

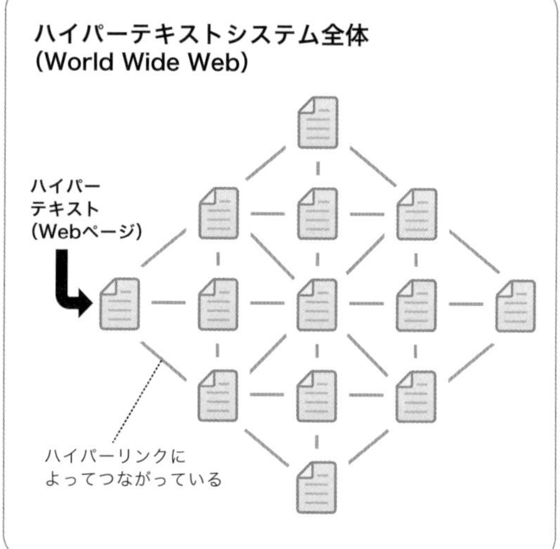

MEMO

Webは「World Wide Web」の略称であり、Webという単語は「くもの巣」という意味を持っています。つまり、「World Wide Web」は直訳すると「世界中に張り巡らされたくもの巣」。ハイパーテキストシステム全体をイメージすると、くもの巣のように見えることからWeb（くもの巣）と呼ばれています。

Webページの中身を知ろう

Webページは主に**HTML（ハイパーテキスト・マークアップ・ランゲージ）**のルールに沿って記述された文書であり、見出しや本文などといった文書構造をコンピューターにも理解できるようタグ付けをしたり、文書中に画像を表示させるためのタグや、文書と文書をつなぐためのハイパーリンクが記述されています。

図1-2-2 HTML文書の例「1-2-2.html」

```
<!DOCTYPE html>
<html>
<head>
<meta charset="UTF-8">
<title>HTML文書の例</title>          ― 文書のタイトル
</head>
<body>
<header>
<h1>ソーテック社</h1>                 ― 大見出しであることを明示するタグで囲む
</header>
<main>
<section id="section01">
<h2>会社案内</h2>                     ― 中見出しであることを明示するタグで囲む
<img src="sample.jpg" width="600" height="400" alt="社屋の写
真">                                  ― 画像を表示させるタグ
<p>当社は1974年7月に原理・原則を説くビジネス書籍の出版社として創立され
ました。</p>                          ― 段落であることを明示するタグで囲む
<a href="http://www.sotechsha.co.jp/">ソーテック社のWebサイト
</a>                                  ― ハイパーリンク
</section>
</main>
<footer>
<p>&copy; Sotechsha Co., Ltd.</p>
</footer>
</body>
</html>
```

HTML文書は、そのままでは人間にとって非常にわかりにくいため、Webブラウザ（Google ChromeやSafari、Microsoft Edgeなど）によってページを描画させて閲覧します。

図1-2-3 1-2-2.htmlをWebブラウザで表示する

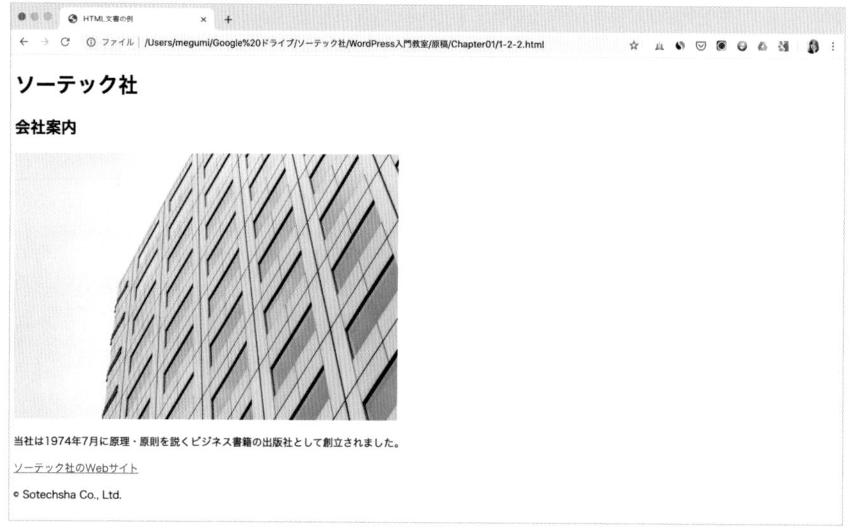

図1-2-3のようにHTMLだけでもWebページを作ることは可能ですが、なんとも殺風景な書類のようですよね。そこで欠かせないのがHTMLを修飾するための**CSS（カスケーディング・スタイル・シート）**です。詳しい説明は省きますが、CSSによって文字や背景に色を付けたりレイアウトを組むことで、よりわかりやすいWebページを表現することができます。

図1-2-4 CSSによって修飾されたHTML文書

また、閲覧者の操作に応じて動きをつけたり表示を制御するためのプログラムも、多くのWebサイトで使われています。

このように、私たちが普段目にしているWebページは、HTML文書を中心にCSSやさまざまなプログラムを組み合わせて作られているのです。

HTML文書はWebサーバーにアップロードする

HTML文書とそれに関わるCSSや画像ファイルなどは、Webサーバーと呼ばれるインターネット上のコンピューターにアップロードして公開することで、世界中の誰もが閲覧できるようになります。

Webサーバーは、手軽に利用できるレンタルサーバーと契約するのが一般的です。レンタルサーバーについてはLesson 2-1で説明します。

図1-2-5 Webページが表示されるしくみ

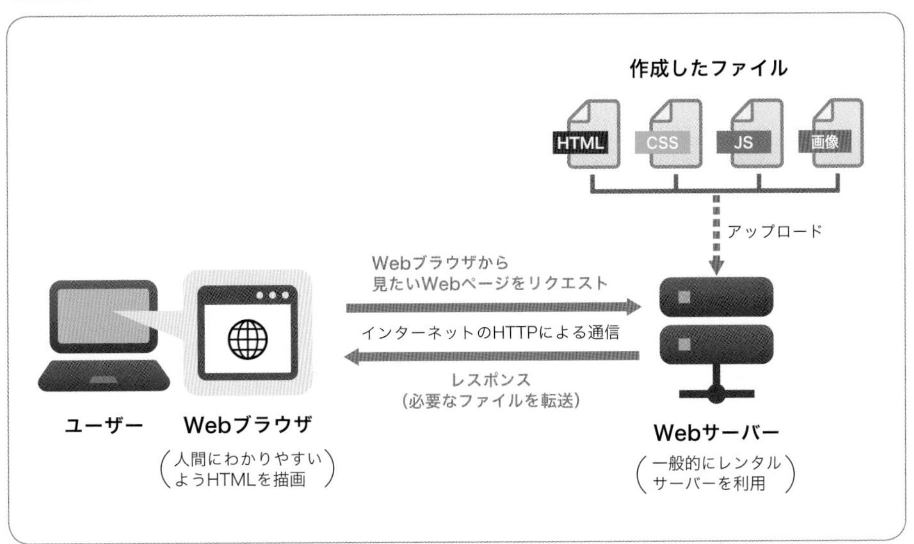

Lesson 1-3

どうしてそんなに人気があるの？

WordPressが選ばれる理由

WordPressならHTMLやCSSなどの知識がなくてもWebサイトを作ることができます。WordPressの概要と特徴について説明します。

Webサイトを作成する上で、HTMLやCSSの知識が必要なのはわかりましたが、これらを自分でプログラミングしていくのはとても難しそうですね…。

安心してください！ WordPressではHTMLやCSSの知識がなくても、素敵なWebサイトを誰でも作成することができますよ。

WordPressはCMSシェアNo.1

Lesson 1-2で説明したような、1ページ毎にHTMLを作成してWebサーバーに手動でアップロードするWebサイトを**「静的サイト」**といいます。これに対し、ユーザーがアクセスするたびに自動でページが生成されるWebサイトを**「動的サイト」**といい、動的サイトは主に**CMS（コンテンツ管理システム）**を利用して作られています。

CMSとは、コンテンツ（文章や画像などの内容）を入力するだけでWebページを生成できるシステムであり、静的サイトに比べてWebページの作成や修正などが非常に簡単に行えます。

CMSには数え切れないほどの種類がありますが、数あるCMSの中でもダントツのシェアを誇っているのが**WordPress**です。世界中のWebサイトのうち、43%以上がWordPressを使用して作られているのです（2023年6月現在。Web Technology Surveysによる）。

WordPressってどんなソフトウェア？

WordPressはPHPというサーバー上で動作するプログラミング言語で開発され、MySQLというデータベース管理システムを利用したソフトウェアです。

Webサーバーにインストールして使うため、アメブロなどのブログサービスのようにWebブラウザ上の管理画面から記事を投稿したり、デザインや機能をカスタマイズすることが可能です。

作りたいWebサイトの構成やイメージが固まったら、それに合わせて設定と入力を行うだけでWebサイトが完成します。

どうしてそんなに人気があるの？

もともとはブログソフトウェアとして開発されていたWordPressですが、バージョンアップを重ねるごとにカスタマイズの柔軟性や汎用性を増し、現在では大手企業やメディアをはじめ、大学など一般的なWebサイトの制作にも数多く用いられています。

では、どうしてそんなに人気があるのか。WordPressの魅力について説明します。

誰でも無料で使える

オリジナルのCMSを開発依頼したり、有料のCMSを導入した場合は高額な費用がかかりますが、WordPressは**GPL（GNU General Public License）**というライセンスの元で配布されているオープンソースのため、個人でも商用利用でも無料で使用できます。ほかに特別なソフトウェアも必要ないため、初期コストを抑えられる点は大きな魅力です。

MEMO

WordPressは世界中のボランティア有志によって開発されているため、オリジナルは英語版でリリースされています。日本語版や日本語のドキュメントは、日本人の有志によって提供されています。

インストールが簡単

「WebサーバーにWordPressをインストールする」と聞くと、なんだか難しそうですよね。実際に、手動でインストールするには少々手間がかかります。しかし、多くのレンタルサーバーでは数クリックで簡単にWordPressをインストールできる機能が提供されているので、初心者でも安心です。インストールの手順についてはLesson 2-3で説明します。

ブロックエディターで高度なWebページ作成も簡単

HTMLやCSSなどの知識がなくてもWebサイトを作ることができるのはもちろん、WordPressには**ブロックエディター**と呼ばれる編集機能があり、ブロックを組み立てるようにコンテンツを作成することが可能です。

文字の装飾や画像の挿入だけでなく、思い通りのレイアウトを組んだり、動画を埋め込んだりすることも簡単に行えます。

図1-3-1 ブロックエディターでページを作成

図1-3-2 完成したWebページ

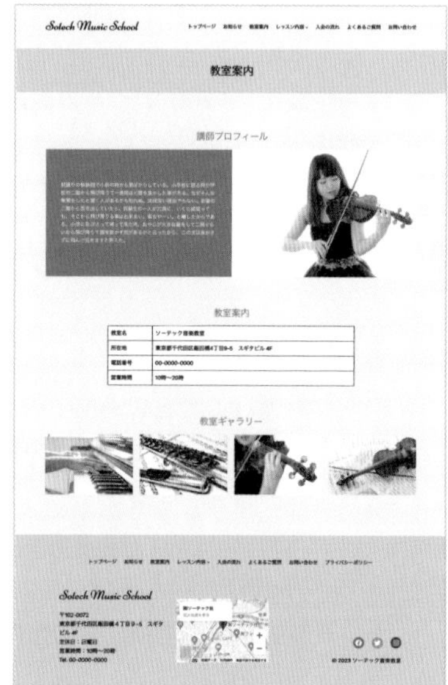

テーマが豊富

テーマとは、主にWebサイト全体のデザインを変更するためのシステムで、いわゆるテンプレートと同じようなものです。WordPressの公式ディレクトリに登録されているテーマだけでも10,000種類以上あり、すべて無料で使うことができます。

WordPressのテーマは単純に見た目やレイアウトを変更できるだけでなく、表示させる内容や機能も操ることが可能なため、使用するテーマによっては独自の機能を持っており、使い方もそれぞれ異なります。

MEMO

完全にオリジナルなデザインや、独自の機能を持ったWebサイトを作りたい場合は、HTML・CSS・PHPなどの知識が必要となります。

プラグインが豊富

プラグインとは、WordPressの機能を拡張するためのツールです。WordPress本体は柔軟性を保つためシンプルに設計されているので、機能を追加したい場合はプラグインを利用します。公式プラグインディレクトリには、60,000種類以上のプラグインが公開されていて、問い合わせフォームやスライドショーなどを簡単に設置できるプラグインや、SNSとの連携、アクセス解析など、Webサイトの制作や運用に必要な機能はなんでも見つかると言っても過言ではありません。

ユーザー数が多いから情報量も多い

WordPressはユーザー数が多いため、Web上にはWordPressに関する情報が溢れています。なにか困ったことやトラブルが起きたときにも、解決方法を見つけやすいでしょう。

MEMO

Web上にある情報は、すべてが信頼できるとは限りません。特にWordPressは頻繁にアップデートがあり、古い情報は最新バージョンに適していないこともあるため、注意が必要です。

SNSや無料ブログサービスとの違い

WordPressと同様に、簡単に情報発信できるSNSや無料ブログサービスとは何が違うのか比較してみましょう。

多くの外部サービスでは限られた機能や規約の範囲内で利用し、仕様変更や規約の改定があってもそれに従わなければなりません。最悪の場合は、サービスそのものの停止も起こりえます。

その点、WordPressは自分で用意したサーバーにインストールして使用するため、とても自由です。また、外部サービスのみでの情報発信に比べて、独自のWebサイトがあったほうが信頼性も向上し、ブランディング効果も期待できるでしょう。

SNSや無料ブログサービスと比較してのメリット

- 独自ドメインが使える
- 好きな機能を追加できる
- 検索性が高い
- 商用利用やアフィリエイトが可能
- デザインをカスタマイズできる
- 情報が整理できる
- 余計な広告やリンクが表示されない
- データのバックアップを自分で管理できる

Lesson 1-4

Webサイトを作る前の大切な準備

Webサイトの構成を考えよう

Webサイトを作り始める前に、あらかじめ必要なページのリストアップや構成を固めておきましょう。この作業によって、作成がスムーズに進められます。

先生のおかげでいろいろな知識が身に付きました！
早速WordPressでWebサイトを作成していきましょう！

待ってください！ Webサイトを作成していくには、作成目的や掲載するトピックの構成を事前に考えておく必要があります。本節でWebサイトの内容を一緒に決めていきましょう！

Webサイトの目的を考える

Webサイトを作るうえでもっとも重要なのがコンテンツ（内容）です。たとえ見栄えの良いデザインでも、ユーザーにとって有益な情報が少なければ、良いWebサイトとは言えません。

Webサイトのコンテンツは作り手が発信したい情報だけでなく、**ユーザー目線で考えること**が大切です。「誰」に何を伝えるためのWebサイトなのか目的を明確にしたうえで、その「誰」はどんな情報を必要としているのかを考えましょう。

なかなか思い浮かばない場合は、同業他社のWebサイトを参考にするとよいでしょう。

必要なページと内容をリストアップする

次に、具体的に必要なページと各ページの内容をリストアップします。

本書のサンプルサイトでは以下の11ページを作成します。トップページの考え方については、Chapter 7で詳しく説明します。

①トップページ
②レッスン内容（レッスン方針・料金表・各コースへのリンク）
③ピアノレッスン（レッスンの紹介文）
④フルートレッスン（レッスンの紹介文）
⑤バイオリンレッスン（レッスンの紹介文）
⑥入会の流れ（無料体験からレッスン開始までの流れ）
⑦教室案内（講師プロフィール・教室案内・教室内の写真ギャラリー）
⑧お知らせ（お知らせの一覧）
⑨よくあるご質問（よくある質問と回答）
⑩お問い合わせ（メールフォーム）
⑪プライバシーポリシー（個人情報保護方針）

原稿を用意する

各ページに掲載する文章や画像などの原稿も用意しておくと、よりスムーズに作成が進みます。

サンプル画像のダウンロード

本書のサンプルサイトで使用する画像は、Lesson 4-3でダウンロードの方法について紹介します。

ダミーテキスト生成サービス

仮のテキストで文章作成を進めたい場合には、ダミーテキストを生成してくれるサービスを使うと便利です。

- **ダミーテキストジェネレータ**
  https://webtools.dounokouno.com/dummytext/

- **すぐ使えるダミーテキスト**
  https://lipsum.sugutsukaeru.jp/

MEMO

原稿を考えるのは大変な作業ですが、ほかのWebサイトに掲載されている文書や画像を無断で転載するのはNGです。引用として掲載する場合は、必ず引用元の情報を明記しましょう。

便利な素材サイトを活用しよう

イメージ写真やイラストを使いたい場合は、**無料の画像素材サイト**がおすすめです。ここでは商用無料のサイトを紹介しますが、利用規約については各サイトで確認してください。

ぱくたそ

風景や静物からユニークな人物写真まで、豊富な写真素材が揃っています。

https://www.pakutaso.com/

写真AC

風景、静物、イメージ、人物などバリエーション豊かな写真素材が揃っています。

https://www.photo-ac.com/

イラストAC

挿絵やアイコン、バナーに使えそうなバリエーション豊かなイラスト素材が揃っています。

https://www.ac-illust.com/

Subtle Patterns

背景画像として使いやすい、シンプルでおしゃれなパターン画像が揃っています。

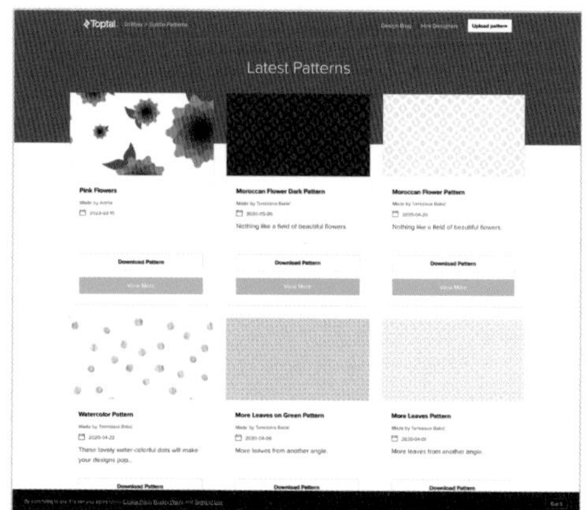

https://www.toptal.com/designers/subtlepatterns/

各素材サイトではいろいろな画像やアイコンが提供されているので、自分のWebサイトに合ったものを見つけることができます！

Chapter 2

レンタルサーバーにWordPressを設置する

Webサイトを公開するためのレンタルサーバー選びから、WordPressをインストールする手順までを解説します。

Lesson
2-1

選び方のポイントを知ろう

レンタルサーバーを用意する

WordPressはWebサーバー上で動作するため、まずはレンタルサーバーを申し込みましょう。

「サーバー」という単語を聞いたことがあるというレベルの知識なので、それを自分で用意するのって何だか難しそうですね…。

全く問題ありません！ 本節ではそういった方のためにレンタルサーバーの違いや申し込み方法をひとつひとつ解説しています。誰でも簡単にWordPress用のサーバーを用意することができますよ。

レンタルサーバー（共用サーバー）とは

レンタルサーバーは主にWebサイトを公開するために利用され、「**ホスティングサービス**」とも呼ばれています。その中でも、1台のサーバーを複数の利用者で共用するものを「**共用サーバー**」といい、安価で利用しやすい点から、個人や中小企業のWebサイトでよく使われています。はじめてWebサイトを公開する場合は、この共用サーバーを利用するとよいでしょう。

WordPressが動作するサーバー環境

Lesson 1-3でも解説したとおり、WordPressはWebサーバー上で動作するPHPというプログラムとMySQLというデータベース管理システムを利用します。そのため、これらがサポートされているレンタルサーバーが必要となります。

WordPressの動作に推奨されているサーバー環境は、以下のとおりです。

- **PHP バージョン 7.4以上**
- **MySQL バージョン 5.7以上**

レンタルサーバーを選ぶ際には、この要件を必ず確認しておきましょう。また、プラン内容によってはPHPやMySQLが使えない場合もあるので注意しましょう。

レンタルサーバーの選び方

レンタルサーバーを選ぶ際には、サーバー環境のほかに以下のポイントについてチェックしましょう。

- **WordPressを簡単にインストールできる機能があるか**
- **サポート体制が充実しているか**
- **自動バックアップ機能があるか**
- **無料の独自SSLが提供されているか**

POINT

SSLとは

SSLとは、簡単に説明するとWebサイトと閲覧ユーザの間で行われている通信データを暗号化するためのしくみです。以前は、ショッピングサイトのカートなど個人情報を送信するページではSSL化が必須でしたが、2018年の中頃からはGoogleがすべてのWebサイトの常時SSL化を推奨し始め、Web全体のSSL化が進みました。

SSL化されているページにはブラウザのアドレスバーに安全を意味する鍵マークが表示され、SSL化されていないページには警告が表示されるようになっています。SSLの設定方法については、Lesson 9-1で解説します。

● SSL化されているページの場合

次ページへつづく

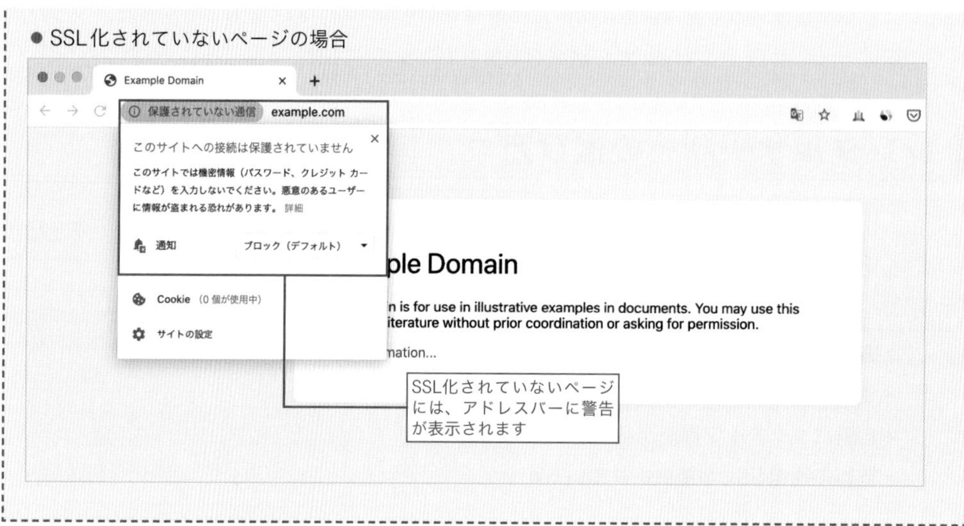

WordPressをワンクリックでインストールできる機能を提供している低価格帯のレンタルサーバー

WordPressを簡単にインストールできる機能を持つレンタルサーバーを表としてまとめました。Webサイトの予算や必要な機能など、レンタルサーバーを選ぶ際の参考としてください。

	ロリポップ!	スターサーバー	さくらのレンタルサーバー	エックスサーバー
プラン名	ライト	ライト	スタンダード	スタンダード
初期費用	0円	1,650円	0円	0円
月額費用	418円	275円	437円	1,100円
ディスク容量	200GB	160GB	300GB	300GB
バックアップ機能	あり（別途330円/月）	なし	あり	あり
マルチドメイン	100個	50個	200個	無制限
データベース（MySQL）	1個	1個	50個	無制限
サポート	メール・チャット	メール	電話・メール	電話・メール
SSL	無料独自SSL	無料独自SSL	無料独自SSL	無料独自SSL

※上記は2023年6月現在の情報です。
※価格はすべて税込です。
※月額費用は1年契約の場合の金額であり、契約期間によって金額は異なります。

POINT 

無料のお試し期間を活用しよう

多くのレンタルサーバーでは、1週間〜2週間ほど無料で試すことができる「お試し期間」を設けています。お試し期間を利用して、管理画面の使い勝手やWordPressのインストール機能などを実際に試してみるとよいでしょう。

レンタルサーバーを申し込む

本書では、操作方法が初心者にもわかりやすく、筆者もよく利用している「エックスサーバー」の「スタンダード」というプランに申し込む方法を例として解説します。レンタルサーバーによってそれぞれ手順は異なりますが、おおよそ同じような流れとなります。

❶ エックスサーバーのサイトを開き、申し込みフォームに進む

エックスサーバーのサイト（https://www.xserver.ne.jp/）を開き、「お申し込み」をクリックします。

❷ 新規に申し込む

「10日間無料お試し 新規お申込み」をクリックします。プランは「スタンダード」を選択し、「Xserverアカウントの登録へ進む」をクリックします。

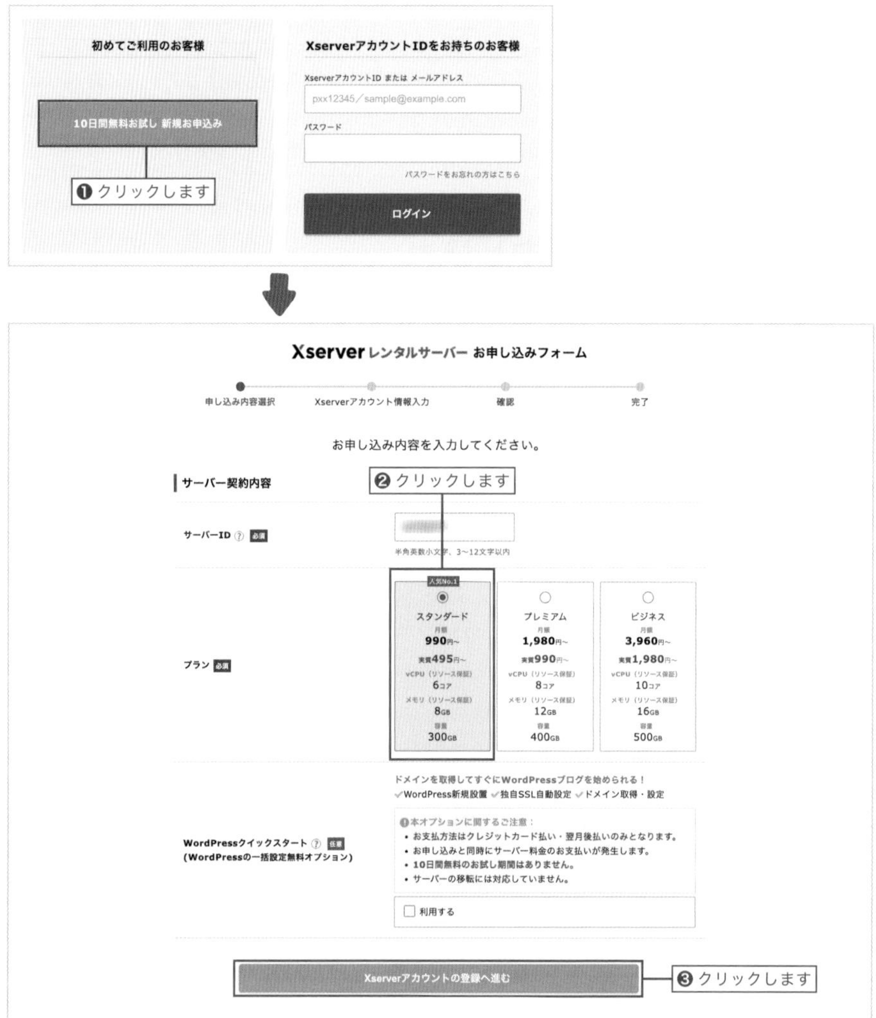

MEMO

本書では、「WordPressクイックスタート」を利用せずに進みます。

❸ 申し込みフォームの入力

お申し込みフォームに必須項目を入力し、利用規約・個人情報の扱いの確認にチェックを入れ、「次へ進む」をクリックすると、登録したメールアドレスに確認コードが届きます。確認コードを入力して「次へ進む」をクリックします。確認画面が表示されるので、内容を確認して、「SMS・電話認証へ進む」をクリックします。

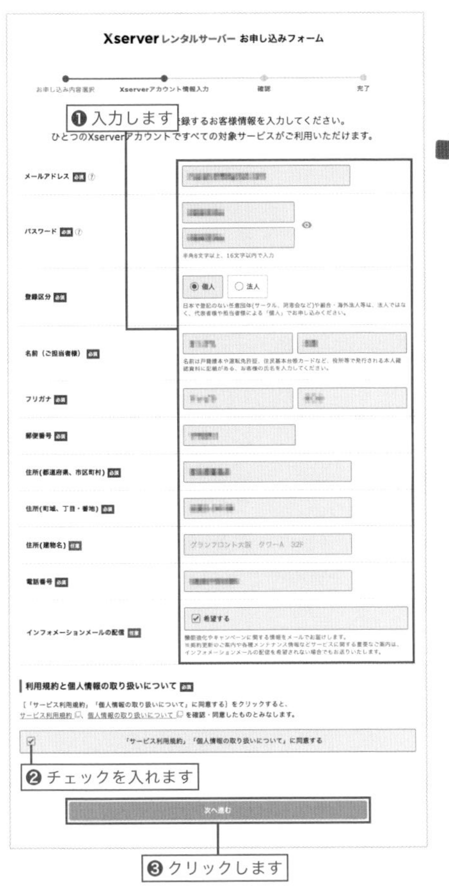

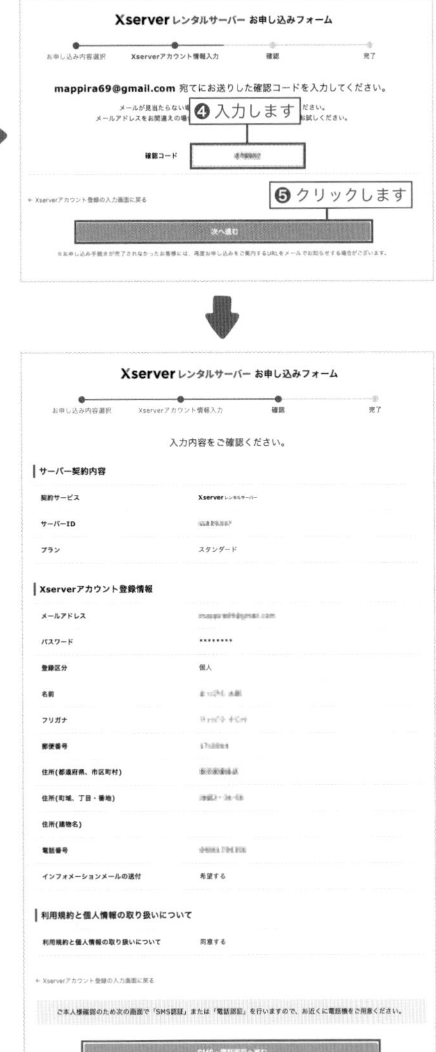

❹ SMS・電話認証による本人確認

電話番号を入力し、本人確認の認証コードを、SMSか自動音声のどちらで取得するかを選びます。「認証コードを取得する」をクリックすると、SMSか電話で認証コードが取得できます。認証コードを入力し、「認証して申し込みを完了する」をクリックします。

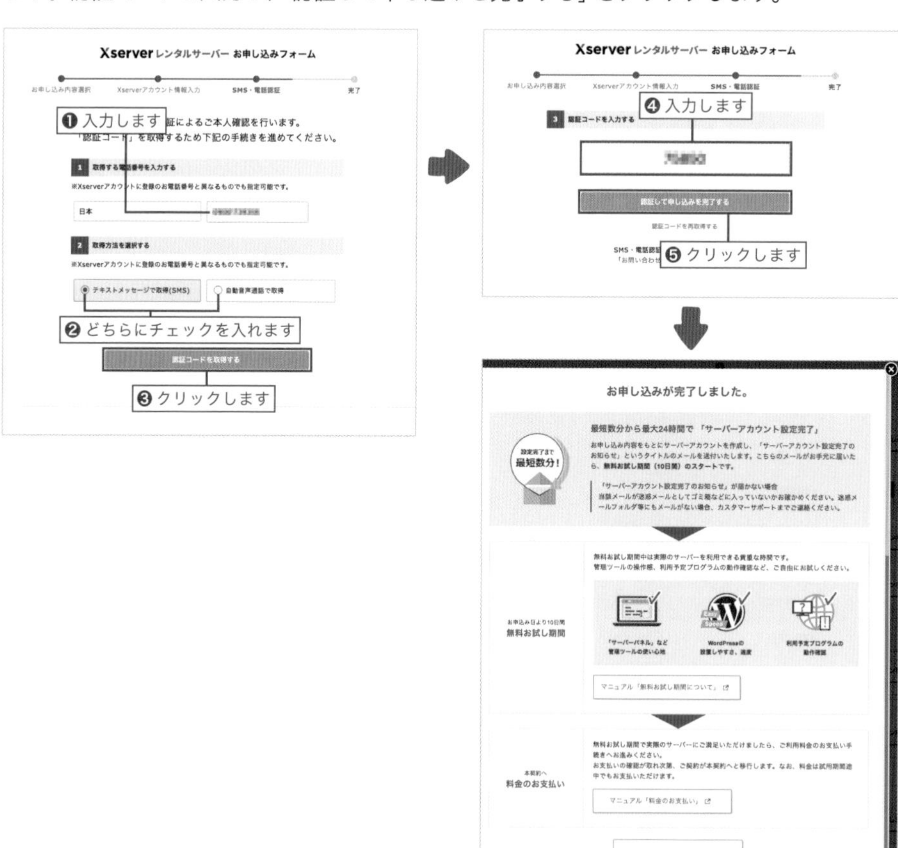

❺ 申し込み完了

以上でレンタルサーバーの申し込みは完了です。この後、数分〜24時間以内にサーバーアカウント設定完了のお知らせメールが届きます。このメールには、アカウント情報や料金の支払いについてなど、大切な情報が書かれているので、よく読んで削除しないよう気をつけましょう。

なお、エックスサーバーの試用期間は10日間となっています。試用期間中に支払いの手続きを済ませないと、登録が無効となるので注意してください。支払いについては、メールの内容にしたがって手続きをしてください。

Lesson 2-2

オリジナルなドメインを使おう

独自ドメインを取得する

ドメインはWebサイトへアクセスするための住所のようなものです。これを好きな文字列に設定できるのが独自ドメイン。ここではドメインの基礎知識と、独自ドメインを取得してサーバーに設定する手順を解説します。

自分のWebサイトを公開するためには、そのサイトの場所を記した住所(ドメイン)を設定する必要があります。このドメインの基本や設定方法を本節でマスターしていきましょう。

現実世界のように、インターネットの世界でも住所が必要なのが面白いですね。何だか興味が湧いてきました!

ドメイン名とは

私たちは普段、WebブラウザにURL(ホームページアドレス)を入力することで、インターネット上の特定の場所(コンピューター)にあるファイルにアクセスし、Webページなどを閲覧しています。そのURLに含まれているのがドメイン名です。

本来、インターネット上の特定の場所(コンピューター)を識別しているのは、「**IPアドレス**」と呼ばれる「123.45.67.890」のような番号ですが、これは人間にとって非常に覚えにくいものです。そこで、IPアドレスに**ドメイン名**を関連づけることによって、人間にとってわかりやすい文字列でアクセスできるようにしているのです。

ドメイン構成の一例

ドメイン名は、下図のように複数のドメインから構成されています。

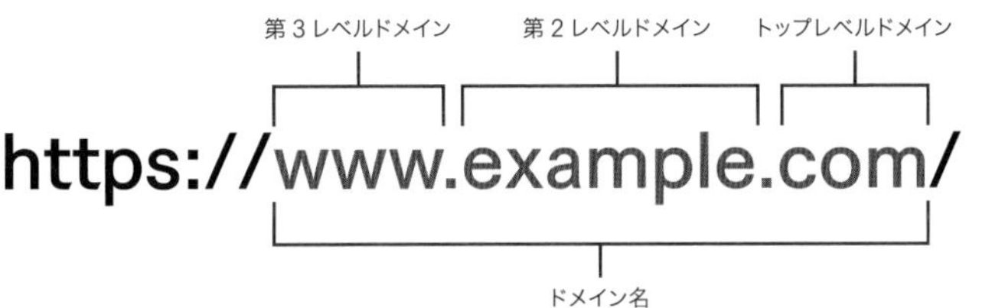

なぜ独自ドメインが必要か？

レンタルサーバー会社が提供しているドメインの例

独自ドメインがなくても、レンタルサーバーが提供している無料のドメインを使ってサイト運営することが可能です。

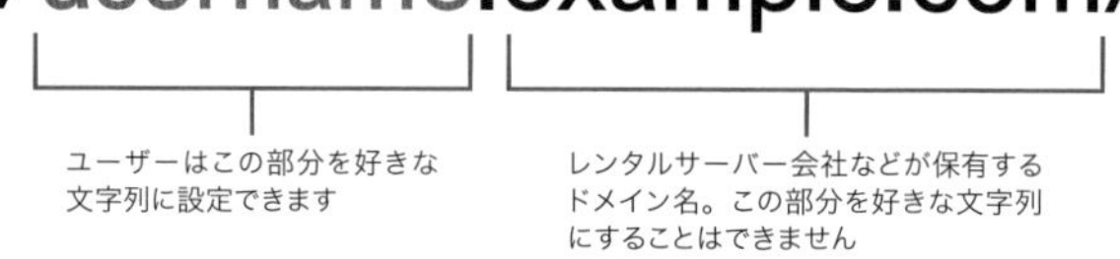
https://username.example.com/
ユーザーはこの部分を好きな文字列に設定できます
レンタルサーバー会社などが保有するドメイン名。この部分を好きな文字列にすることはできません

独自ドメインを取得したほうがいい3つの大きな理由

では、なぜ独自ドメインを取得したほうがいいのでしょうか？

会社名やお店の名前など、自分の好きなドメイン名で登録できることは当然として、他にも3つの大きな理由があります。

- **ドメイン名からサイトの内容が直感的にわかりやすく、覚えやすい**
- **何らかの理由でサーバーを移転しても、ドメイン名（URL）が変わることなく使える**
- **独自ドメインは自分が保有しているものなので、第三者の都合で突然使えなくなるなどの心配がない**

無料のドメインのデメリット

- **ドメイン名が長くなりがちで覚えにくい**
- **他のサーバーへ移転すると、URLがすべて変わってしまう**
- **サービスが停止したら、使えなくなる可能性がある**

トップレベルドメインの種類

ドメイン名の一番右側にある「com」や「jp」などといったトップレベルドメインには、たくさんの種類があります。用途別や国別に定められたものや、取得制限のあるトップレベルドメインもあるので、運営したいサイトの種類によって選びましょう。

なお、ドメイン取得サービスを行っている会社によって、取得できるトップレベルドメインの種類は異なります。

汎用的なトップレベルドメインの一部

ドメイン	本来の用途	取得制限
com	commercial（商用）	なし
net	network（ネットワーク）	なし
org	organization（非営利団体）	なし
biz	business（ビジネス）	商用目的限定
info	information（情報提供）	なし
name	name（名前）	個人・非商用限定
jp	Japan（日本）	日本国内に常設の連絡先が必要

独自ドメインを取得する

MEMO

独自ドメインを使用しない場合は、この手順をスキップしてLesson 2-3に進んでください。

独自ドメインを取得する場合は「レジストラ」と呼ばれるドメイン取得業者に依頼するか、レンタルサーバーの取得代行サービスを利用するのが一般的です。

登録費用は、取得先や取得したいトップレベルドメインの種類によって異なります。

エックスドメインで取得する

本書では、Lesson 2-1で申し込みしたエックスサーバーが提供している「エックスドメイン」にて独自ドメインを取得する手順を解説します。

❶ Xserverアカウントにログインする

Xserverアカウントのログインページ（https://www.xserver.ne.jp/login_info.php）を開き、メールアドレスまたはIDとパスワードを入力して「ログインする」をクリックします。

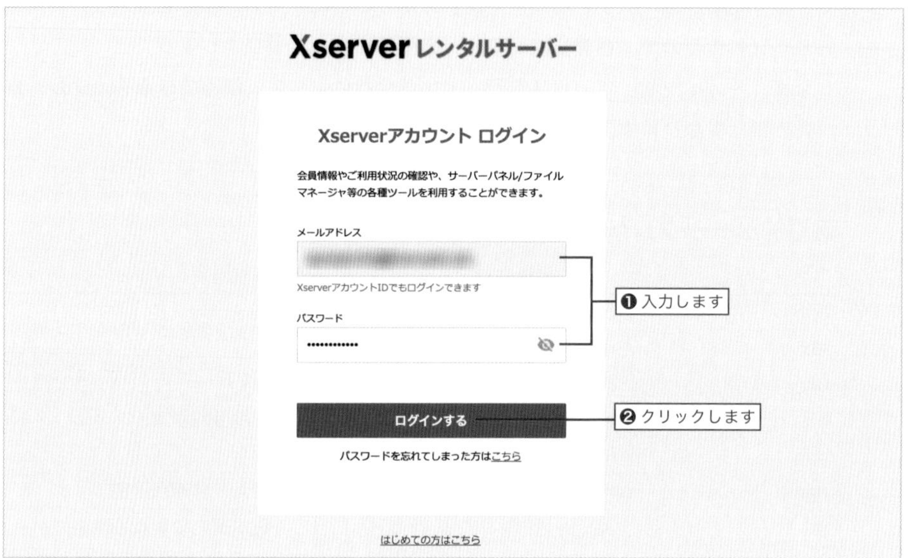

MEMO

Xserverアカウントのログインは、サーバーアカウント設定完了のお知らせメールに記載されています。

【2】管理ツールのログイン情報

エックスサーバーのご利用に必要となる管理ツールおよびログイン情報は以下のとおりです。

◆『Xserverアカウント』ログイン情報

XserverアカウントID　：
メールアドレス　：
Xserverアカウントパスワード ： お客様が設定したパスワード
ログインURL　： https://secure.xserver.ne.jp/xapanel/login/xserver/

※Xserverアカウントにログインすることで、ご登録情報の確認・変更、ご利用期限の確認、料金のお支払い等の管理が行えます。

② ドメイン取得に進む

「ドメイン取得」をクリックします。

MEMO

エックスサーバーでは時期によって独自ドメイン無料キャンペーンを行っていることがあります。その場合は「各種特典お申し込み」から取得するとお得です。

③ 希望のドメインが取得可能か確認する

希望のドメイン名を入力し、取得可能か調べたいトップレベルドメインにチェックを入れて「ドメインを検索する」をクリックします。

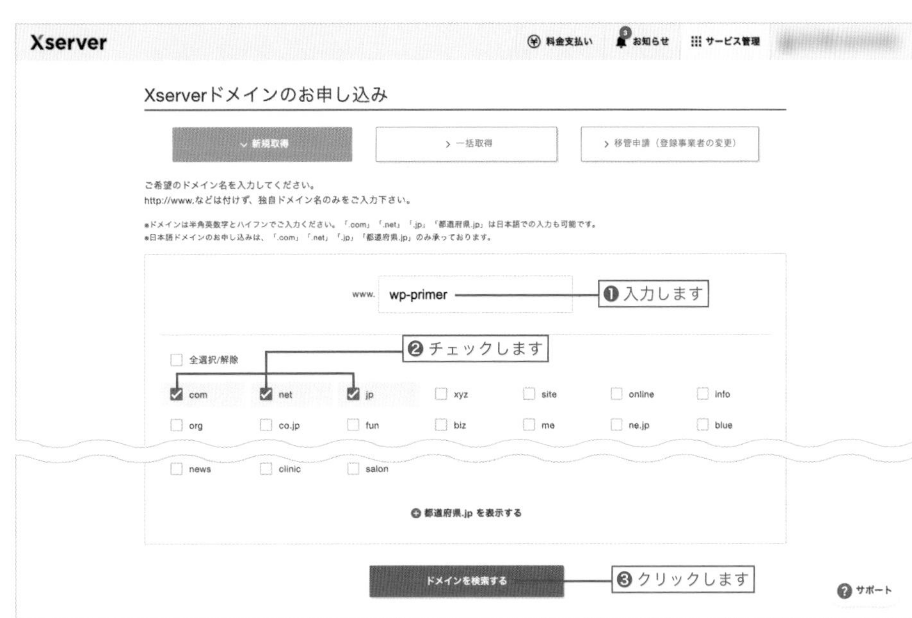

❹ 取得するドメインを選択する

取得したいドメインにチェックを入れ、「利用規約」「個人情報の取扱について」の同意にチェックを入れて「お申込み内容の確認とお支払いへ進む」をクリックします。

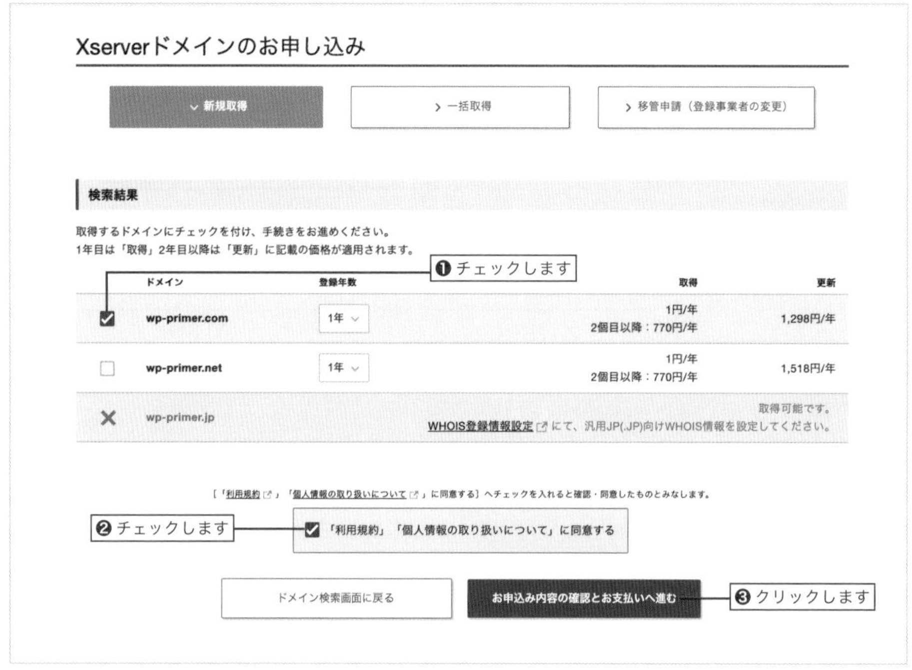

MEMO

希望のドメインが取得不可能だった場合は、別のドメイン名にて再度チェックをしてください。

❺ 支払い手続きをする

希望する支払い方法を選択して「決済画面へ進む」をクリックします。決済が完了したら、独自ドメインの取得は完了です。

エックスサーバーに独自ドメインを設定する

取得した独自ドメインは、サーバーに接続するための設定を行う必要があります。ここではエックスサーバーのコントロールパネルにログインし、独自ドメインの設定を行います。

1 Xserverアカウントにログインする

Xserverアカウントのログインページ（https://www.xserver.ne.jp/login_info.php）を開き、メールアドレスまたはIDとパスワードを入力して「ログインする」をクリックします。

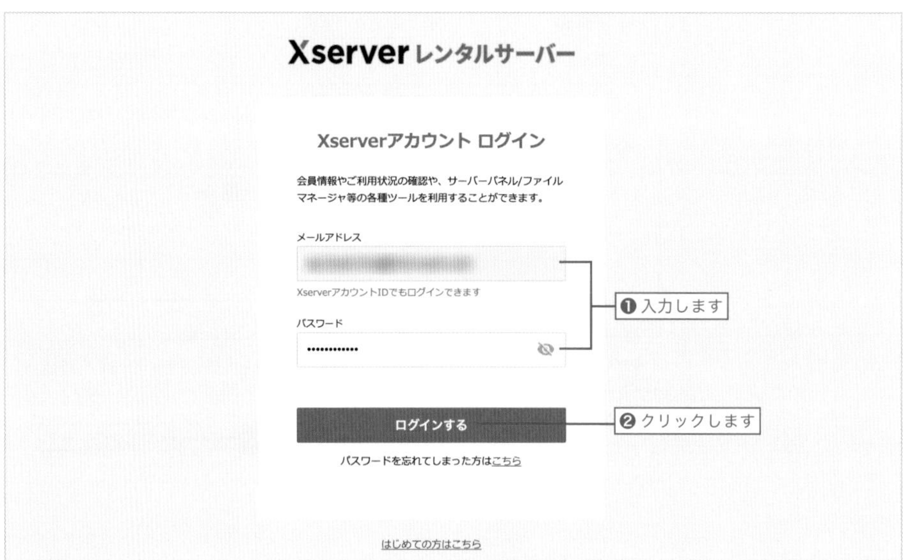

2 サーバーパネルを開く

「サーバー管理」ボタンをクリックします。

❸ ドメイン設定に進む

サーバーパネルが開いたら、「ドメイン設定」をクリックします。

❹ ドメインを設定する

「ドメイン設定追加」タブを選択し、取得した独自ドメイン名を入力して「確認画面へ進む」をクリックします。

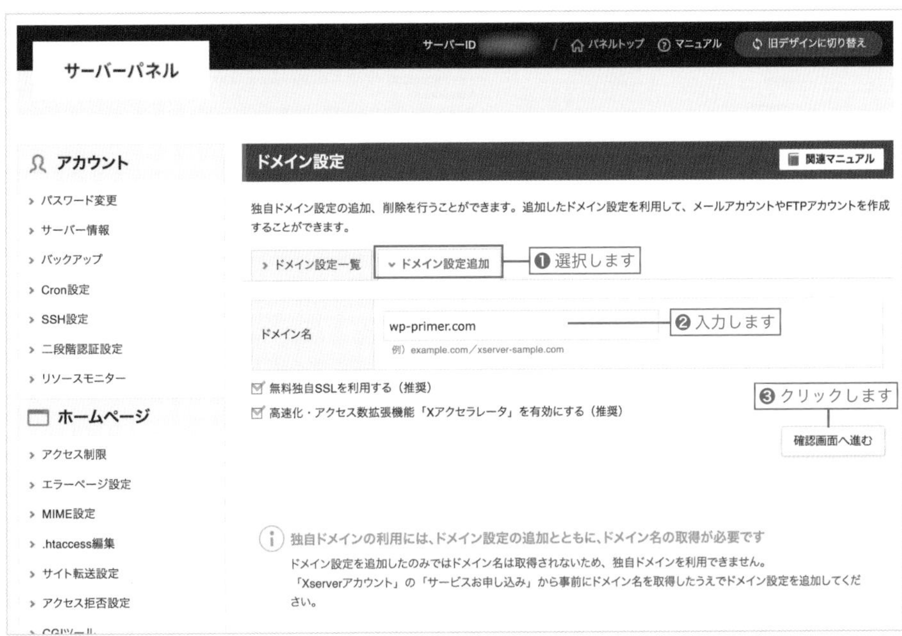

❺ ドメインを追加する

表示された内容を確認して、「追加する」をクリックします。

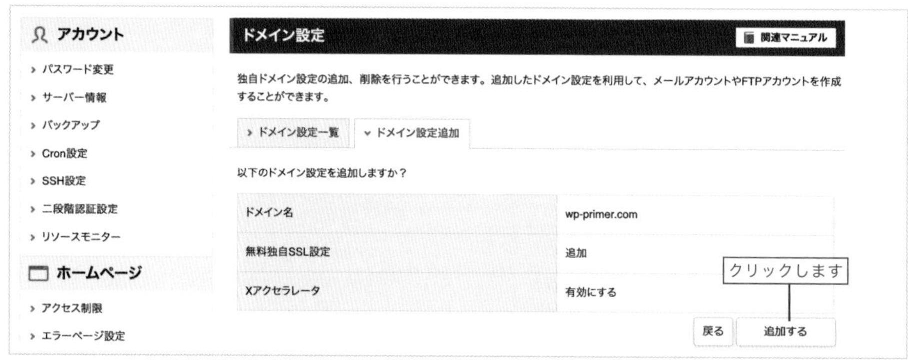

❻ ドメイン設定完了

ドメイン設定の追加完了画面が表示されたら、独自ドメインの設定は完了です。

MEMO

サーバーに設定が反映されるまで数時間〜24時間程度かかる場合があります。Webブラウザで独自ドメインにアクセスしたときに「無効なURLです。」と表示された場合は、反映待ちの状態なのでしばらく待ちましょう。

Lesson 2-3

簡単インストールなら数クリックで完了

WordPressをインストールする

WordPressを簡単にインストールできる「簡単インストール」機能を利用して、エックスサーバーにWordPressをインストールします。

特定のレンタルサーバーでは「簡単インストール」という機能で、手軽にWordPressをインストールすることができます。非常に便利なので、ぜひ活用してください！

「WordPressのインストールって難しそうだな」と感じていたので、ぜひ頼りたい機能ですね。早速この機能でインストールしてみます！

簡単インストール機能を利用する

❶ Xserverアカウントにログインする

Xserverアカウントのログインページ（https://www.xserver.ne.jp/login_info.php）を開き、メールアドレスまたはIDとパスワードを入力して「ログインする」をクリックします。

❷ サーバーパネルを開く

「サーバー管理」ボタンをクリックします。

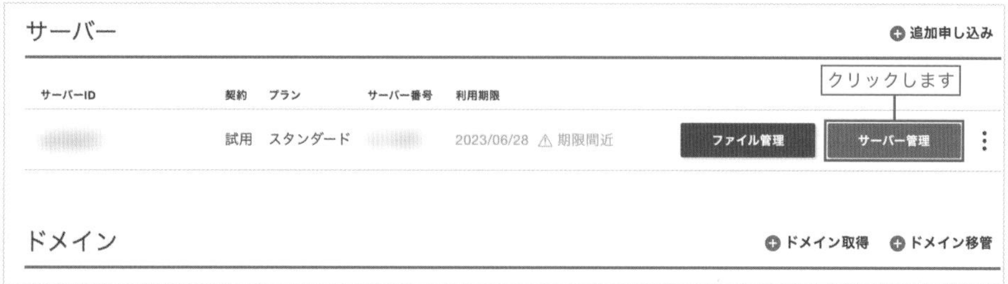

❸ 簡単インストールを開く

「WordPress簡単インストール」をクリックします。

❹ ドメインを選択する

WordPressをインストールするドメインを選択します。Lesson 2-2で独自ドメインを設定した場合は、独自ドメインの「選択する」をクリックします。
独自ドメインを設定していない場合は、初期ドメイン（xxxxxx.xsrv.jp）の「選択する」をクリックします。

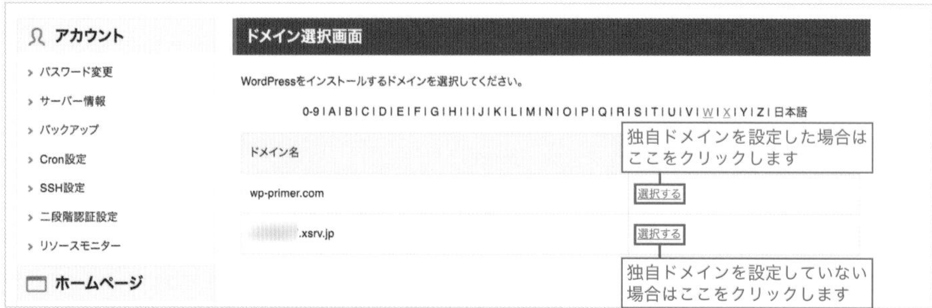

❺ インストールの設定

「WordPressインストール」タブを開き、以下のとおりインストールの設定を入力します。すべての入力を終えたら、「確認画面へ進む」をクリックします。

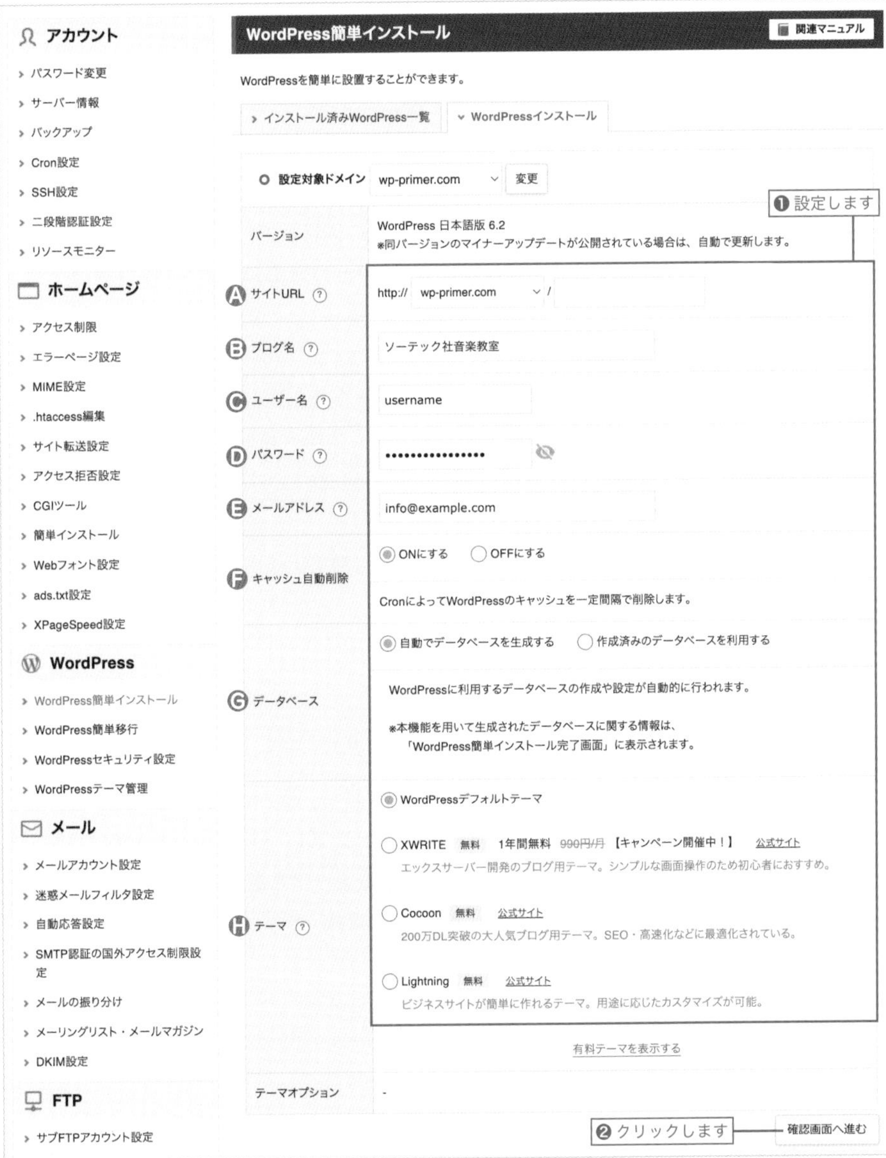

Chapter 2

レンタルサーバーにWordPressを設置する

Ⓐサイトトップ URL

ドメイン直下にWordPressをインストールしたい場合は、入力欄を空欄のままにしてください。ドメイン以下のサブディレクトリに設置したい場合は、任意のディレクトリ名を入力します。

Ⓑブログ名

好きなブログ名（＝サイト名）を入力します。あとから簡単に変更できるので、気軽に入力しましょう。

Ⓒユーザー名

好きなユーザー名を半角英数字で入力します。このとき、admin、user、testなどといった一般的によく使われていそうなユーザー名は、セキュリティの観点からおすすめできません。ユニークなユーザー名を登録しましょう。ユーザー名はあとから変更することも可能ですが、ほんの少し手間がかかります。

Ⓓパスワード

管理画面へログインするための重要なパスワードを設定します。最低でも8文字以上で大文字と小文字のアルファベット、数字、記号などを組み合わせて入力しましょう。1234や0000など、簡単なパスワードは絶対に避けましょう。

Ⓔメールアドレス

自分のメールアドレスを入力します。あとから簡単に変更できます。

Ⓕキャッシュ自動削除

「ONにする」を選択します。

Ⓖデータベース

「自動でデータベースを生成する」を選択します。

Ⓗテーマ

WordPressで使用する**「テーマ」**（デザインテンプレートのようなもの・56ページを参照）を選択します。レンタルサーバーが提供するテーマを選択することもできますが、本書では**「WordPressデフォルトテーマ」**を選択します。

MEMO

インストールする場所によって、WordPressサイトのトップページが表示されるURLが決まります。

ドメイン直下（ルートドメイン）の場合▶　http://example.com/
サブディレクトリの場合▶　http://example.com/任意のディレクトリ名/

❻ インストールの確定

確認画面が表示されるので、内容を確認して「インストールする」をクリックします。

❼ インストール完了

インストールの完了画面が表示されたら、WordPressのインストールは完了です。
この画面に記載されている「管理画面URL」がWordPressの管理画面にログインするためのURLとなります。いつでもアクセスしやすいように、ブックマークなどに入れておくとよいでしょう。

MEMO

本書では扱いませんが、データベースの情報は必ず控えておきましょう。

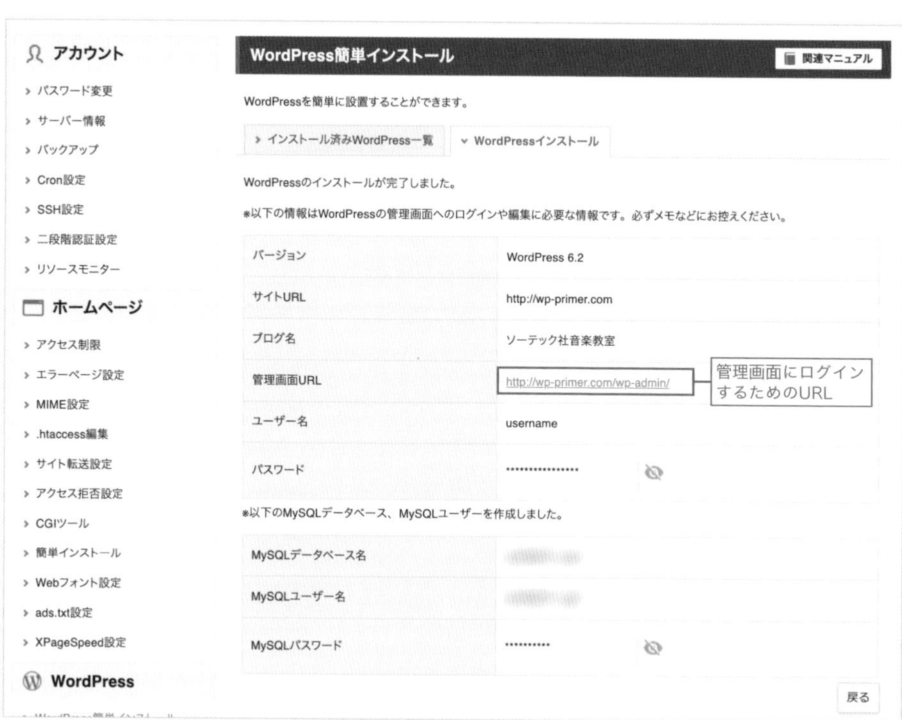

これで、WordPressのインストールは完了です。
早速、管理画面URLからWordPressのログイン画面にアクセスしてみましょう!

WordPressにログインする

早速、WordPressの管理画面へログインしてみましょう。

管理画面のURLを開き、設定したユーザー名とパスワードを入力して「ログイン」をクリックします。

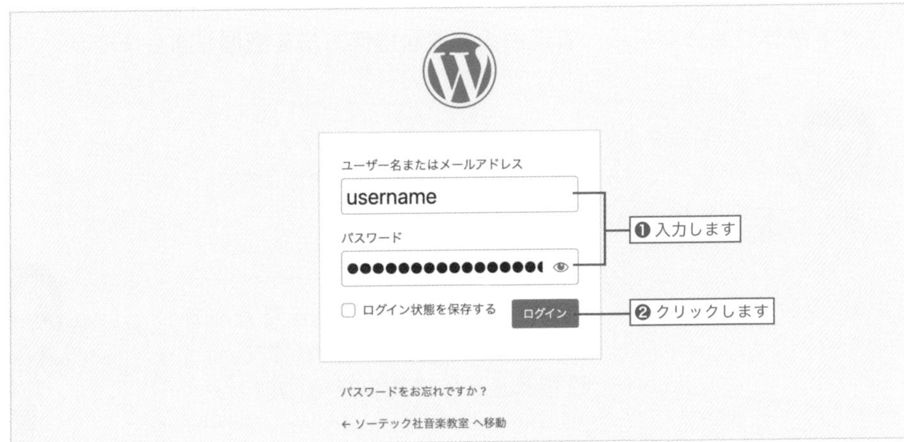

POINT        

ログイン画面が表示されない場合

管理画面へのURLを開いてもWordPressのログイン画面が表示されない場合は、サーバーやドメインの設定待ちであると考えられます。サーバーに設定が反映されるまで数時間〜24時間程度かかる場合があるため、時間をおいてアクセスし直してみてください。

先生のおかげで、WordPressにログインできました！ はじめはわからないことだらけでしたが、これでWebサイト制作の第一歩が踏み出せそうです！

お役に立てて良かったです！ WordPressでのWebサイトを制作していく際には、あまり難しく考えずに"楽しむ"気持ちで取り組んでみてください！

Lesson 2-4

WordPressに慣れるために

管理画面の操作方法を覚えよう

WordPressにログインした画面のことを「管理画面」といいます。Webサイトを作り始める前に、管理画面の主な操作方法を把握しましょう。

実はデジタル画面の操作が苦手で、スマートフォンですら使いこなせていません。こんなボクでもWordPressを使いこなせるのでしょうか…。

大丈夫ですよ！ WordPressの管理画面は誰でも操作しやすく作られています。まずは管理画面の各機能を説明しますね。

管理画面とダッシュボードの構成

管理画面は「**ツールバー**」「**メインナビゲーション**」「**作業領域**」という3つのエリアで構成されています。

図2-4-1 管理画面の3つのエリア

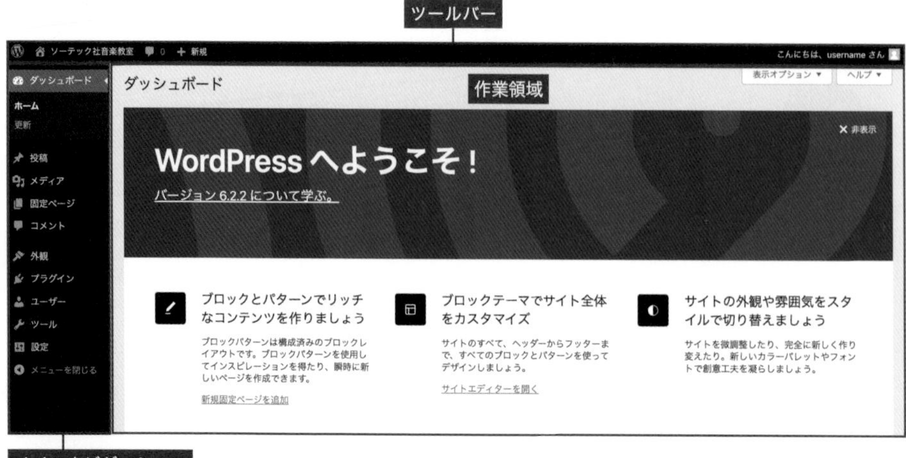

管理画面にログイン後、最初に表示される「**ダッシュボード**」というページには以下の項目が表示されます。

図2-4-2 ダッシュボード

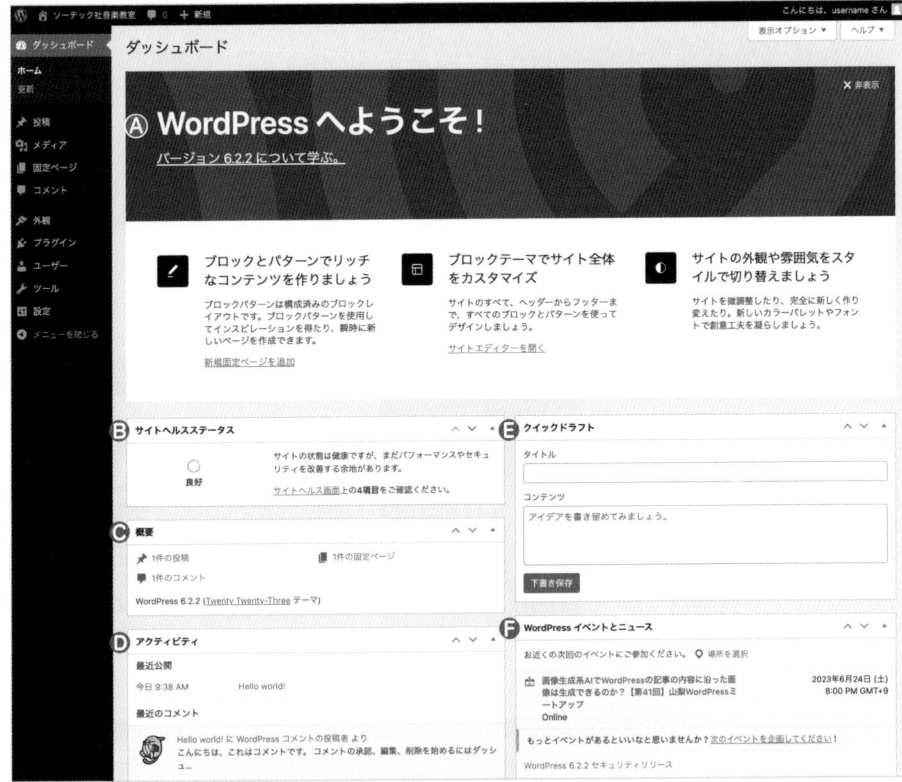

Ⓐ WordPressへようこそ！

管理画面内でよく使いそうなページへのリンクや、はじめての人に役立つリンクが掲載されています。

Ⓑ サイトヘルスステータス

現在のWebサイトのパフォーマンス（表示速度など）やセキュリティの状態を自動で診断し、結果を表示してくれます。

「改善が必要」などのメッセージが表示された場合は、「サイトヘルス画面」をクリックして問題を確認しましょう。

Ⓒ 概要

投稿やコメント数、使用中のバージョンやテーマなど現在のサイトの概要が確認できます。

Ⓓ アクティビティ

最近の投稿やコメントを確認できます。

Ⓔ クイックドラフト

簡易的な投稿の下書きを作成することができます。タイトルと本文を入力して「下書き保存」をクリックします。

Ⓕ WordPressイベントとニュース

WordPress公式ローカルサイトの最新記事や、フォーラムへの最近の投稿が表示されます。

ツールバーの機能

画面上部にある帯の部分を「ツールバー」といいます。ツールバーの機能を左から順に説明します。

WordPressアイコン

WordPressアイコンにカーソルを合わせると、まず「**WordPressについて**」というページへのリンクがあります。

このアイコンをクリックすると、現在使用しているバージョンの概要や、開発貢献者のクレジットなどについて見ることができます。また、困ったときに役立つページへのリンクも表示されます。

図2-4-3 WordPressアイコンとクリック後の画面

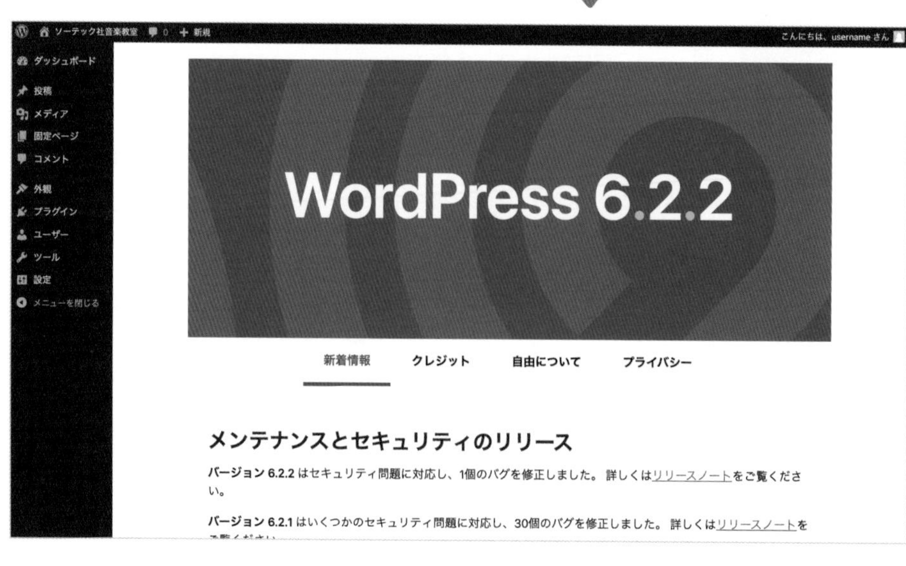

サイトと管理画面の切り替え

サイトのタイトルが表示されている部分をクリックすると、サイトのトップページ（訪問者が見るページ）に切り替わります。管理画面にログインしている状態のときはサイトの上部にもツールバーが表示され、管理画面とサイトを行き来することができます。訪問者には、ツールバーは表示されないので安心してください。

図2-4-4 管理画面とサイト

Webブラウザのタブを利用してサイトと管理画面の両方を開いておくと、よりスムーズに作業が行えます。

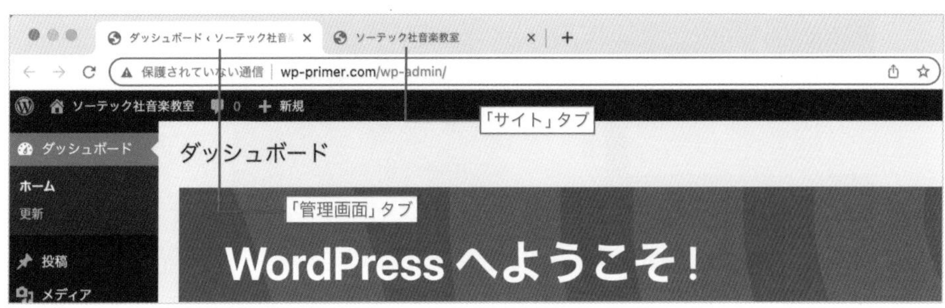

未承認コメントの通知

吹き出しアイコンをクリックすると、サイトへのコメントを管理するページにジャンプします。未承認のコメントやトラックバックがあった場合には、アイコンの隣に通知の数が表示されます。コメント機能については、Lesson 3-5で説明します。

図2-4-5 吹き出しアイコン

新規追加へのショートカット

「**+ 新規**」にカーソルを合わせると、新しく追加したいコンテンツやユーザーアカウントを作成するためのリンクが表示されます。

図2-4-6 「+ 新規」アイコン

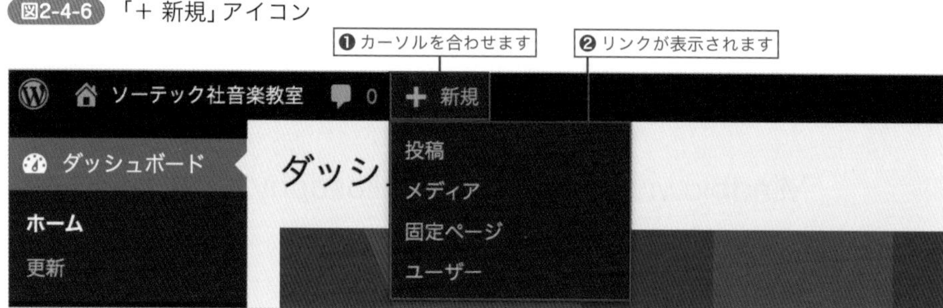

ログインユーザー情報とログアウト

「**こんにちは、○○さん**」にカーソルを合わせると、自分のユーザープロフィールを編集するためのリンクと、管理画面からログアウトするためのリンクが表示されます。

図2-4-7 ログインユーザー情報と各リンク

メインナビゲーションの機能

画面左側にあるメインナビゲーションには、サイトを作るために必要なメニューが表示されています。

それぞれのメニューにカーソルを合わせると、そのサブメニューが表示され、目的のページをワンクリックで開くことができます。また、メインナビゲーションをクリックすると、サブメニューはメインナビゲーション内にメニュー表示されます。

一番下の「**メニューを閉じる**」をクリックすると、アイコンのみのすっきりとしたメニュー表示になります。

図2-4-8 サブメニューの表示とアイコンのみのメニュー表示

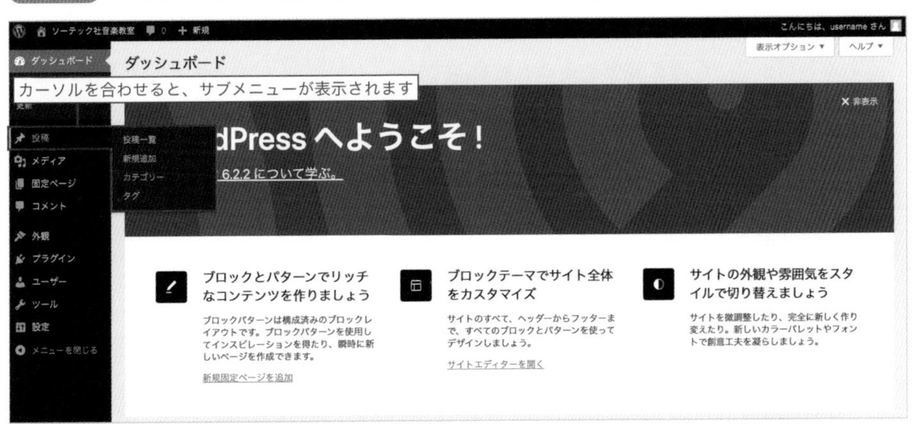

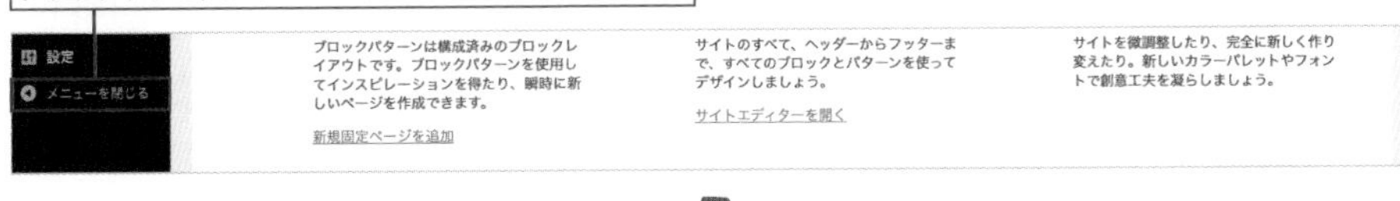

作業領域の表示オプションとヘルプ

作業領域の右上にある「**表示オプション**」と「**ヘルプ**」という項目について説明します。

表示オプション

「表示オプション」タブを開くと、それぞれのページに表示させる項目やレイアウトを選ぶためのパネルが開きます。

例えば、「ダッシュボード」のページでは、初期状態で「サイトヘルスデータ」「概要」「アクティビティ」「クイックドラフト」「WordPressイベントとニュース」「ようこそ」の6項目すべてにチェックが入っていて、画面に表示されていることがわかります。この中から不要な項目のチェックを外して、画面から項目を非表示にすることができます。

また、それぞれの項目はタイトルをクリックすることでボックスを開閉したり、ドラッグ＆ドロップで配置を変更することも可能です。

図2-4-9 表示オプション

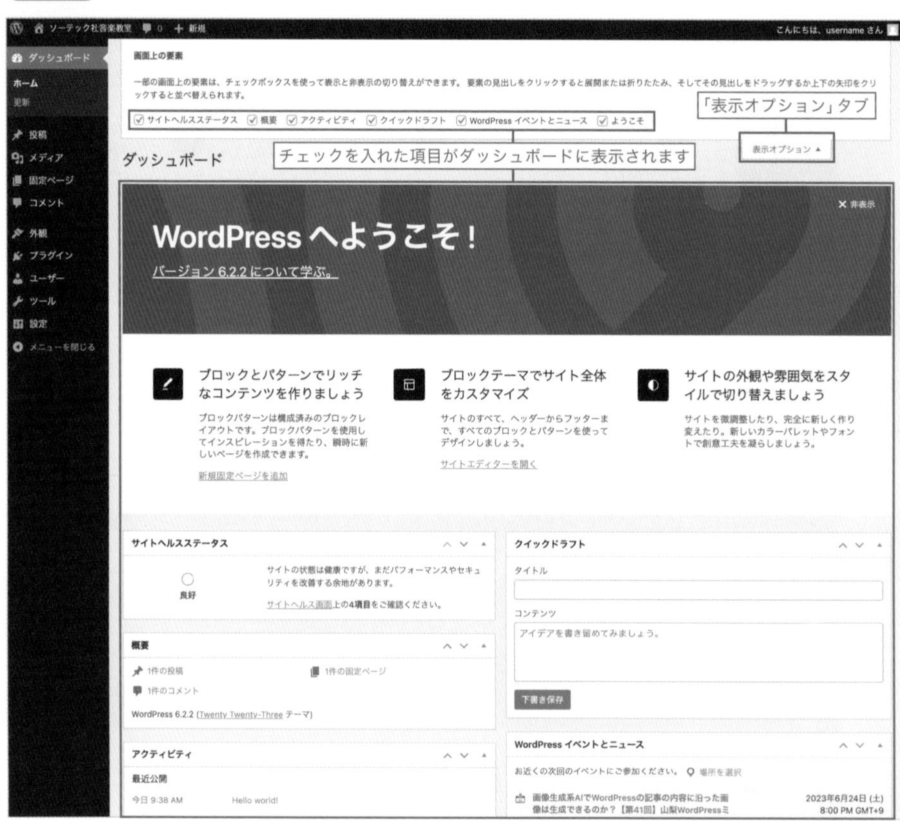

ヘルプ機能

「ヘルプ」タブを開くと、各ページの機能や解説が表示されます。管理画面の操作でわからないことがあれば、まずはこの「ヘルプ」を開いてみましょう。

図2-4-10 ヘルプ機能

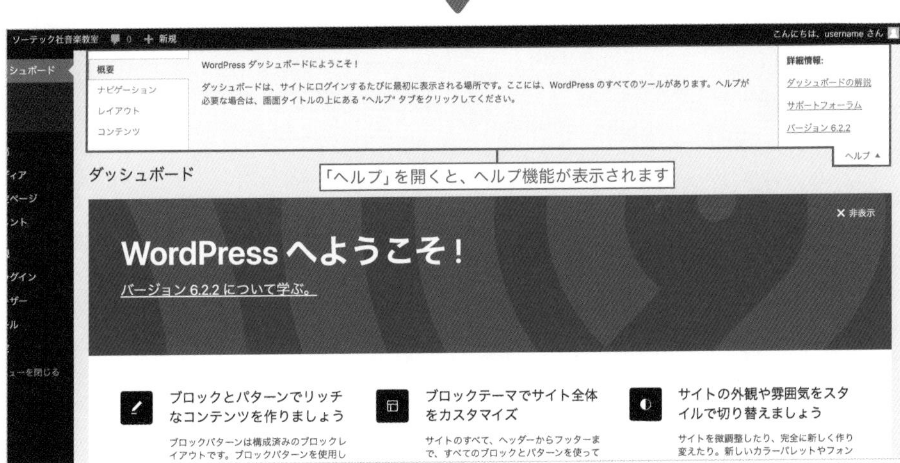

先生のおかげで、どこにどんな機能があるかわかりました！ これなら僕でも操作できそうです！

理解できてもらえて良かったです！
まずは操作してみて、もし操作に困った時は、ヘルプ機能を活用してみてください。

COLUMN

スマートフォンでの表示をパソコンで確認する

Webサイトの種類にもよりますが、Webサイトを閲覧するユーザーが使用してる端末は、スマートフォンが半数以上を占めています。このため、パソコンでの表示だけでなくスマートフォンでの表示も確認しながらWebサイトを作成する必要があります。

しかし、毎回スマートフォンでアクセスして確認するのは手間がかかるので、パソコンのGoogle Chromeの検証ツールを使って、模擬的にスマートフォン表示を確認する方法を紹介します。

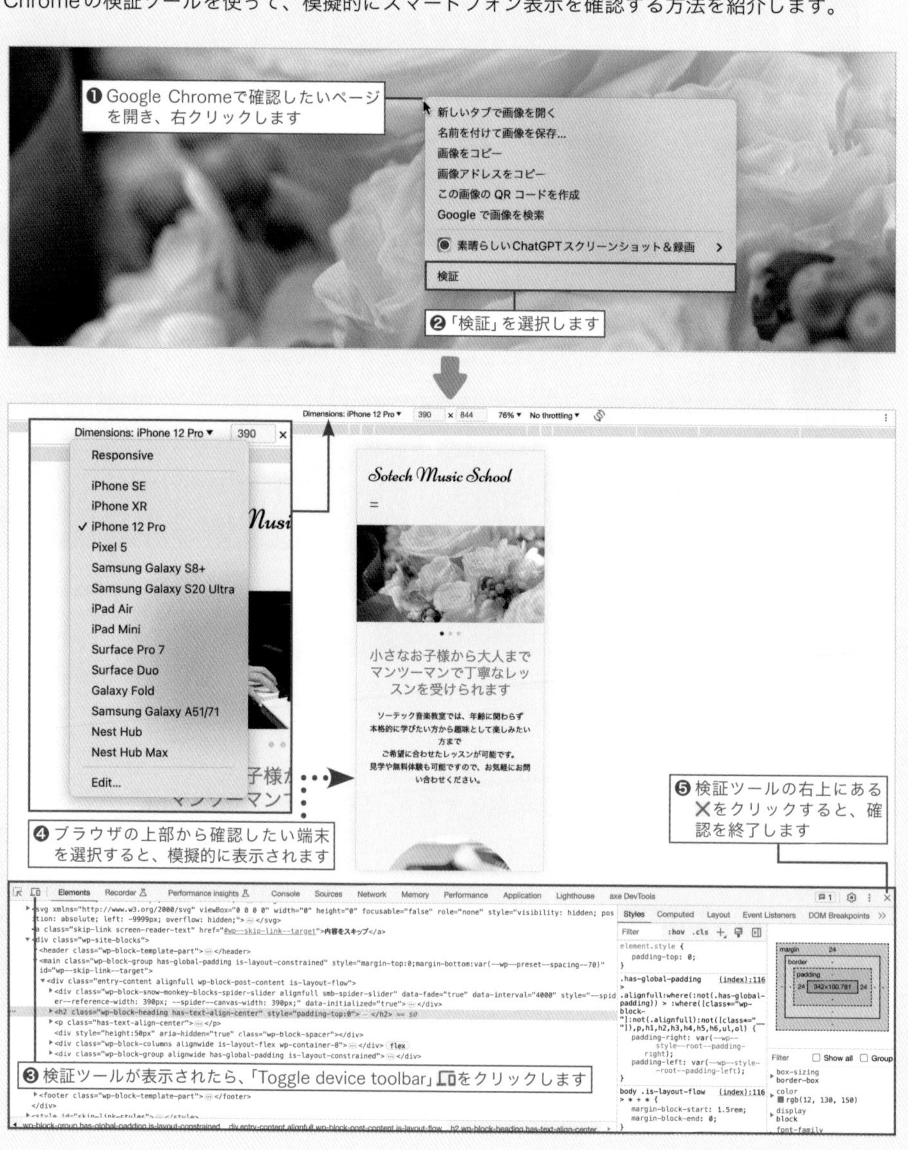

Chapter 3

WordPressとテーマの初期設定について

Webページを作り始める前に、設定しておいたほうがよい6つの項目について説明します。

Lesson 3-1

Webサイト全体をブロックで編集できる

ブロックテーマをインストールする

テーマについての理解を深め、本書で使用する「Twenty Twenty-Three」をインストールしましょう。

WordPressにはテーマがたくさんあって、どれを選んだら良いのか迷ってしまいます…。

テーマも時代とともに進化しています。最新のブロックテーマを使ったサイト作りに挑戦してみましょう!

テーマとは

WordPressの「**テーマ**」とは、Lesson 1-3でも触れたとおり、いわゆるデザインテンプレートのようなものです。使いたいテーマをWordPressにインストールして切り替えることで、Webサイトの見た目を変更することができます。

テーマによって機能や設定方法が異なるため、最初にテーマを決めておいたほうがスムーズにWebサイトを作ることができます。

初期インストールされているテーマ

WordPressをインストールすると、いくつかのテーマがあらかじめインストールされています。管理画面の「外観」>「テーマ」をクリックして、インストール済みのテーマを確認してみましょう。WordPressのバージョン6.2.xでは、「Twenty Twenty-Three」「Twenty Twenty-Two」「Twenty Twenty-One」という3つのテーマがあり、「Twenty Twenty-Three」が有効化されていることがわかります。

これらのテーマは「**デフォルトテーマ**」と呼ばれ、1年に1回くらいのペースで新しいテーマがリリースされており、リリースされた前後の西暦がそのままテーマ名となっています。

図3-1-1 初期インストールされているテーマが確認できる

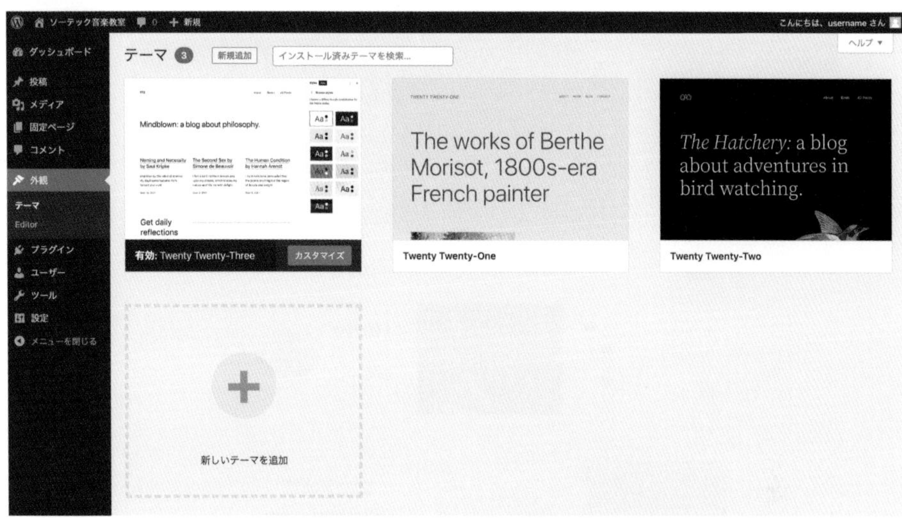

図3-1-2 初期設定されている「Twenty Twenty-Three」での表示

図3-1-3 テーマを「Twenty Twenty-Two」に変更したときの表示

テーマの配布

テーマはWordPressの開発者だけでなく、世界中の誰もが自分の作ったテーマを公式ディレクトリに登録申請できるため、数多くのテーマが無料で配布されています。

また公式ディレクトリ以外にも、個人のWebサイトで配布されているテーマや、企業が有料で販売している多機能なテーマも多くあります。

図3-1-4 公式ディレクトリに登録されているテーマ
(https://ja.wordpress.org/themes/)

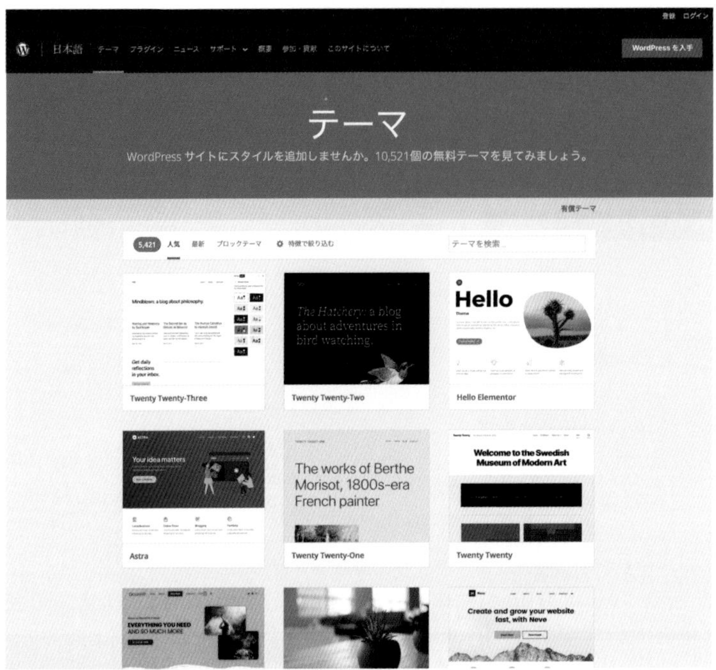

テーマの種類（ブロックテーマとクラシックテーマ）

WordPressのテーマには大きく分類して**「ブロックテーマ」**と**「クラシックテーマ」**の2種類があります。

「ブロックテーマ」とは、2022年1月にリリースされたWordPress 5.9から導入されたフルサイト編集機能に対応したテーマのことで、Webサイト全体を「ブロック」と呼ばれるパーツを組み合わせて編集することができます。デフォルトテーマでは「Twenty Twenty-Three」と「Twenty Twenty-Two」がブロックテーマとなっています。

一方「クラシックテーマ」とは、ブロックテーマ以前からある従来のテーマのことで、編集できる範囲はテーマによって異なり、デザインは基本的に固定化されています。

表3-1-1 テーマの種類とメリット・デメリット

	メリット	デメリット
ブロックテーマ	・ブロックを組み立てるように、Webサイト全体の編集やカスタマイズができる	・編集方法の学習が必要 ・ある程度のデザインセンスが必要
クラシックテーマ	・用意された設定を行うだけで、見栄えの良いデザインが完成する	・目的や好みにぴったり合ったテーマを探すのが大変 ・細かなデザイン調整をするには、CSSなどの知識が必要

MEMO

完全にオリジナルデザインでWordPressサイトを制作する場合は、既成のテーマを使用せず、PHP・HTML・CSSといったコードを用いてテーマそのものを構築します。

本書で使用するテーマ

「ブロックテーマ」と「クラシックテーマ」それぞれにメリットとデメリットがあり、どちらが良いとは言い切れません。しかし、WordPressに限らずWeb全体の流れとしては、できるだけコードを書かずに自由に編集できる「ブロックテーマ」のような仕組みが主流になっていくと考えられています。

このため、本書では執筆時点でもっとも新しいブロックテーマ「Twenty Twenty-Three」を使用してWebサイトの作り方を解説していきます。

「Twenty Twenty-Three」の有効化

すでに「Twenty Twenty-Three」が有効化されている場合は、Lesson 3-2に進んでください。

1 テーマを有効化する

WordPressの管理画面から「外観」>「テーマ」を開き、「Twenty Twenty-Three」にカーソルを合わせて「有効化」をクリックします。

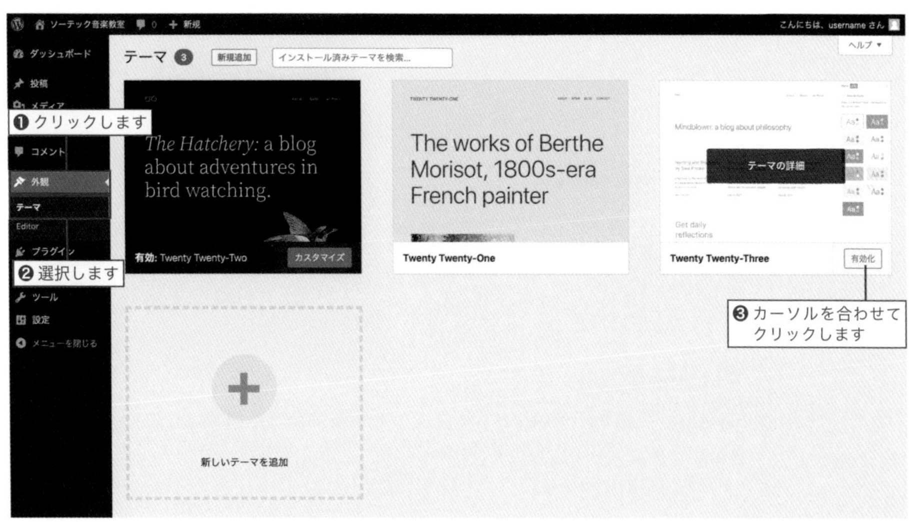

② 確認する

「サイトを表示」をクリックして、テーマが切り替わっているか確認しましょう。

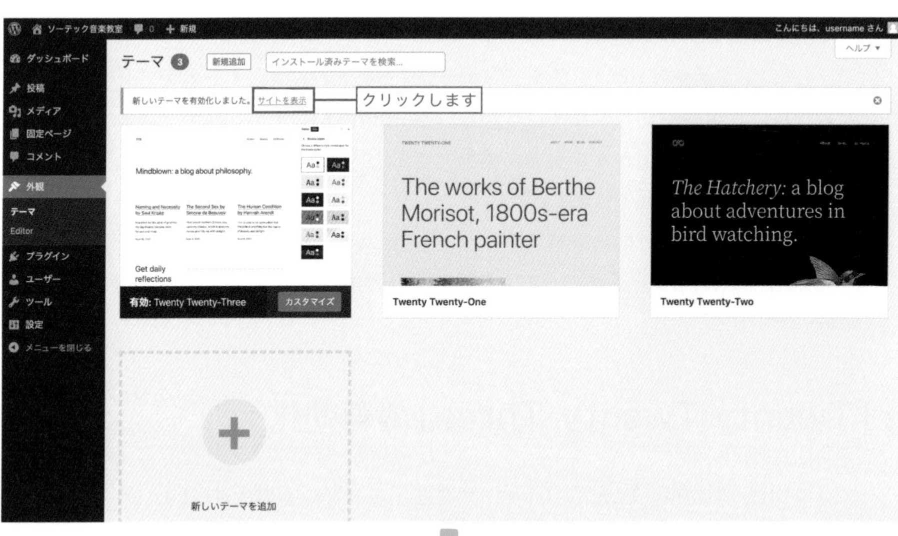

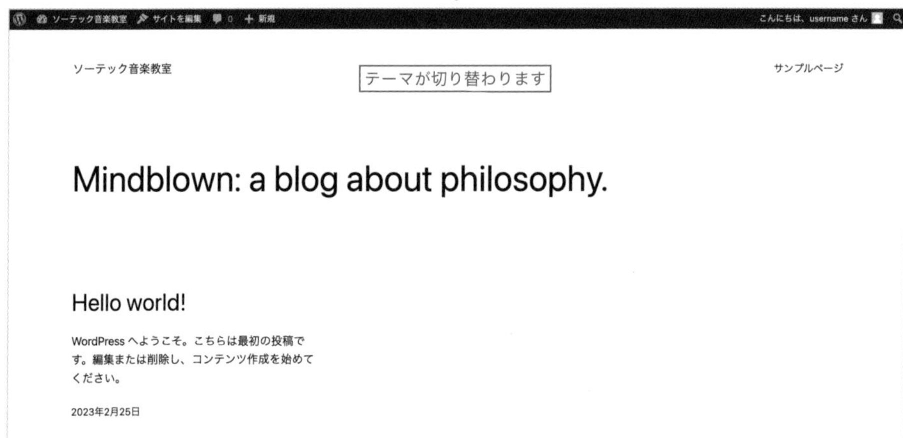

MEMO

「Twenty Twenty-Three」がインストールされていない場合は、次ページのCOLUMNを参照してインストールしてください。

COLUMN       

公式ディレクトリからテーマをインストールする

本書を読み終えたあとに、「他にもいろいろなテーマを試してみたい！」と思ったら、まずは公式ディレクトリから探してみましょう。公式ディレクトリに登録されているテーマは、WordPressの管理画面から検索してインストールすることが可能です。

① テーマ追加画面を開く

WordPressの管理画面から「外観」>「テーマ」を開き、「新しいテーマを追加」をクリックします。

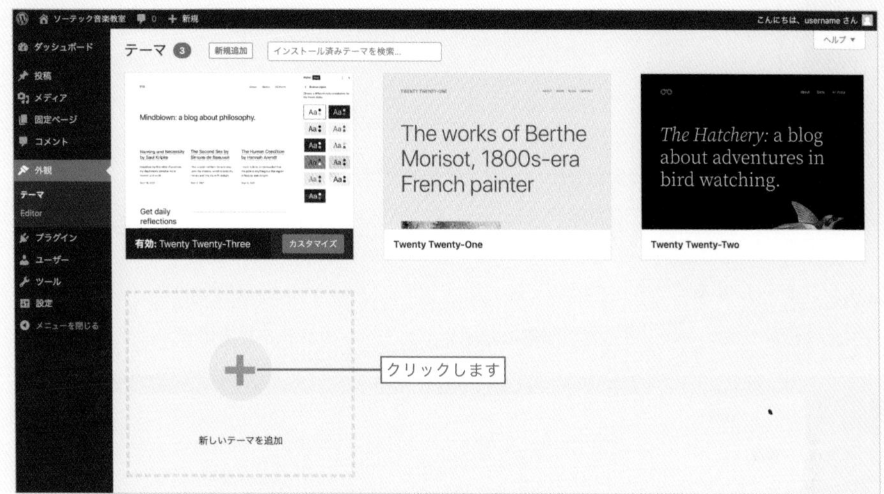

② テーマを検索する

膨大なテーマの中から「人気」「最新」「ブロックテーマ」などのタブを切り替えたり、「特徴フィルター」からジャンルや機能を絞り込んで表示させたりすることができるほか、キーワードを自由入力して検索することも可能です。

MEMO

キーワードは日本語に対応していないため、英単語で検索してください。

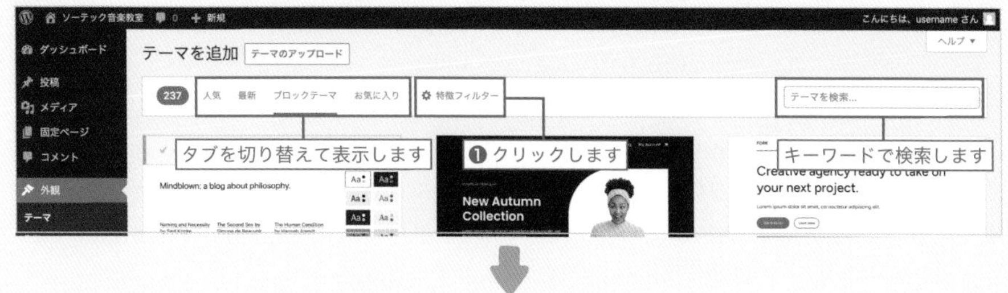

次ページへつづく

3 インストールする

テーマ画像にマウスオーバーすると、詳細の確認やインストールなどができます。

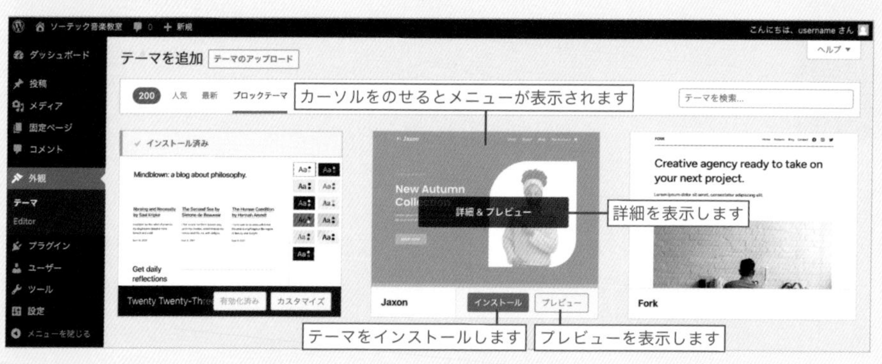

POINT        

公式ディレクトリ以外のテーマ

公式ディレクトリで配布されているテーマは有志のレビューチームによって検証されているため安心ですが、公式ディレクトリ以外で配布されているテーマは有料・無料問わず脆弱性があったり悪意のあるコードが仕組まれていたりするケースもあり、使用には注意が必要です。配布元の情報が明らかでない場合には、安易に使用しないほうがよいでしょう。

Lesson
3-2

サイト名や表示に関する設定をしよう

WordPressの基本設定

WordPressではWebサイト全体にかかわる設定も管理画面から編集できます。本節では、サイト名や表示に関する設定を行いましょう。

会心のタイトル・キャッチフレーズを思いつきました！ぜひサイトに反映したいのですが、どのように設定すればよいのかわかりません…。

そういったタイトルやキャッチフレーズは管理画面から設定することができます。また、編集途中のサイトの公開設定も併せて説明しますね！

サイトのタイトルとキャッチフレーズを設定する

① 一般設定を開く

管理画面の左側にあるメインナビゲーションの「設定」>「一般」を開きます。

ダッシュボード
投稿
メディア
固定ページ
コメント
外観
プラグイン
❶クリックします
ツール
設定
一般
投稿設定
❷選択します

一般設定

サイトのタイトル	ソーテック音楽教室
キャッチフレーズ	ピアノ・バイオリン・フルートの個人レッスン教室 このサイトの簡単な説明。
WordPress アドレス (URL)	http://wp-book.net/2nd
サイトアドレス (URL)	http://wp-book.net/2nd Enter the same address here unless you want your site home page to be
管理者メールアドレス	info@front-work.com このアドレスは管理のために使用されます。変更すると、確認のため新しい されません。

② サイトのタイトルを編集する

サイトのタイトルとはWebサイト全体の名前のことを指します。企業であれば会社名、お店であれば店名など、端的でわかりやすい名前にしましょう。ここでは、サイトのタイトルに「ソーテック音楽教室」と入力します。

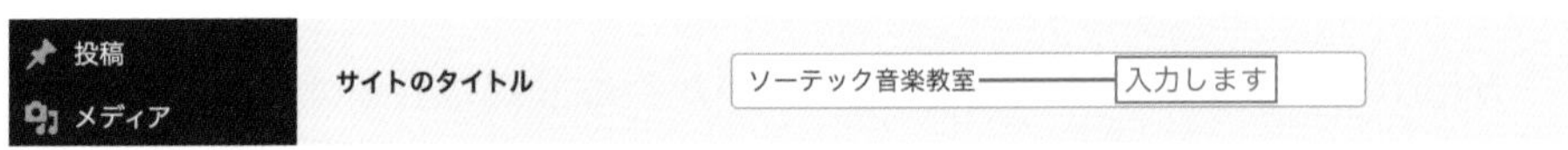

③ キャッチフレーズを編集する

キャッチフレーズとは、Webサイトの説明文のことを指します。企業であれば事業内容や経営理念、お店であれば地域名やお店の特徴などを含めるとよいでしょう。ここでは、キャッチフレーズに「ピアノ・バイオリン・フルートの個人レッスン教室」と入力します。

④ 保存する

編集が終了したら、「変更を保存」をクリックします。

MEMO

「Twenty Twenty-Three」の初期状態では、キャッチフレーズを設定してもサイト上には表示されませんが、トップページを表示した際にブラウザのタイトルバーに表示されます。なお、サイトのタイトルやキャッチフレーズはいつでも変更可能です。

COLUMN

その他の一般設定

一般設定では、上記のほかに管理者メールアドレスの変更やサイトの言語設定なども行うことができます。ただし、「WordPressアドレス」と「サイトアドレス」を書き換えてしまうと、管理画面やWebサイトが表示されなくなる場合があるため注意しましょう。

制作中のWebサイトを見られないための表示設定

通常は、WebサイトのURLを知っている人または外部サイトからの被リンクがなければ第三者が制作中のWebサイトを閲覧する可能性は極めて低いです。しかし、Webサーバー上でサイト制作を進めていると検索エンジンのロボットが巡回して自動的にインデックス登録されてしまう（=検索結果に表示される）ことがあります。

このため、Webサイトの制作過程を見られたくない場合には、あらかじめ検索エンジンにインデックスを拒否する設定をしておきましょう。

1 表示設定を開く

管理画面の「設定」>「表示設定」を開きます。

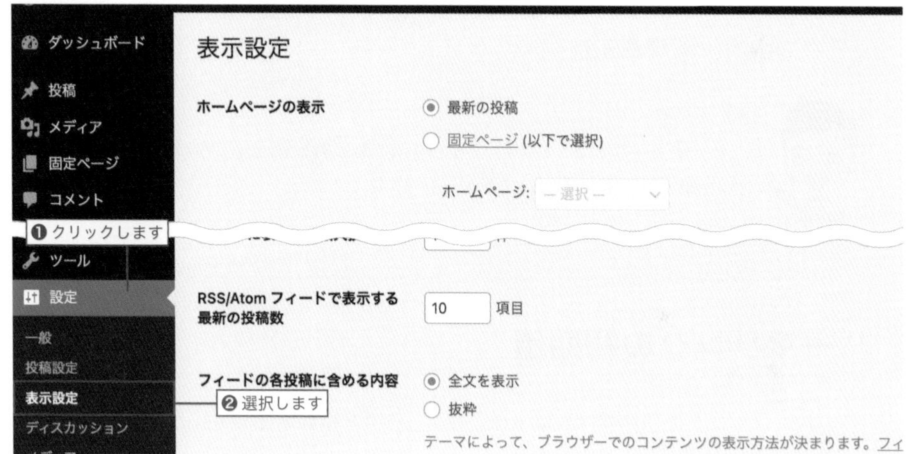

2 チェックを入れて保存する

「検索エンジンがサイトをインデックスしないようにする」にチェックを入れて、「変更を保存」をクリックします。

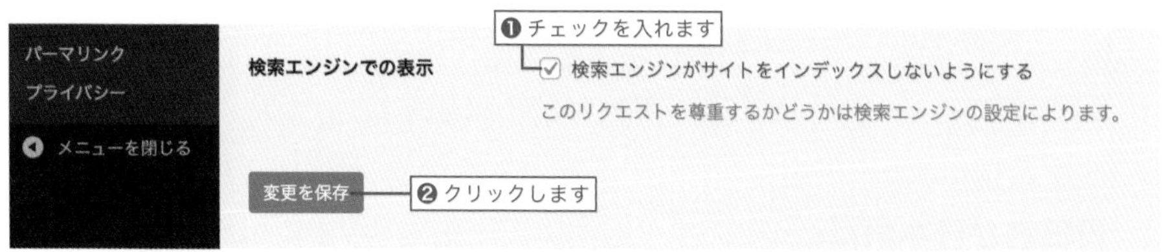

MEMO

この設定を行っても、100%インデックスに登録されないという保証はありません。また、Webサイトが完成したら、必ずこのチェックを外すことを忘れないようにしましょう。

Lesson 3-3

あらかじめ設定しておくことが大事

パーマリンクを設定する

WordPressで作成したページには自動的にURLが生成されます。このURLのことを「パーマリンク」といいます。ページを作り始めてからパーマリンクを変更するとページのURLが変わってしまうため、あらかじめ設定しておきましょう。

ページを作成していく前に「パーマリンク」を設定しておきましょう！　事前に設定しておくと、URLを変えずにページ作成を行っていくことができます。

変わっていることに気づかずに、あとあと困るところでした…。聞いておいてよかったです！

パーマリンクの初期値

パーマリンクの初期値は、以下のように「日付と投稿名（ページのタイトル）」となっています。

http://ドメイン名/投稿年/投稿月/投稿日/投稿名/

例 http://example.com/2023/06/01/post-title/

POINT

投稿名が日本語だと…

投稿名が日本語の場合はURLも日本語となり、ブラウザ上では「http://example.com/2023/06/01/日本語/」となります。これでも問題ありませんが、リンクを共有する際にコピー＆ペーストすると日本語部分がエンコードされ、「http://example.com/2023/06/01/%e6%97%a5%e6%9c%ac%e8%aa%9e/」のように長いURLとなってしまいます。

パーマリンクの構造を変更する

初期設定のままでも問題ありませんが、パーマリンクは好きな構造に変更することができます。本書では「カスタム構造」を利用して、以下のようにパーマリンク構造を変更します。

http://ドメイン名/カテゴリ名/投稿ID/

例 http://example.com/news/123/

1 パーマリンク設定画面を開く

管理画面の「設定」＞「パーマリンク」を開きます。

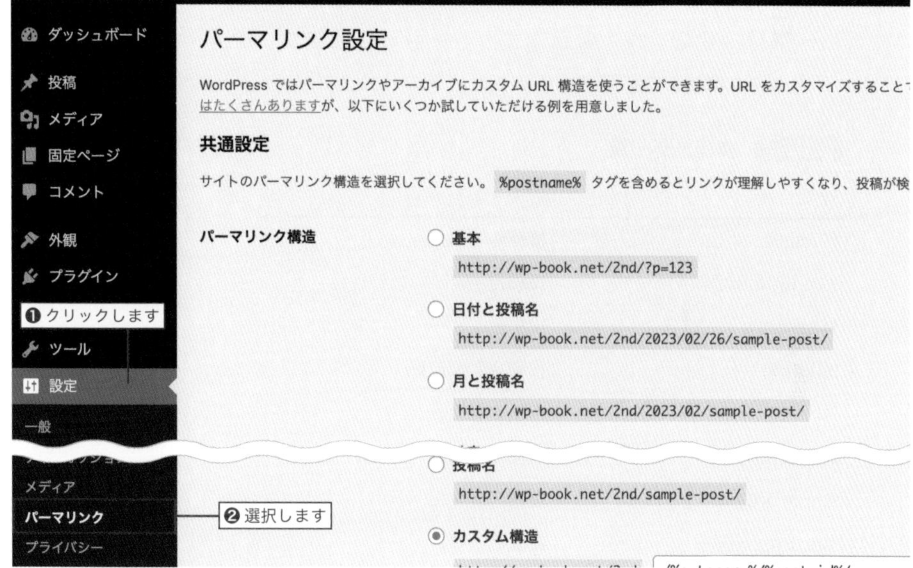

2 パーマリンクを変更する

「カスタム構造」にチェックを入れて初期値を削除し、「利用可能なタグ」から「%category%」「%post_id%」の順でクリックします。

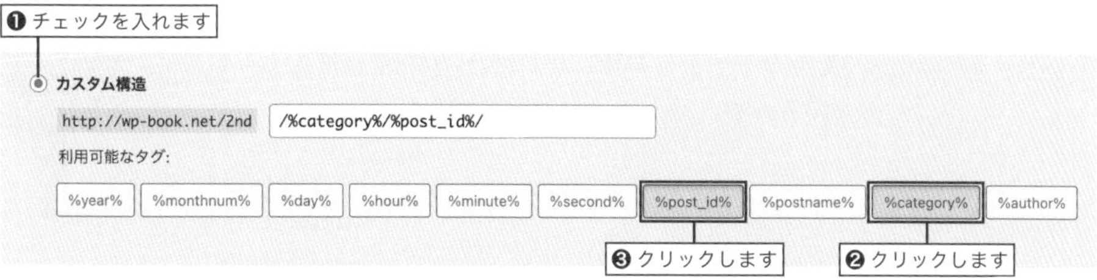

③ 保存する

編集を終えたら、「変更を保存」をクリックします。

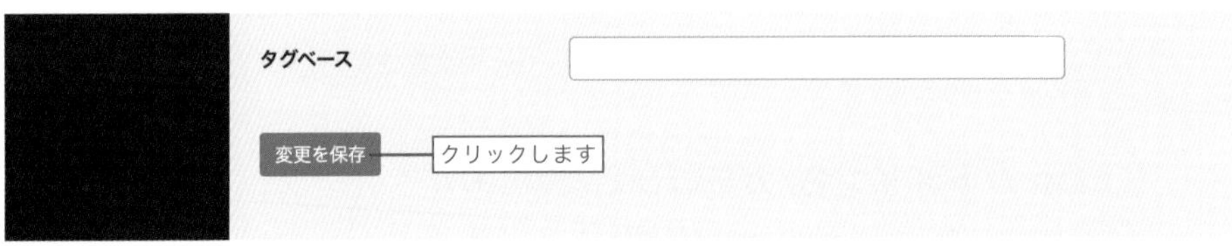

MEMO

パーマリンク設定を変更すると作成済みのページにも変更が適用され、既存のURLが変わってしまいます。Webサイトの公開後は、できるだけパーマリンクを変更しないようにしましょう。

パーマリンクの「カスタム構造」で使用できるタグ

「カスタム構造」で使用できるタグは以下のとおりです。

表3-3-1 構造タグ一覧

構造タグ	取得する文字列
%year%	投稿年
%monthnum%	投稿月
%day%	投稿日
%hour%	投稿された時間
%minute%	投稿された分
%second%	投稿された秒
%post_id%	投稿の固有ID
%postname%	投稿名
%category%	投稿のカテゴリー
%author%	投稿の作成者

構造タグでより柔軟にパーマリンクを設定することができるので、ぜひ利用してみてください！

Lesson 3-4

ユーザープロフィールの設定

投稿ページに表示される名前を変更する

多くのWordPressテーマでは、投稿ページに投稿者名が表示されます。この投稿者名を任意の名前で表示されるように設定しましょう。

初期設定では投稿ページに投稿者名が表示されるようになっているので、必要に応じて変更しましょう。ここでは、投稿者名を任意の名前に変更していきます。

投稿者名がユーザー名で登録されてしまったので、変更できるのはとても助かります！ ぜひ変更方法を教えてください！

投稿者名を変更する

WordPressにはじめから投稿されている「Hello world!」というページを表示してみると「投稿者：username」のように、WordPressにログインする際のユーザー名が表示されているのがわかります。そのままで問題ない場合はよいのですが、任意の名前で表示させたい場合は以下の手順で変更しましょう。

図3-4-1 投稿ページには投稿者名が表示される

ソーテック音楽教室 サイトを編集 0 ＋新規 投稿を編集 こんにちは、username さん

ソーテック音楽教室

サンプルページ

Hello world!

WordPress へようこそ。こちらは最初の投稿です。編集または削除し、コンテンツ作成を始めてください。

投稿日 2023年2月25日 カテゴリー: 未分類
投稿者: username

タグ:

投稿日 2023年2月25日 カテゴリー: 未分類
投稿者: username

❶ プロフィール画面を開く

管理画面の「ユーザー」>「プロフィール」を開きます。

❷ ニックネームを入力する

「ニックネーム」の入力欄に、Webサイト上で表示させたい名前を入力します。
ここでは、「管理人」と入力します。

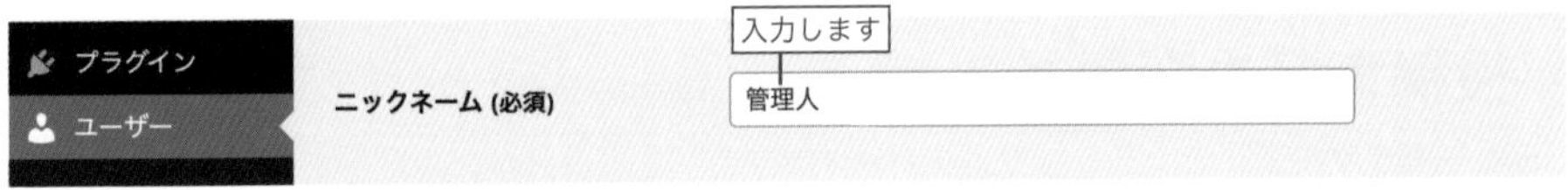

MEMO

ニックネームは会社名や担当者名のほか、「店長」や「Web担当者」など肩書のようなものでもよいでしょう。

❸ ブログ上の表示名を選択して更新

「ブログ上の表示名」のプルダウンから手順❷で入力した名前を選択し、「プロフィールを更新」をクリックします。

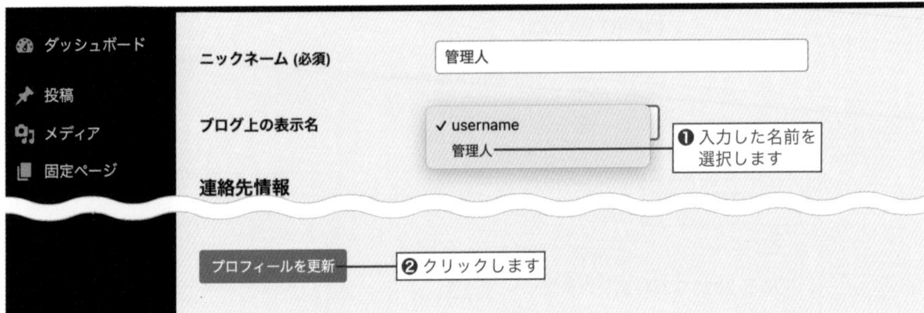

❹ 確認する

投稿ページを再読み込みすると、ニックネームが表示されていることが確認できます。

COLUMN

その他のユーザー設定

プロフィール画面ではニックネームの設定のほかに、管理画面の配色変更や、パスワードの再設定なども行うことができます。

「サイトを見るときにツールバーを表示する」のチェックを外すと、WordPressにログインした状態でも上部のツールバーが非表示となり、閲覧者がサイトを見るときと同じ表示になります。

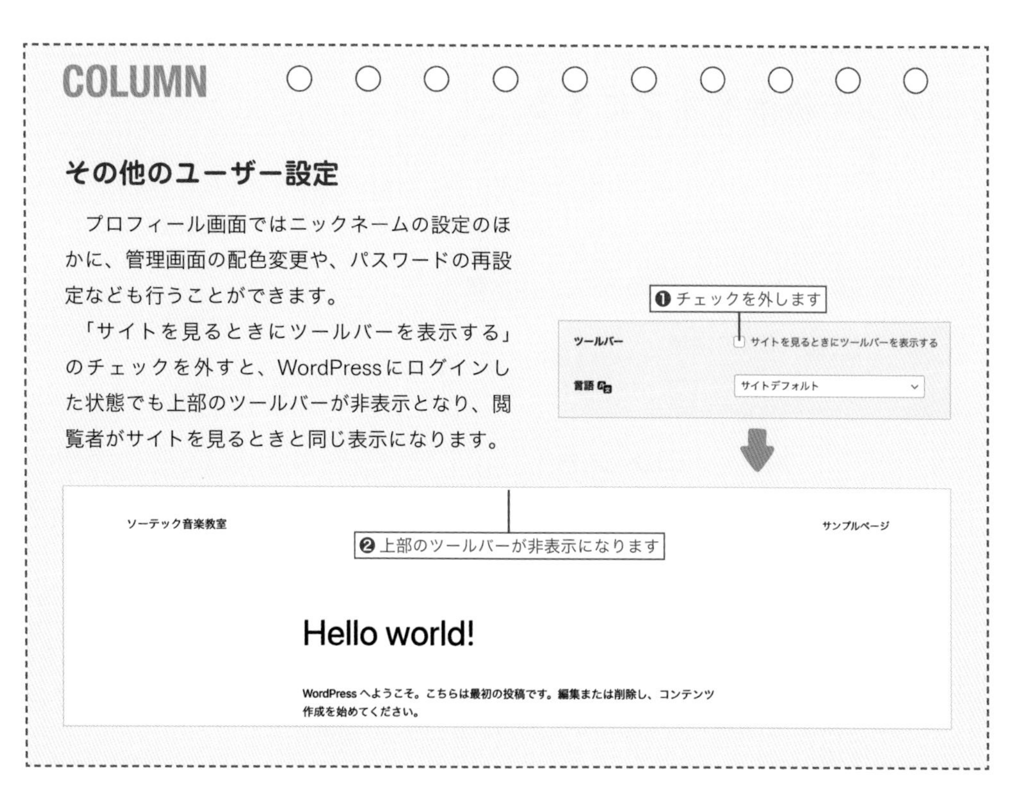

Lesson 3-5

投稿を始める前に

コメント機能を設定する

WordPressはもともとはブログ用に開発されているため、閲覧者が投稿ページにコメントを残せる機能がついています。初期状態では投稿ページにコメント欄が表示される設定となっているため、コメント機能について必要な設定をしておきましょう。

WordPressにはブログと同様、閲覧者がサイトにコメントを書き込める機能があります。作成するサイトの目的によって、コメント機能の設定を変えていきましょう。

了解です！ ボクのサイトにはあまり必要のない機能だと思うので、オフにしようと考えています。

コメント機能をオフにする

企業やお店のWebサイトの場合、Webサイト上で閲覧者とコメントをやり取りするケースはあまり多くありません。コメント機能が必要ない場合は以下のとおり設定しましょう。

図3-5-1 投稿ページに表示されるコメント欄

投稿日 2023年2月25日 カテゴリー: 未分類　　タグ:
投稿者: 管理人

コメント

"Hello world!" への1件のコメント

WordPress コメントの投稿者
2023年2月25日　編集

こんにちは、これはコメントです。
コメントの承認、編集、削除を始めるにはダッシュボードの「コメント」画面にアクセスしてください。
コメントのアバターは「Gravatar」から取得されます。

返信

❶ ディスカッション設定画面を開く

管理画面の「設定」>「ディスカッション」を開きます。

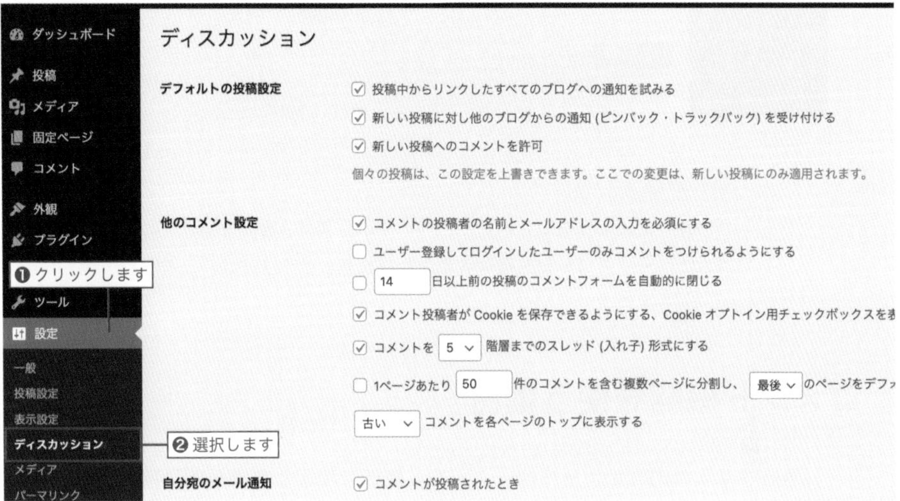

❷ 投稿設定のチェックを外す

「デフォルトの投稿設定」にあるチェックをすべて外します。

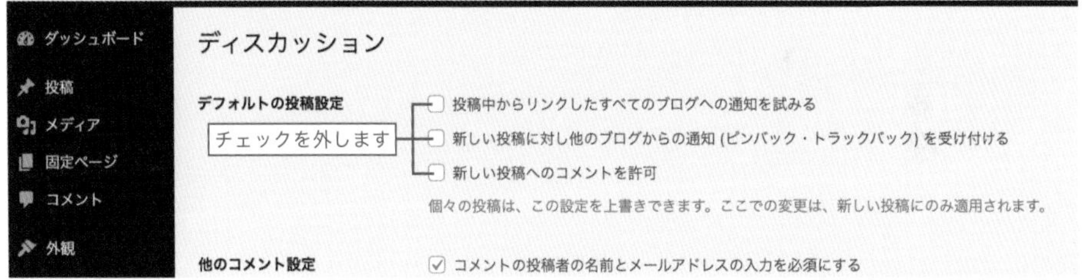

POINT

ピンバックの送受信は有効にする

「デフォルトの投稿設定」の1つめにある「ブログへの通知」とは、投稿ページに外部リンクが含まれている場合、そのリンク先に対して通知を自動送信する機能のことです。逆に2つめの「ピンバック・トラックバック」とは、外部サイトに自分のサイトへのリンクが貼られた場合に通知を受け付ける機能のことです（いずれも相手先がその機能を使っている場合のみ有効）。

これらの機能は残し、コメント欄だけを非表示にしたい場合は「新しい投稿へのコメントを許可」のみチェックを外してください。

③ 保存する

「変更を保存」をクリックします。

MEMO

この設定以降に投稿するページについてはコメント欄が非表示となりますが、すでに投稿済みのページのコメント欄は表示されたままとなります。

コメント機能を使う場合

Webサイトの内容によっては、コメント機能を利用して積極的に閲覧者と交流したほうがよいケースもあります。その場合には「デフォルトの投稿設定」にはチェックを入れたままで運用しましょう。また、ディスカッション設定画面で細かなルール設定も可能です。

Lesson 3-6

サイトの印象が決まる

色とレイアウトを設定する

フルサイト編集には、サイト全体に共通するタイポグラフィ・色・レイアウトをカスタマイズできる「スタイル」という機能があります。本節では、スタイルを使って色とレイアウトの基本設定をしましょう。

テーマで使われている色などを、自分のサイトに合わせて変更したいのですが、難しいですか?

そういったときには、「スタイル」の出番です! 使用しているテーマの配色を他の色に設定できるので、イメージしているサイトに近づけることができますよ!

サイトの配色を設定する

見た目の第一印象は色で決まると言われるほど、色は重要な役割を持っています。意図的に奇をてらう場合を除き、会社やお店の雰囲気にあった配色のほうが閲覧者に安心感を与えるでしょう。

サンプルサイトでは上品な雰囲気にするため、落ち着いた水色をベースに配色します。

1 エディターを開く

管理画面の「外観」>「エディター」を開きます。

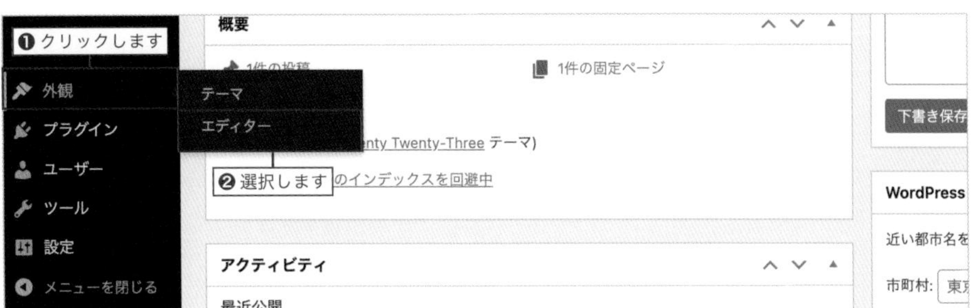

② ホームのテンプレートを開く

「テンプレート」をクリックし、「ホーム」をクリックします。

③ スタイル編集パネルを開く

編集ボタン をクリックし、スタイルボタン をクリックします。

MEMO

ホーム以外のテンプレートやテンプレートパーツを選択しても、同様にスタイル編集パネルを開くことができます。ここでは、プレビュー表示がわかりやすいホームのテンプレートを選択しています。

④ 色の設定を開く

スタイル編集パネルの「色」をクリックして開きます。

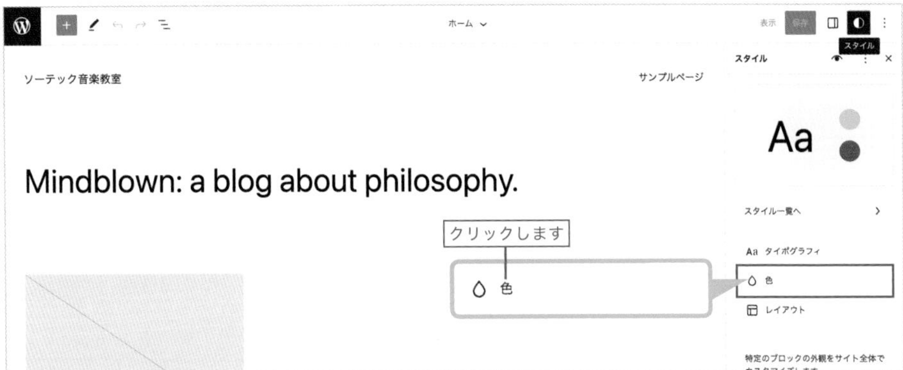

⑤ パレットを開く

パレットをクリックして開きます。

⑥ テーマカラーの設定を開く

テーマカラーを編集するために、テーマの⋮をクリックして「詳細を表示」を開きます。

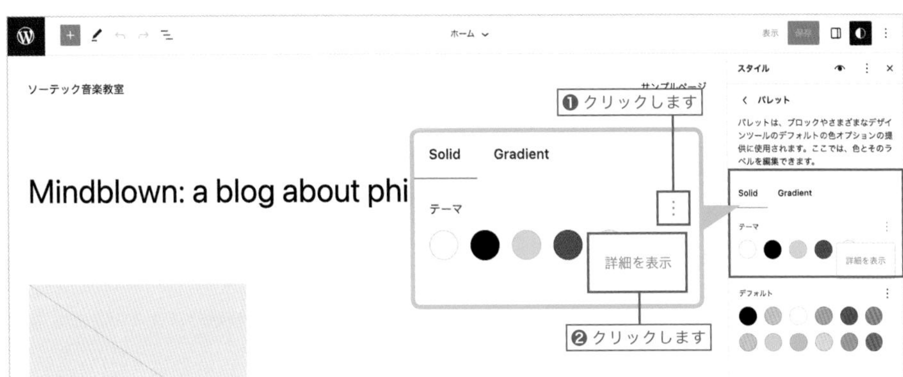

7 色を設定する

各色をクリックして、右のとおり変更します。

ベース	#E7F4F6
コントラスト	#ADD9E0
メイン	#0C8296
サブ	#085663
サブ2	#F6F6F6

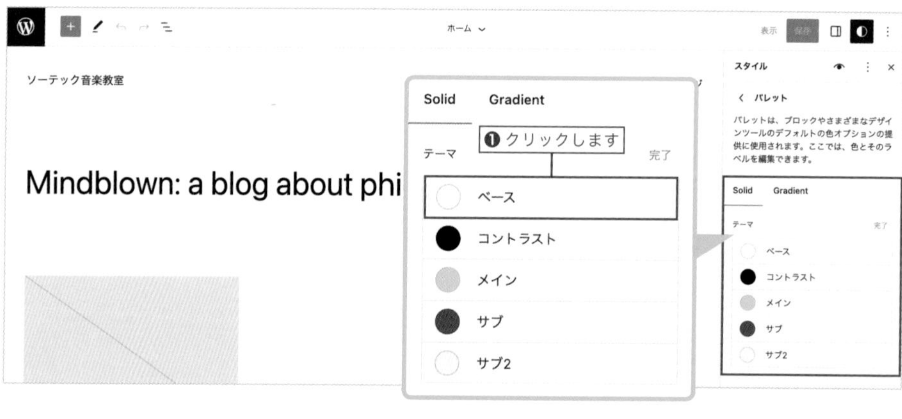

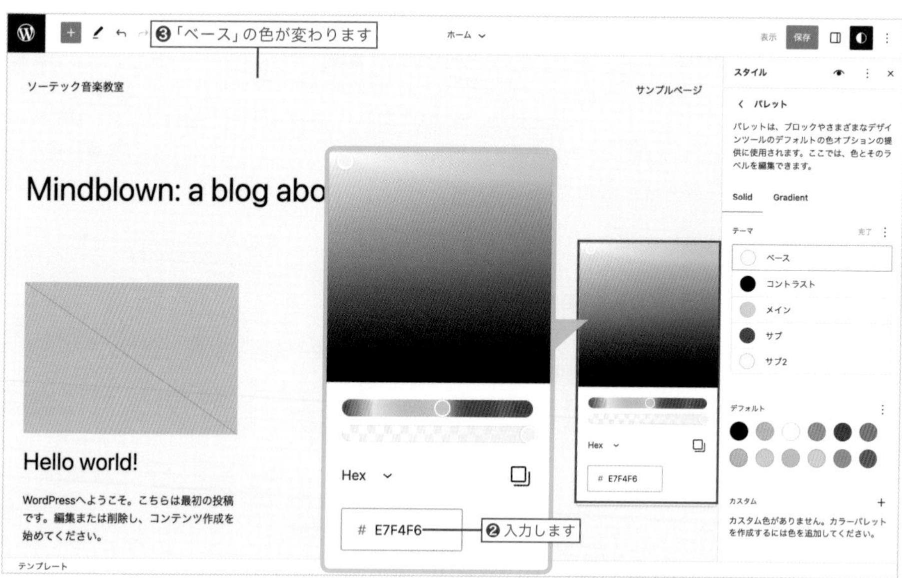

MEMO

メインカラー1色を中心とした濃淡とモノトーンの組み合わせは、デザインの初心者でも失敗しにくい配色なので、おすすめです。

8 完了してパレットに戻る

色をすべて変更したら「完了」をクリックし、「＜ パレット」をクリックして戻ります。

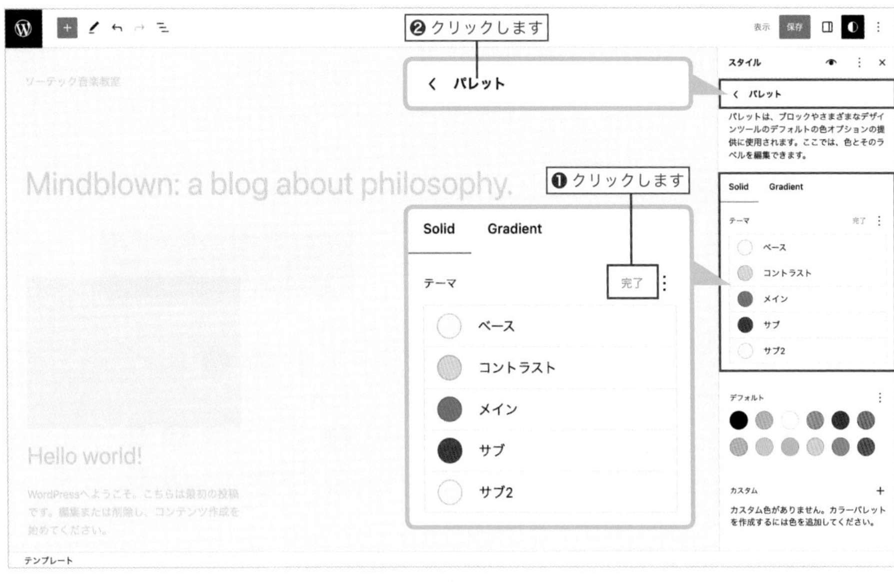

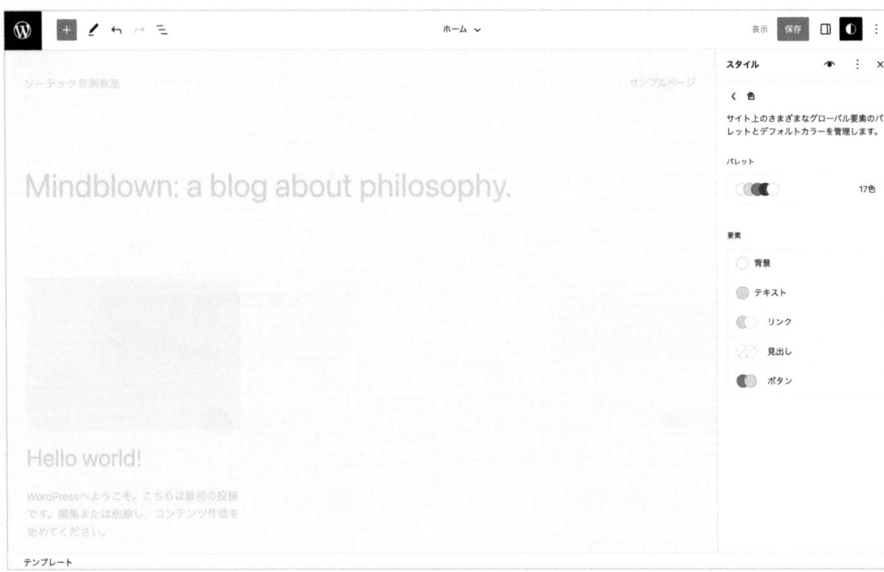

❾ 要素の色を設定する

このままでは、プレビュー画面のとおり色のコントラストが低く文字が読みにくいため、各要素の色を以下のとおり変更します。

背景	（そのまま）

テキスト	黒

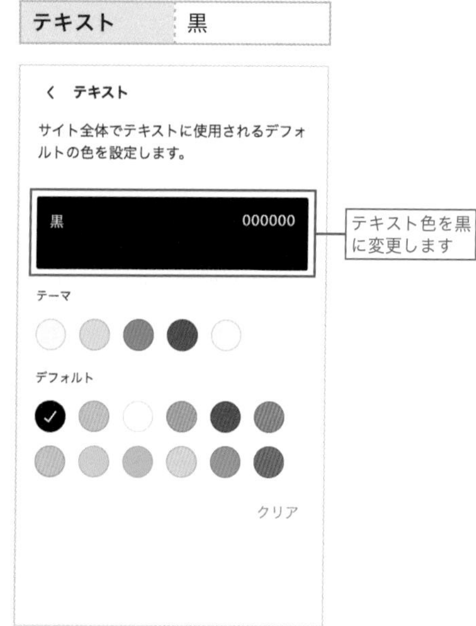

リンク（デフォルト）	メイン色

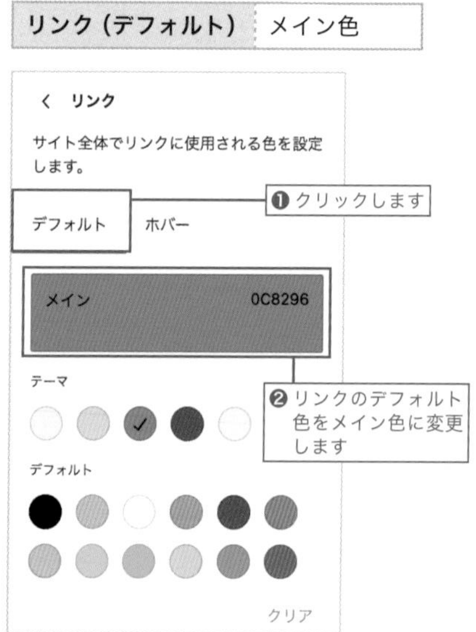

リンク（ホバー）	サブ色

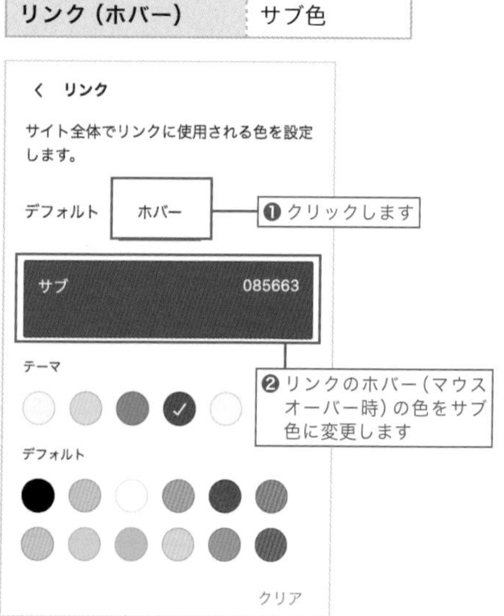

見出し	H1は黒、それ以外はメイン色

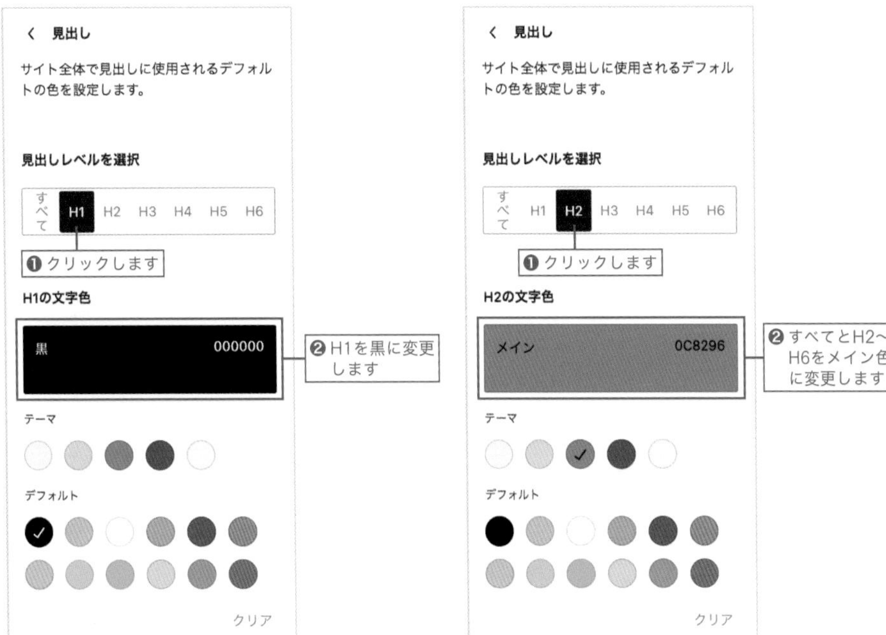

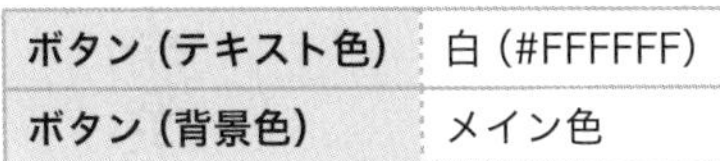

ボタン（テキスト色）	白（#FFFFFF）
ボタン（背景色）	メイン色

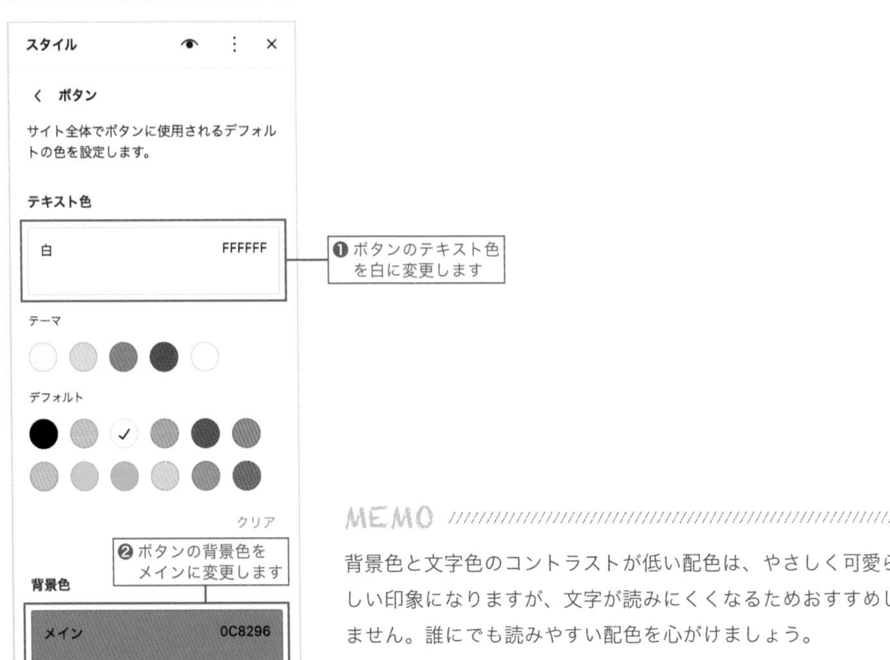

MEMO

背景色と文字色のコントラストが低い配色は、やさしく可愛らしい印象になりますが、文字が読みにくくなるためおすすめしません。誰にでも読みやすい配色を心がけましょう。

⑩ 保存する

「保存」をクリックし、もう一度「保存」をクリックして設定を保存します。

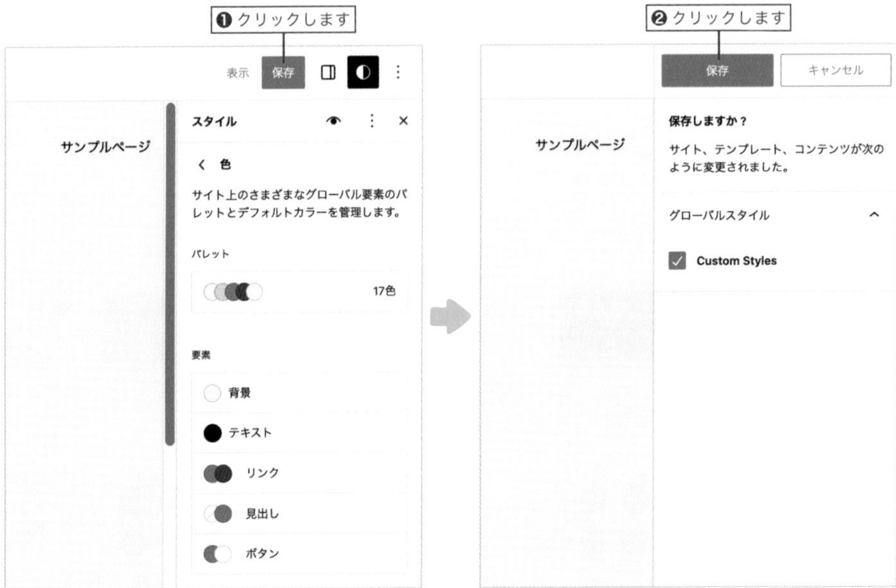

⑪ サイトを確認する

サイトを表示すると、サイト全体の色が設定したとおりに変更されていることが確認できます。色が入るだけで、印象が大きく変わることがわかると思います。

COLUMN

色が持つイメージの一例

同じ色相でも彩度や明度によって印象は異なりますが、おおまかな色のイメージは右の表のとおりです。

色	イメージ
赤	活発、情熱的、力強い、警告
桃色	かわいい、愛情、優しい、幸福
橙色	陽気、あたたかい、健康的、親しみやすい
黄色	明るい、元気、好奇心、注意
緑	穏やか、癒やし、平和、自然
青	知的、誠実、信頼、静か
白	清潔、純粋、自由、シンプル
黒	重厚感、高級、フォーマル、シック

レイアウトを設定する

投稿ページなどのメインコンテンツエリアの幅が、デフォルトでは少し狭く設定されています。

これを広くして、上下の余白を変更するためのレイアウト設定を行います。

MEMO

この設定は、スマートフォンでの表示には影響しません。

図3-6-1 デフォルトのメインコンテンツエリアの幅（650px）

ソーテック音楽教室
サンプルページ
Hello world!
WordPress へようこそ。こちらは最初の投稿です。編集または削除し、コンテンツ作成を始めてください。
投稿日 2023年2月25日 カテゴリー: 未分類
投稿者: 管理人
タグ:
コメント
"Hello world!" への1件のコメント
WordPress コメントの投稿者
2023年2月25日 編集
こんにちは、これはコメントです。
コメントの承認、編集、削除を始めるにはダッシュボードの「コメント」画面にアクセスしてください。
コメントのアバターは「Gravatar」から取得されます。
返信
コメントを残す
管理人 としてログインしています。プロフィールを編集します。ログアウトしますか？* が付いている欄は必須項目です
コメント *
コメントを送信
ソーテック音楽教室
Proudly powered by WordPress

① スタイル編集パネルのトップに戻る

色の設定からスタイル編集パネルのトップに戻るには、「< 色」をクリックします。

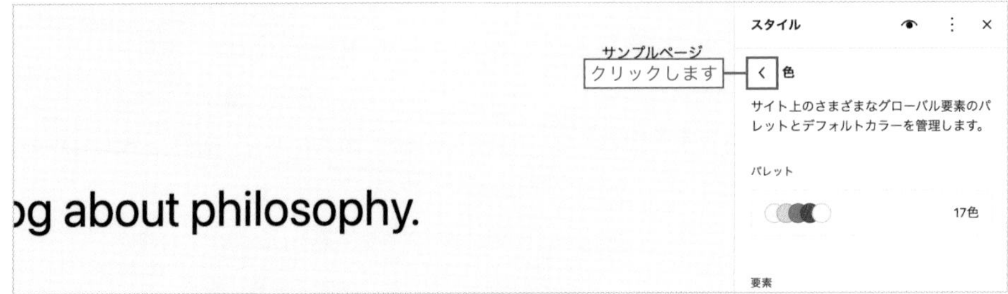

② レイアウトの設定を開く

スタイル編集パネルの「レイアウト」をクリックして開きます。

③ コンテンツ幅を変更する

コンテンツの入力欄に「800」と入力し、パディングの下に「0」と入力します。

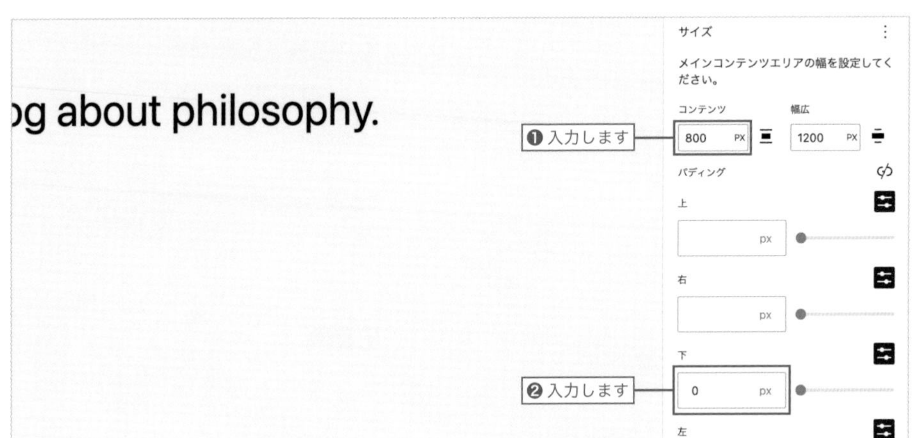

4 保存する

「保存」をクリックし、もう一度「保存」をクリックして設定を保存します。

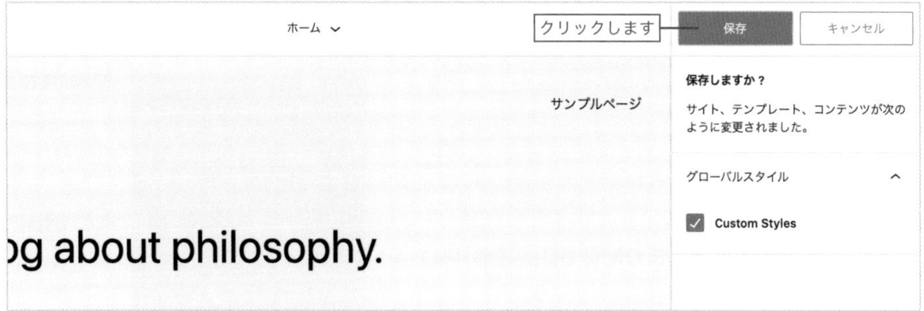

5 サイトを確認する

投稿ページを表示すると、メインコンテンツエリアの幅が広くなり、ページ最下部の余白がなくなったことが確認できます。

図3-6-2 変更後のメインコンテンツエリアの幅（850px）

ソーテック音楽教室　サンプルページ

Hello world!

WordPressへようこそ。こちらは最初の投稿です。編集または削除し、コンテンツ作成を始めてください。

投稿日 2023年1月4日 カテゴリー: Uncategorized　タグ:
投稿者: 管理人

コメント

"Hello world!" への1件のコメント

A WordPress Commenter
2023年1月4日 編集

Hi, this is a comment.
To get started with moderating, editing, and deleting comments, please visit the Comments screen in the dashboard.
Commenter avatars come from Gravatar.

返信

コメントを残す

管理人としてログインしています。プロフィールを編集します。ログアウトしますか？＊が付いている欄は必須項目です

コメント＊

コメントを送信

ソーテック音楽教室　Proudly powered by WordPress

❻ エディターを閉じる

サイトエディターを閉じるには、画面左上のWordPressアイコン🅦を2回クリックすると、元の管理画面に戻れます。

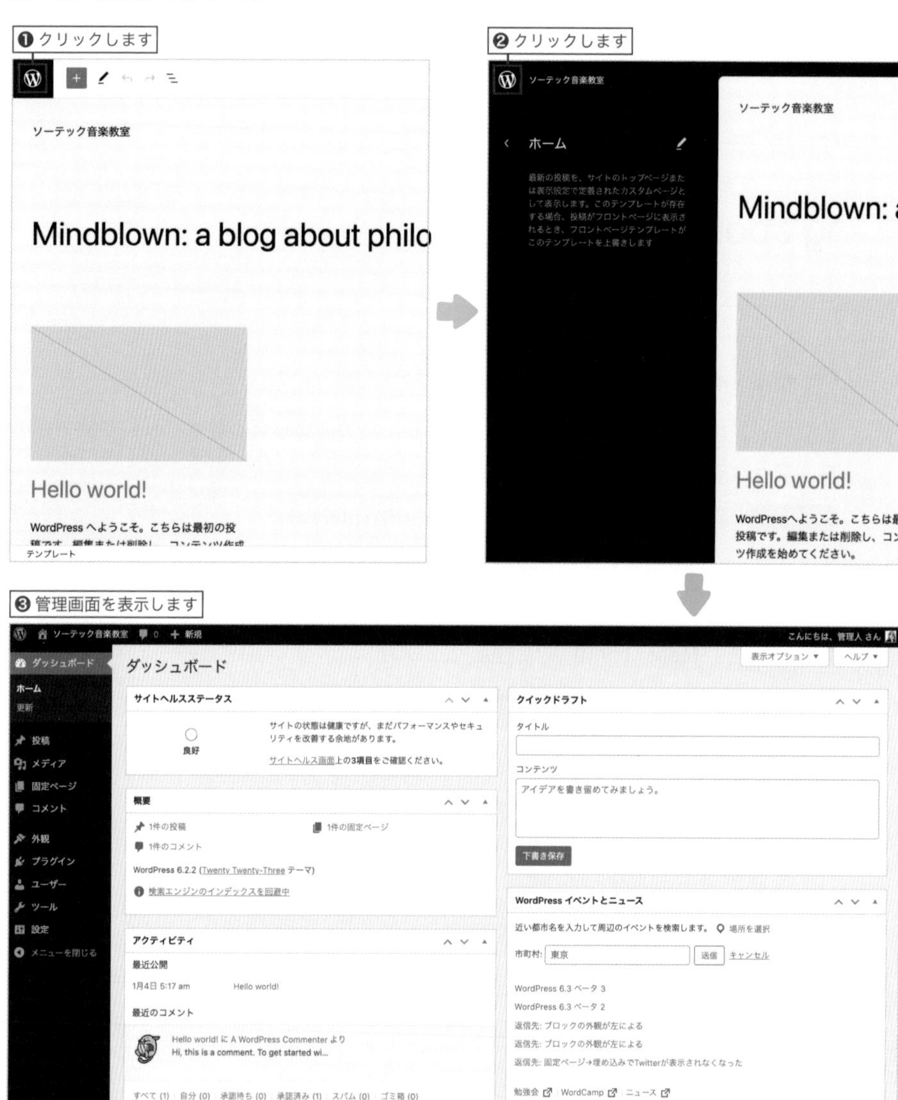

MEMO

スタイル機能には、もうひとつ「タイポグラフィ」という文字の体裁を設定する機能がありますが、この設定については、Chapter 8で解説します。

Chapter 4

投稿ページを作ろう

投稿の基本から、ブロックエディターの操作方法や覚えておきたいブロックの使い方について解説します。

Lesson 4-1

使い分けるポイントは？

「投稿」と「固定ページ」の違いを知ろう

WordPressには「投稿」と「固定ページ」という2種類のページ作成機能があります。それぞれの違いを知り、特徴にあった使い分けをしましょう。

ページ作成機能である「投稿」と「固定ページ」、それぞれの特徴を解説していきます！ 作成したいページによって使い分けてくださいね！

ページ作成を始めようと思ったらその2つが出てきて、どっちを選べば良いのか迷っていたところです。ぜひ教えてください！

「投稿」と「固定ページ」を見比べてみよう

WordPressの初期状態では、「**投稿**」と「**固定ページ**」が1ページずつ作成されています。2つを見比べてみると、「投稿」にはページに関する情報がいくつか表示されているのに対し、「固定ページ」はタイトルと内容だけのすっきりとしたページであることがわかります。

投稿ページに表示されている情報

- カテゴリー
- 投稿者
- 投稿日
- コメント

図4-1-1 投稿ページ

ソーテック音楽教室
サンプルページ
Hello world!
WordPress へようこそ。こちらは最初の投稿です。編集または削除し、コンテンツ作成を始めてください。
投稿日 2023年2月25日 カテゴリー: 未分類
投稿者: 管理人
タグ:
投稿日 2023年2月25日 カテゴリー: 未分類
投稿者: 管理人
WordPress コメントの投稿者
2023年2月25日 編集
こんにちは、これはコメントです。
コメントの承認、編集、削除を始めるにはダッシュボードの「コメント」画面にアクセスしてください。
コメントのアバターは「Gravatar」から取得されます。
返信
コメントを残す
管理人 としてログインしています。プロフィールを編集します。ログアウトしますか？＊が付いている欄は必須項目です
コメント＊
コメントを送信
ソーテック音楽教室
Proudly powered by WordPress

図4-1-2 固定ページ

ソーテック音楽教室
サンプルページ
サンプルページ
これはサンプルページです。同じ位置に固定され、(多くのテーマでは) サイトナビゲーションメニューに含まれる点がブログ投稿とは異なります。まずは、サイト訪問者に対して自分のことを説明する自己紹介ページを作成するのが一般的です。たとえば以下のようなものです。
はじめまして。昼間はバイク便のメッセンジャーとして働いていますが、俳優志望でもあります。これは僕のサイトです。ロサンゼルスに住み、ジャックという名前のかわいい犬を飼っています。好きなものはピニャコラーダ、そして通り雨に濡れること。
または、このようなものです。
XYZ 小道具株式会社は1971年の創立以来、高品質の小道具を皆様にご提供させていただいています。ゴッサム・シティに所在する当社では2,000名以上の社員が働いており、様々な形で地域のコミュニティへ貢献しています。
新しく WordPress ユーザーになった方は、ダッシュボードへ行ってこのページを削除し、独自のコンテンツを含む新しいページを作成してください。それでは、お楽しみください！
ソーテック音楽教室
Proudly powered by WordPress

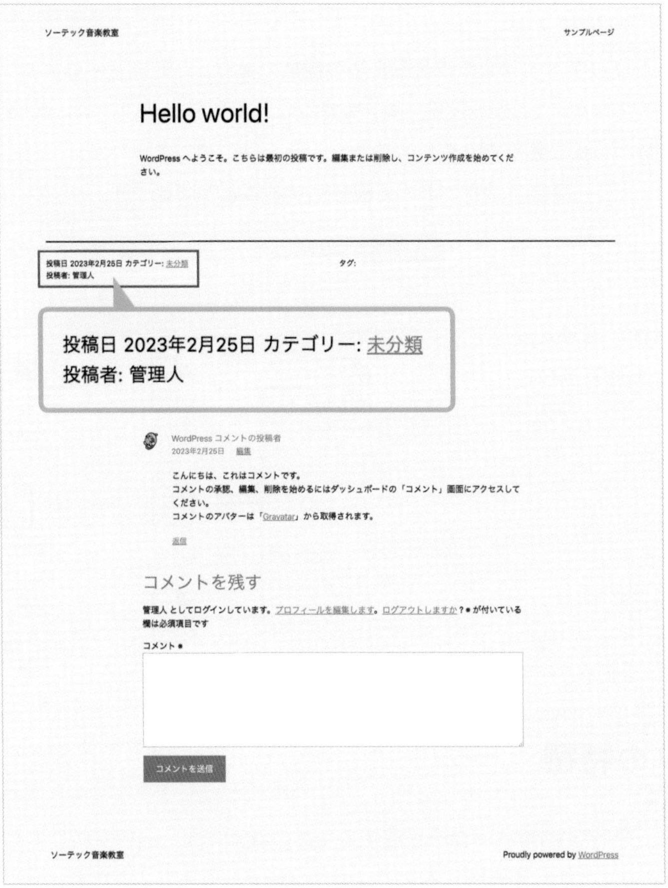

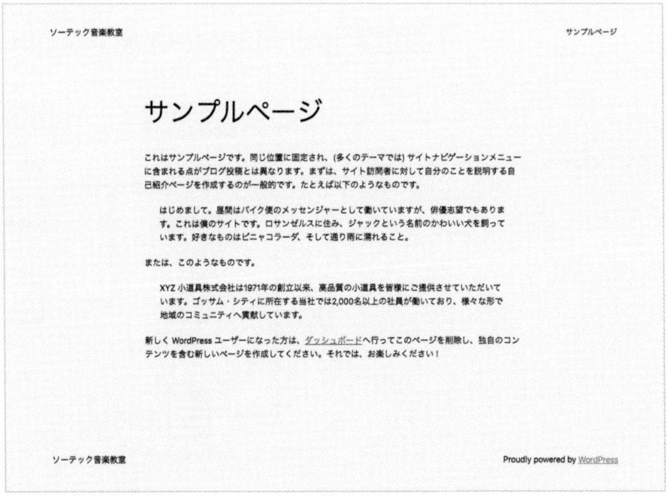

「投稿」の特徴

「投稿」はもともとブログページを作成するための機能であり、カテゴリーによって投稿を分類したりアーカイブページ（過去の投稿一覧）を持つことができます。このため、新しい情報を積み重ね、時間とともに増えていくタイプのコンテンツに適しています。

また、投稿のカテゴリーは親子階層によって細分化することが可能です。

投稿に適したコンテンツの例

お知らせ、店長日記、スタッフブログ、コラム、制作事例など

図4-1-3 投稿のカテゴリー階層のイメージ

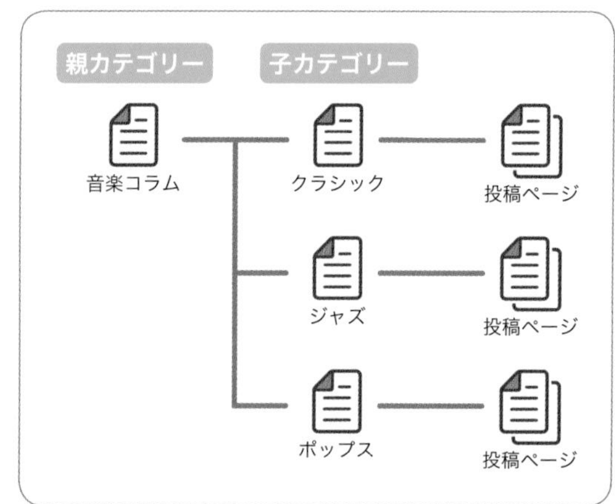

「固定ページ」の特徴

「固定ページ」は一般的なWebページを作成するための機能です。内容が新しくなった場合、古い情報を残すのではなく書き換えるタイプのコンテンツに適しています。

また、固定ページには関連性のあるページを紐付ける親子階層の機能があります。ページ数の多いWebサイトの場合は、親子階層を利用して情報をわかりやすく整理できます。

固定ページに適したコンテンツ

会社概要、事業内容、プロフィール、お問い合わせ、プライバシーポリシーなど

図4-1-4 固定ページの親子階層のイメージ

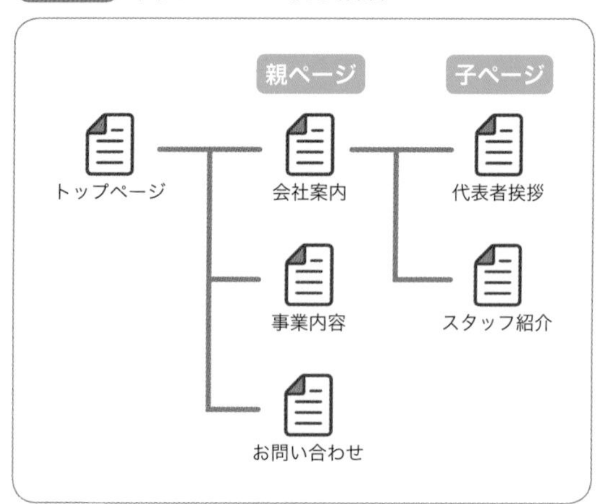

サンプルサイトでの使い分け

本書のサンプルサイトでは、以下のとおり「お知らせ」は投稿を使って作成し、それ以外のページは「固定ページ」で作成していきます。

図4-1-5 サンプルサイトでの投稿と固定ページの使い分け

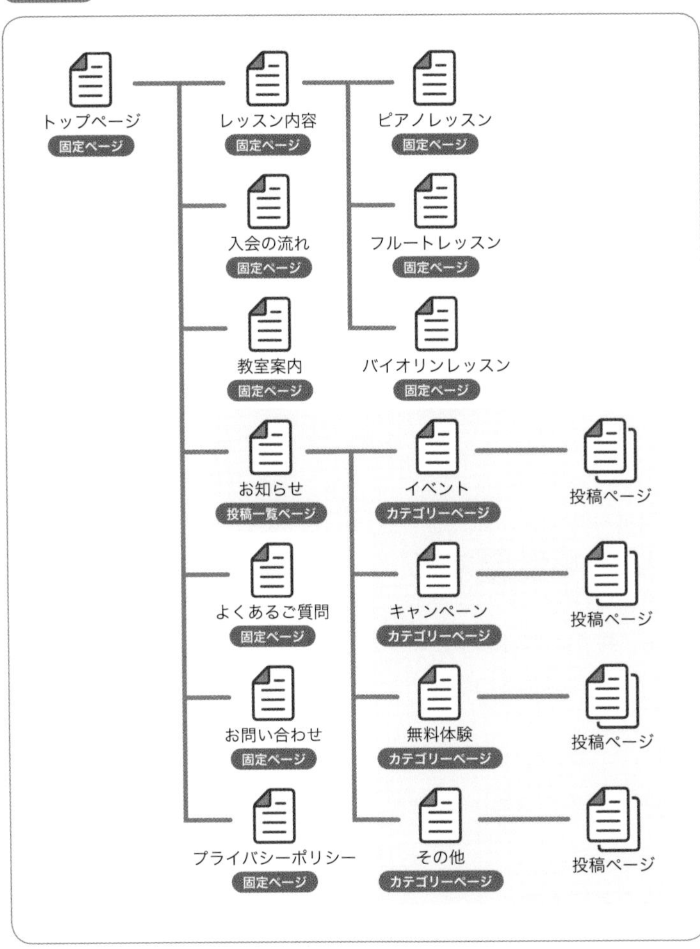

Lesson 4-2

投稿を始める前の準備

カテゴリーを設定する

カテゴリーは投稿を分類するための機能です。投稿を始める前に、初期設定されているカテゴリーの変更と、必要なカテゴリーの追加をしましょう。

何やら「カテゴリー」という機能があるのですが、これもWebサイトの作成に必要ですか？

もちろんです！ カテゴリーを正しく登録しておくと、ユーザーが必要としている情報を見つけやすくなるので、最適なものを設定していきましょう！

未分類カテゴリーを変更する

WordPressの初期状態では「未分類」というカテゴリーが設定されていますが、これは削除できないため名称を変更しましょう。

MEMO

投稿する際にカテゴリーを指定しないと、この「未分類」に自動的に登録されます。

① カテゴリーの設定画面を開く

管理画面の「投稿」＞「カテゴリー」を開きます。

クリックします

❷ 「未分類」のクイック編集を開く

「未分類」にマウスカーソルを合わせて、「クイック編集」をクリックします。

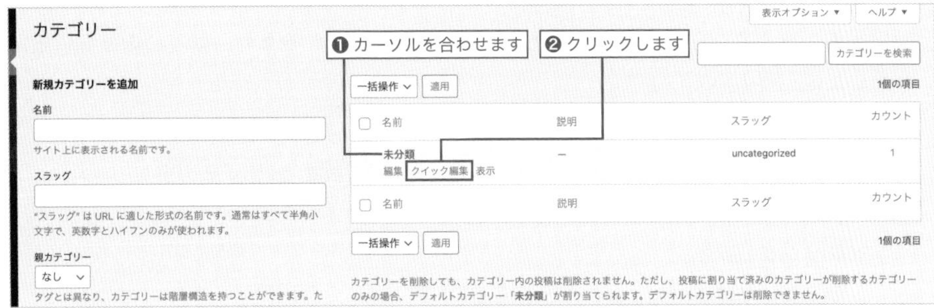

❸ 名前とスラッグを修正する

名前にはカテゴリー名、スラッグにはURLとして表示させたい文字列を入力します。
サンプルサイトでは、以下のとおり設定して「カテゴリーを更新」をクリックして更新します。

名前：その他
スラッグ：other

POINT

スラッグとは

スラッグとはURLの一部となる文字列のことで、カテゴリーのスラッグを「other」とした場合、カテゴリー一覧ページのURLは以下のようになります。日本語でも問題ありませんが、Lesson 3-3でも解説したとおりエンコードされると長いURLとなってしまうため、半角英数字で設定しておいたほうがスマートです。

例 http://example.com/category/other/

カテゴリーを追加する

次に、必要なカテゴリーを追加していきます。カテゴリーの追加はいつでも可能ですが、投稿が増えてからカテゴリーを整理するのは手間がかかるため、はじめのうちに設定しておいたほうがよいでしょう。

「新規カテゴリーを追加」に名前とスラッグを入力し、「新規カテゴリーを追加」をクリックします。

サンプルサイトでは、右の3つを追加します。

表4-2-1 追加するカテゴリー

名前	スラッグ
イベント	event
キャンペーン	campaign
無料体験	trial

カテゴリー

❸カテゴリーが追加されます

名前	説明	スラッグ	カウント
無料体験	—	trial	0
キャンペーン	—	campaign	0
イベント	—	event	0
その他	—	other	1

MEMO

親子階層のカテゴリーを作成したい場合は、「親カテゴリー」から該当するカテゴリーを選択します。

COLUMN

タグ付け機能

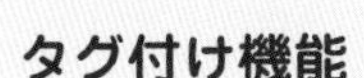

投稿メニューにある「タグ」とは、カテゴリーと同様に投稿を分類するための機能です。タグを登録するには、「投稿」＞「タグ」を開いて、カテゴリーと同様に行います。このタグ付け機能は、使用してもしなくても構いません。一般的にはカテゴリーと併用して、より具体的なキーワードを与えて使用します。

例えば、『定期演奏会開催のお知らせ』を書いた投稿があるとします。この場合「イベント」カテゴリーに分類し、「演奏会」や「コンサート」といったタグを付与します。カテゴリー機能との違いとして、タグは階層構造を持つことができません。

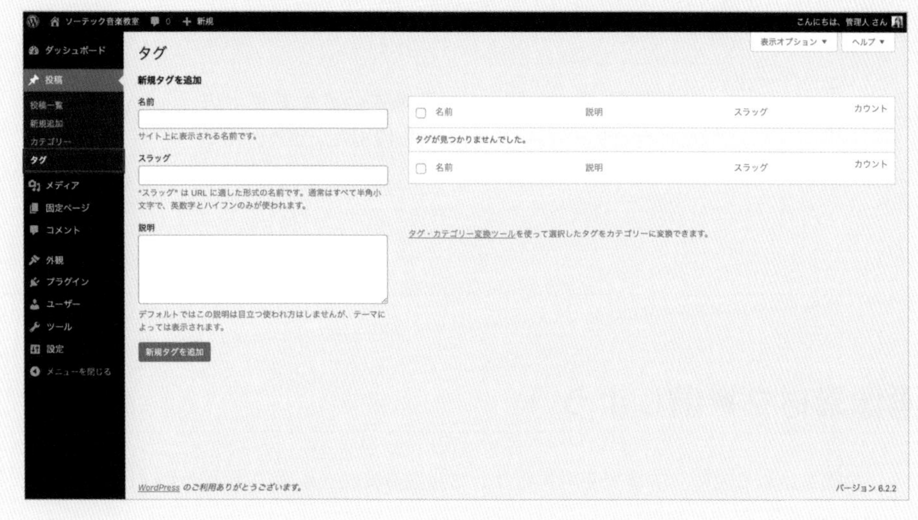

Lesson 4-3

投稿の基本操作を覚えよう

お知らせを投稿する

タイトル、本文、カテゴリー、アイキャッチ画像のみを利用して、投稿の基本操作を身につけましょう。

遂に投稿するときがきました！ でもいざするとなると、自分にできるかどうか不安です…。

これから解説する手順通りに操作すれば大丈夫ですよ！ はじめはタイトルと本文のみを投稿し、徐々に慣れていきましょう！

画像素材を準備しよう

投稿を始める前に、本書で使用するサンプル画像素材を以下の手順で準備しましょう。

① 画像素材をダウンロードする

以下のURLを開いて、「画像素材ダウンロード」をクリックしてパソコン上に保存します。

URL

https://wp-book.net/ver6/

ファイル名

img.zip

いちばんやさしいWordPress入門教室 — サポートサイト

ダウンロード

このWebサイトは『いちばんやさしいWordPress入門教室 バージョン6.x対応』のサポートサイトです。本書で使用する画像素材は、以下のボタンからダウンロードしてご利用ください。

画像素材ダウンロード ― ❶クリックします

→ サンプルサイトはこちら

② ファイルを解凍する

ダウンロードしたimg.zipを解凍します。Windowsの場合はファイルを右クリックして「すべて展開」をクリックします。macOSの場合はファイルをダブルクリックすると解凍できます。解凍できたら準備完了です。

「Hello world!」を削除する

まずは、初期状態で投稿されている「Hello world!」という投稿を削除します。

① 投稿一覧を開く

「投稿」>「投稿一覧」を開きます。

❷ 投稿を削除する

「Hello world!」にマウスカーソルを合わせ、「ゴミ箱へ移動」をクリックします。

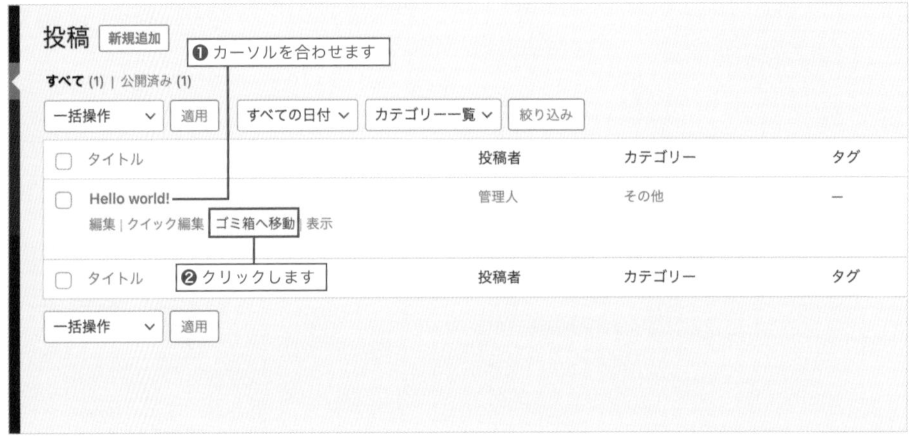

POINT

削除した投稿を元に戻すには

投稿を削除すると「ゴミ箱」というページへのリンクが作成されます。「投稿」>「投稿一覧」>「ゴミ箱」を開くと削除された投稿の一覧が表示されます。ゴミ箱から元に戻したい場合は、投稿のタイトルにカーソルを合わせて「復元」をクリックします。「完全に削除する」をクリックすると、元に戻せないので注意しましょう。

Chapter 4 投稿ページを作ろう

タイトルと本文のみで投稿する

1 タイトルを入力する

「投稿」>「新規追加」を開き、「タイトルを追加」部分にタイトルを入力します。
ここでは、「春の入会50%OFFキャンペーン」と入力します。

2 本文を入力する

タイトルの下に投稿の本文を入力します。
文章の途中で改行するには、キーボードの shift キーを押しながら enter キーを押します。
また、文章の段落をあらためるには、 enter キーのみを押します。
改段は通常、文章のかたまりごとに行います。

③ カテゴリーを選択する

投稿内容に該当するカテゴリーを選択します。カテゴリーを選択するには、画面右のサイドバーにある「投稿」タブをクリックし、「カテゴリー」をクリックして開きます。Lesson 4-2で設定したカテゴリーが表示されます。ここでは「キャンペーン」にチェックを入れます。

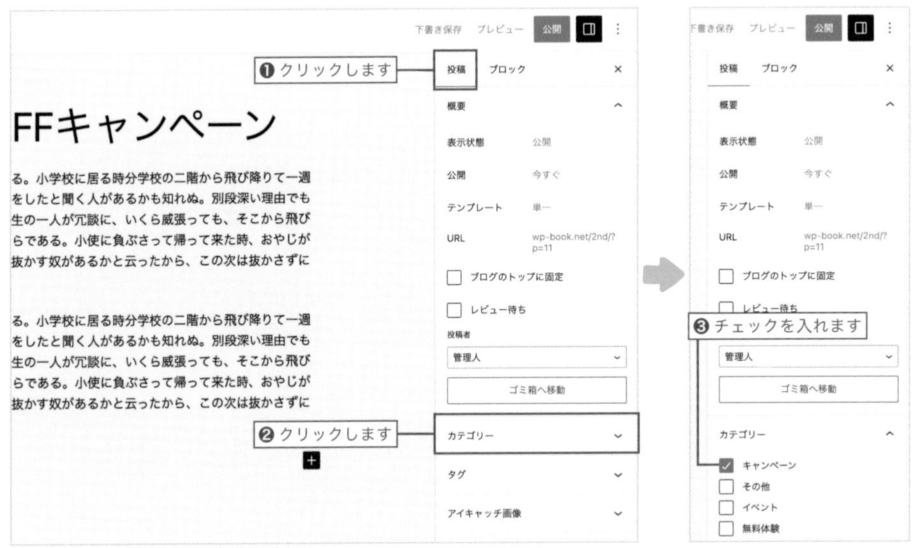

MEMO

ひとつの投稿に対して複数のカテゴリーを選択することも可能です。

④ 公開する

「公開」ボタンをクリックすると、「公開してもよいですか？」という確認に切り替わるので、「公開」ボタンをクリックして投稿を公開します。次回からこの確認をスキップしたい場合は、画面右下の「公開前チェックを常に表示する。」のチェックを外します。

MEMO

公開前に実際の表示を確認したい場合は、「プレビュー」をクリックします。また、公開せずに投稿内容を保存したい場合には、「下書き保存」をクリックします。

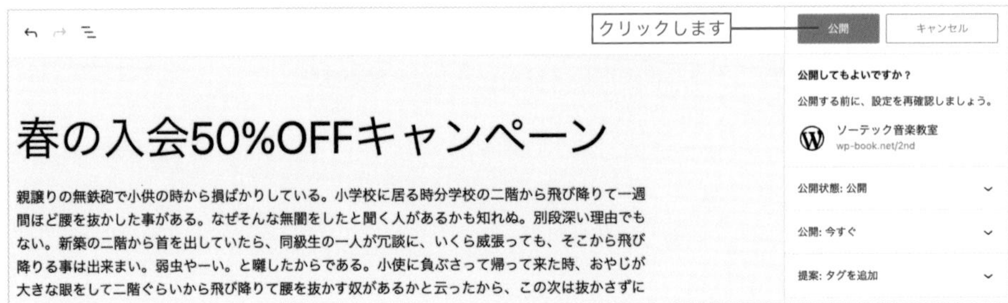

5 ページを確認する

公開されると「投稿を表示」という項目が表示されるので、これをクリックして実際に公開されたページを確認してみましょう。カテゴリー名、タイトル、投稿者名、投稿日、本文が表示されているのがわかります。

POINT

管理画面に戻るには

投稿を表示した後に管理画面に戻るには、ブラウザの戻るボタンをクリックするか、上部のツールバーを利用します。「投稿を編集」をクリックすると、現在表示しているページの編集画面に戻り、サイト名をクリックするとダッシュボードに戻ります。

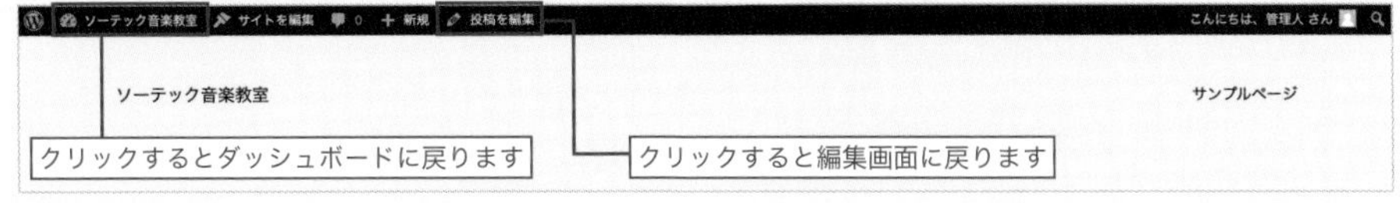

POINT        

フルスクリーンモードを解除する

投稿画面を開いたときに左のメインナビゲーションが消えてしまう場合は、画面右上の ⋮ をクリックして「フルスクリーンモード」のチェックを外します。

フルスクリーンモードのまま投稿画面を利用する場合は、画面左上の Ⓦ アイコンをクリックすることで、投稿一覧ページに戻ることができます。

クリックしても投稿一覧に戻れます

❶クリックします

❷チェックを外します

❸メインナビゲーションが表示されます

Chapter 4 投稿ページを作ろう

アイキャッチ画像を設定する

アイキャッチ画像とは投稿内容に関連した画像のことで、投稿内容をイメージさせたり人目を引く効果があります。ひとつの投稿につき、ひとつのアイキャッチ画像を設定することができます。

使用するテーマによってアイキャッチ画像の表示方法は異なりますが、「Twenty Twenty-Three」では、投稿タイトルの上や投稿一覧ページにアイキャッチ画像が表示されます。

図4-3-1 投稿ページでのアイキャッチ画像表示

❶ 公開済みの投稿を開く

「投稿」>「投稿一覧」を開き、先ほど公開した投稿のタイトルをクリックします。

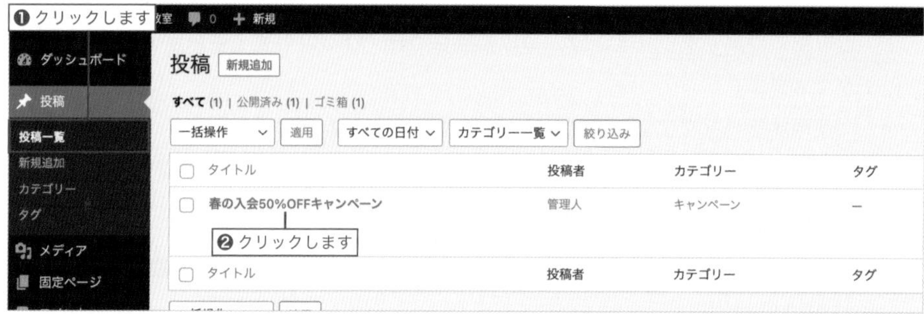

❷ アイキャッチ画像を開く

画面右のサイドバーの「投稿」タブを開き、「アイキャッチ画像」をクリックします。

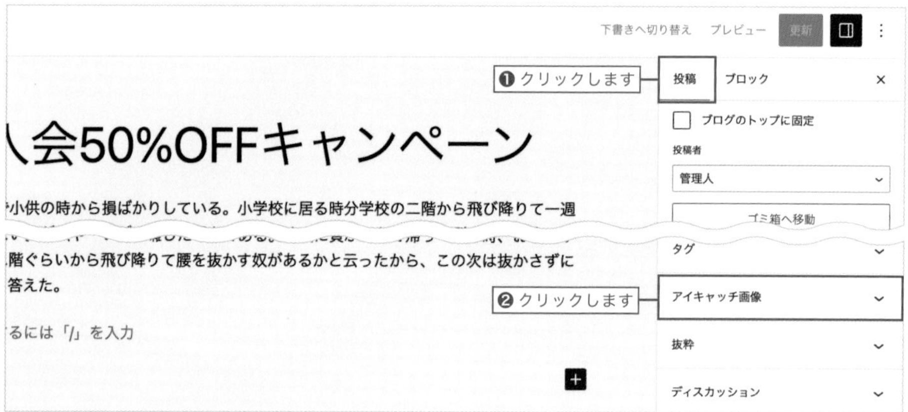

❸ アップロード画面を開く

「アイキャッチ画像を設定」をクリックし、「ファイルを選択」をクリックします。

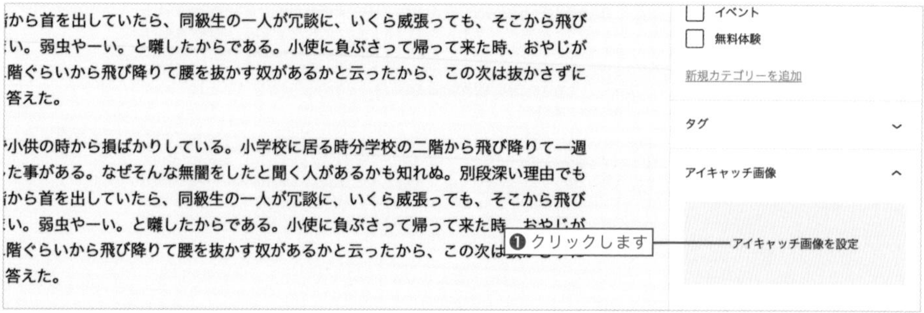

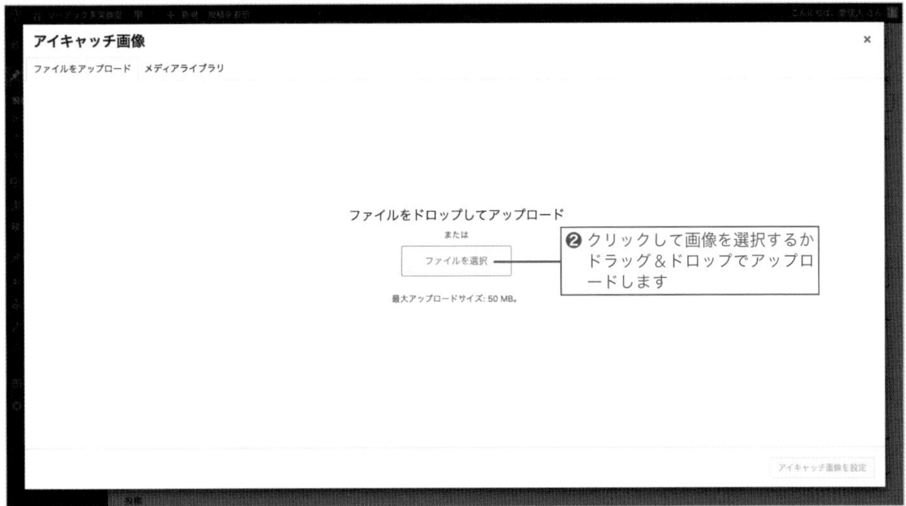

④ アップロードして設定

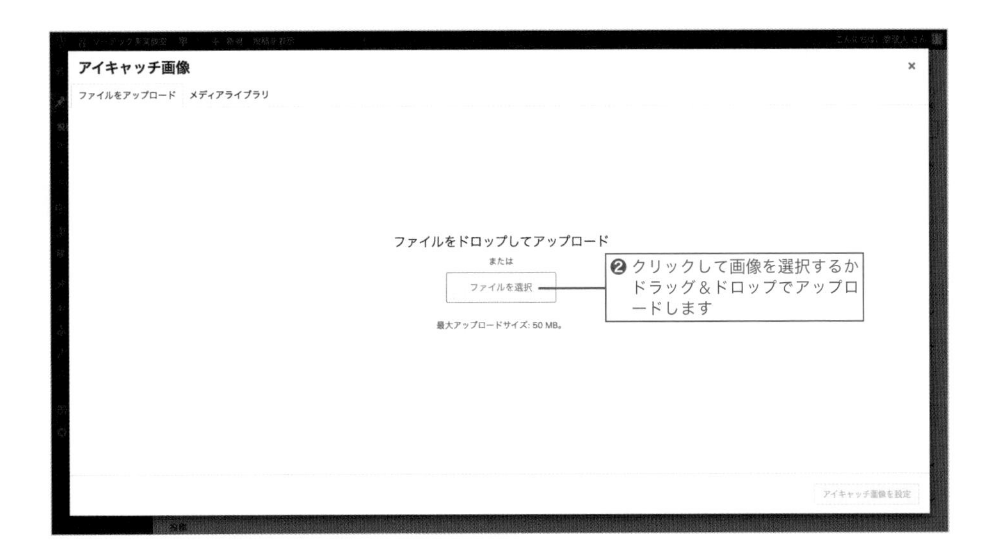

画像素材の「001.jpg」をアップロードして、「アイキャッチ画像を設定」をクリックします。

⑤ 更新する

「更新」ボタンをクリックします。画面右の「URL」を開き表示されたURLをクリックすると、新しいタブでページが表示されます。

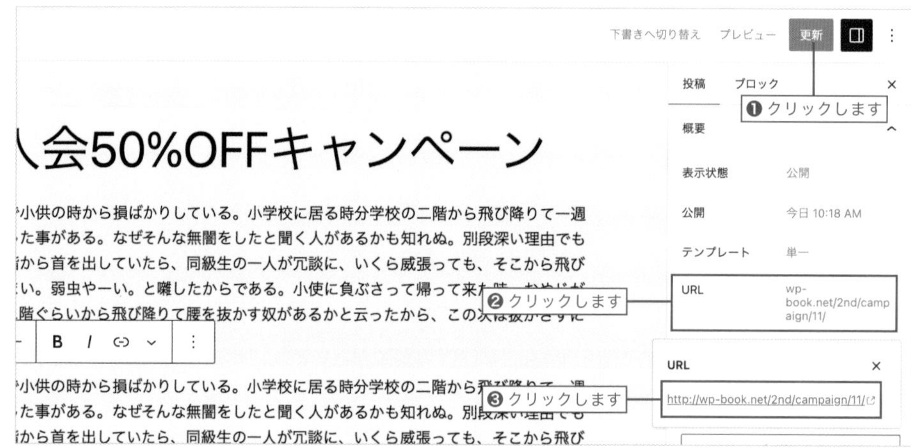

⑥ ページを確認する

更新したページを確認すると、水色のフィルターがかかったアイキャッチ画像がタイトルの上に挿入されているのがわかります。

Chapter 4 投稿ページを作ろう

投稿を追加する

ここまでの操作を繰り返し、お知らせの投稿をあと2件追加しましょう。

表4-3-1 追加する記事内容

タイトル	カテゴリー	アイキャッチ画像
定期演奏会を開催します	イベント	002.jpg
7月の無料体験スケジュール	無料体験	003.jpg

図4-3-2 追加された２つの投稿ページ

Lesson 4-3

お知らせを投稿する

COLUMN        

公開メニューについて

投稿画面の公開メニューでは、ステータスと公開状態を設定できます。

公開状態

「公開」「非公開」「パスワード保護」の3種類から公開範囲を設定できます。パスワードは、投稿ごとに設定します。

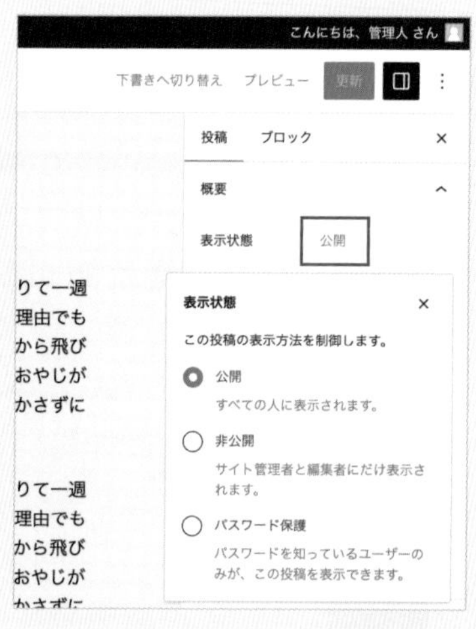

- **公開**：すべての人に表示されます。
- **非公開**：サイト管理者と編集者にだけ表示されます。
- **パスワード保護**：パスワードを知っているユーザーのみが、この投稿を表示できます。

公開日時

通常は、最初に投稿を公開した日時が自動的に「公開日時」となりますが、これを任意の投稿日時に設定することが可能です。過去の日時も指定でき、未来の日時を指定して、予約投稿を行うことも可能です。

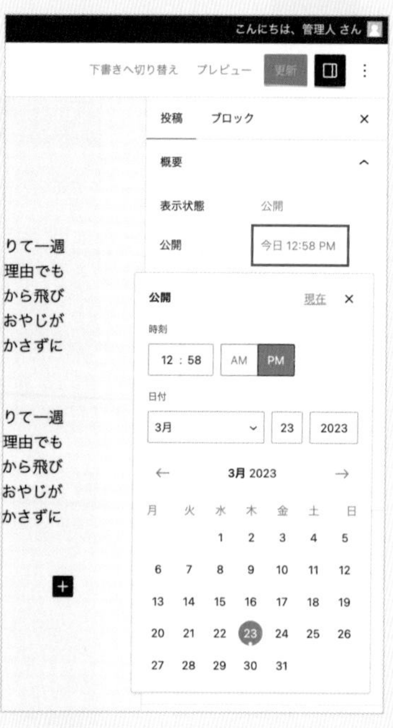

次ページへつづく

下書きとレビュー待ち

通常、1人でサイト運営をしている場合には未公開の投稿を「下書き」として保存しますが、複数人でサイト運営をしていて、公開権限のないユーザーが公開権限のあるユーザーに対して公開承認を求める場合には「レビュー待ち」にチェックを入れて「レビュー待ちとして保存」をクリックします。ユーザーと権限については、Lesson 9-3で解説します。

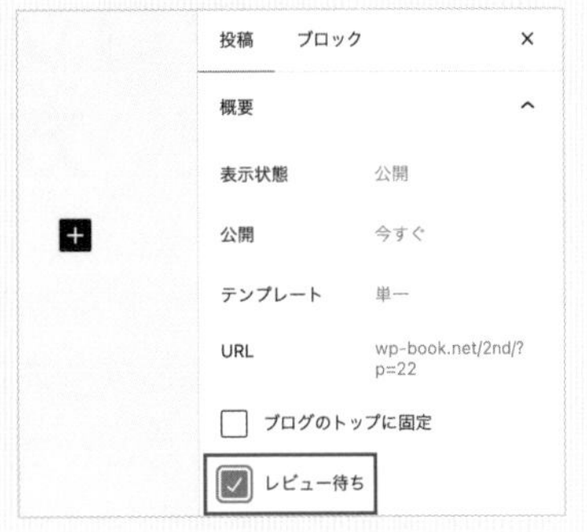

ブログのトップに固定

通常、投稿一覧ページでは投稿日時の新しい順に表示されますが、特定の記事を先頭に表示させたい場合は、「ブログのトップに固定」にチェックを入れて公開します。

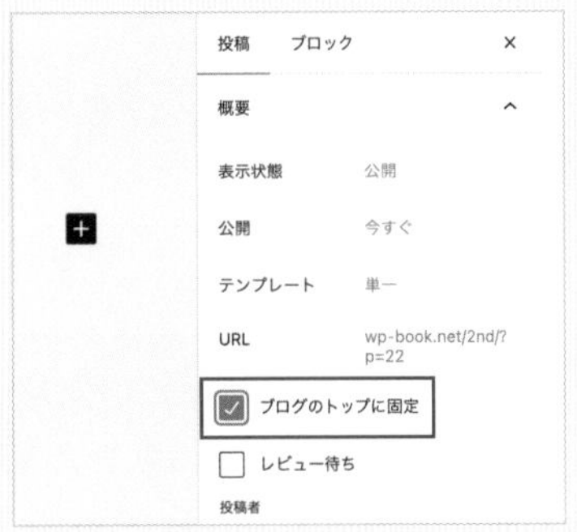

予約投稿の日時が過ぎても公開されないときは…

管理画面の「設定」＞「一般」を開き、「タイムゾーン」を確認しましょう。「現地時間」として現在の時刻が表示されていない場合は、プルダウンから「東京」または「UTC+9」を選択して「変更を保存」をクリックします。

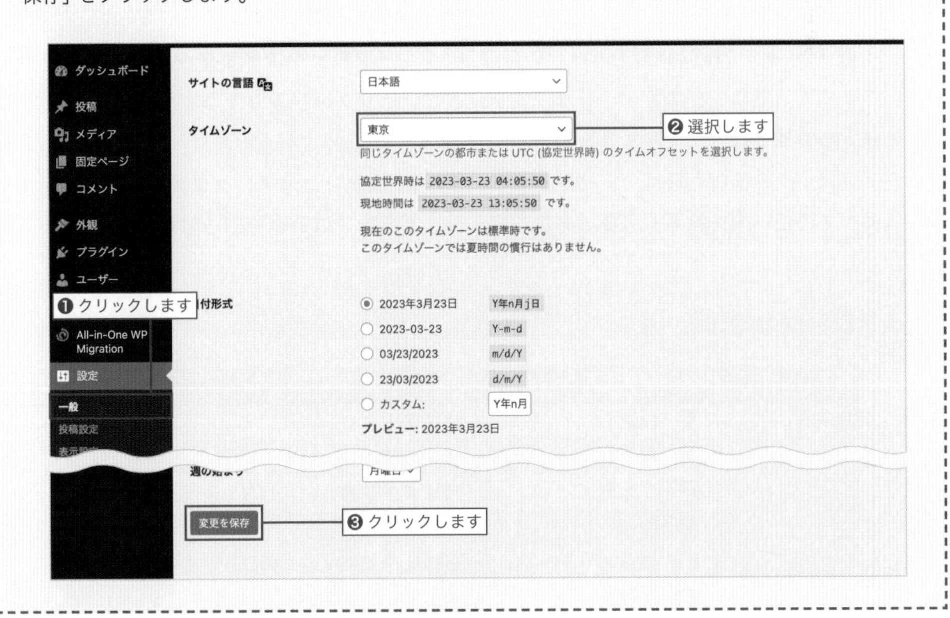

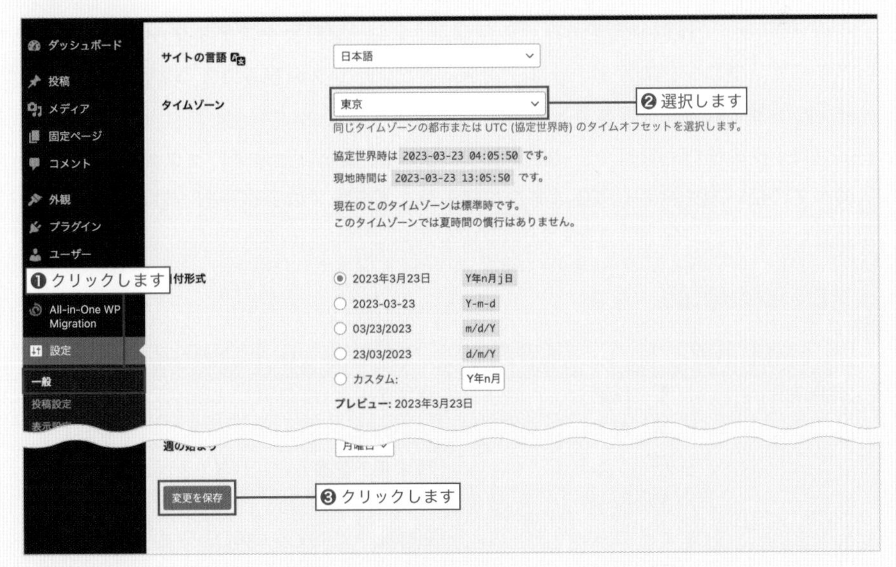

Lesson 4-3

お知らせを投稿する

Lesson 4-4

ブロックエディターでどんなことができるの？

ブロックエディターの使い方を覚えよう

Lesson 4-3ではタイトルと本文のみの投稿を作成しましたが、ブロックエディターを活用するとテキストを装飾したり画像を挿入したり、より魅力的なページを作成することができます。本節では、ブロックエディターの主な使い方を紹介します。

文字の投稿にも段々慣れてきました。次は文字に色をつけたり、画像を投稿してみたいです！

そんな時は「ブロックエディター」を使いましょう！ 難しいプログラミングを行わなくても、直感的に画像や文字を編集することができますよ！

ブロックエディターとは

WordPressの投稿や固定ページの作成画面には「**ブロックエディター**」という編集機能があります。ブロックエディターは、文字どおりブロックを組み立てるようにコンテンツをレイアウトすることができます。

ブロックの種類も豊富で、初期状態では合計60種類以上のブロックが用意されています。すべての使い方を覚える必要はありませんが、どんなブロックがあるのかを知っておくと役に立つでしょう。

ブロックの種類

分類	ブロック名	用途
テキスト	¶ 段落	本文テキスト
	見出し	文中の見出し
	リスト	箇条書きや番号付きリスト
	引用	引用文の掲載
	<> コード	HTMLやプログラムのコードを掲載
	クラシック	WordPress 4.9以前の投稿エディターを利用

次ページへつづく

分類	ブロック名	用途
テキスト	整形済みテキスト	スペースやタブを見た目どおり表示
	プルクオート	特に強調したい引用
	テーブル	表の挿入
	詩	詩の掲載
メディア	画像	画像の挿入
	ギャラリー	画像ギャラリーの作成
	音声	音声ファイルの埋め込み
	カバー	背景として画像を配置
	ファイル	PDFなどのファイルへのリンク
	メディアとテキスト	画像や動画ファイルとテキストを横並びに表示
	動画	動画ファイルの埋め込み
デザイン	ボタン	リンクボタンを設置
	カラム	2列や3列など横並びのレイアウトを組む
	グループ	複数のブロックをまとめてグループ化
	横並び	ブロックを横に並べる
	縦積み	ブロックを縦に並べる
	続き	一覧ページでコンテンツの一部のみを表示
	ページ区切り	複数のページに分けて表示
	区切り	水平の区切り線を挿入
	スペーサー	ブロック間に余白を設ける
ウィジェット	ショートコード	プラグインなどのショートコードを挿入
	アーカイブ	年月ごとの投稿一覧ページへのリンクを表示
	カレンダー	投稿カレンダーを表示
	カテゴリー	カテゴリーごとの投稿一覧ページへのリンクを表示
	カスタムHTML	HTMLタグでの編集
	最新のコメント	最近投稿されたコメントのリンクを表示
	最新の投稿	最近投稿された記事のリンクを表示
	固定ページリスト	すべての固定ページをリスト表示
	RSS	外部サイトなどのRSSを表示
	検索	キーワード検索枠を表示
	ソーシャルアイコン	ソーシャルアカウントへのリンクをアイコンで表示
	タグクラウド	サイト内の投稿に設定されたタグ一覧を表示
埋め込み	各種外部サービス	YouTubeの動画を埋め込むなど、外部サービスの埋め込み

ブロックエディターの基本操作

まずはブロックエディター全般の操作方法を覚えましょう。

ブロックの内容を表示する

「投稿」＞「新規追加」画面を開き、「タイトルを追加」の下にある「ブロックを追加」アイコン＋をクリックします。「すべて表示」をクリックすると、画面左側に種類別にブロックを選択できる「ブロックライブラリ」が表示されます。また、各ブロックにマウスカーソルを合わせると、ブロックの見本と説明を見ることができます。

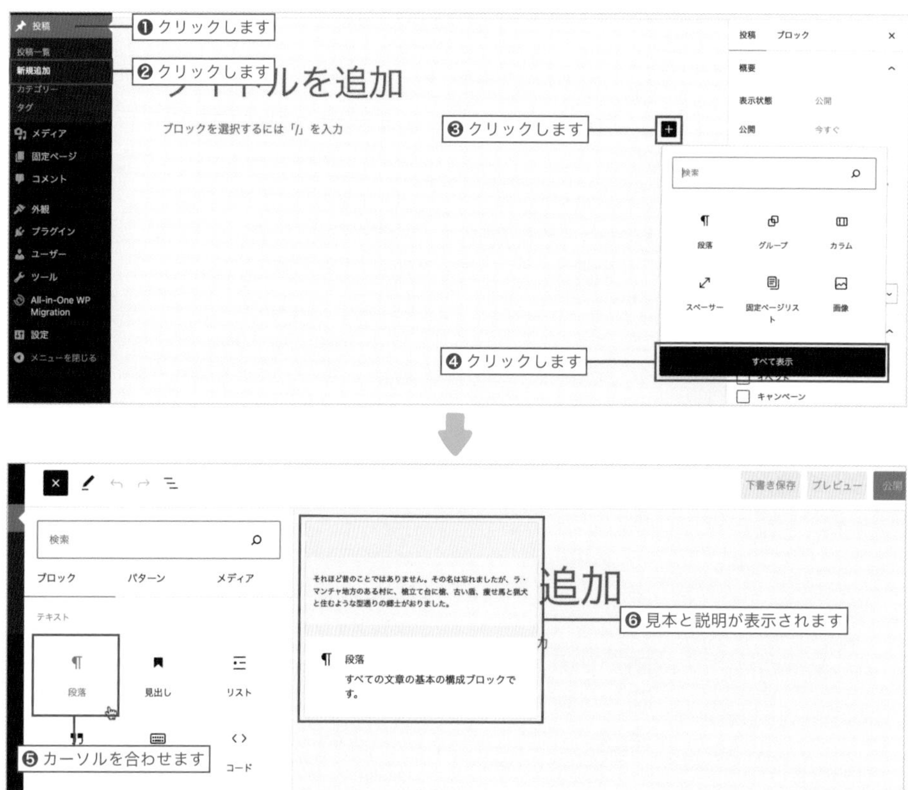

ブロックを追加する

使用したいブロックを選択します。ここでは「見出し」ブロックを選択し、クリックしてみましょう。「見出し」ブロックが追加されます。

使用したいブロックが見つからない場合は、ブロックの名称で検索することも可能です。

図4-4-1 ブロックの検索

ブロックを編集する

「見出し」ブロックが追加されたら、ブロックにテキストなどのコンテンツを入力し、ブロックの上部のツールバーで細かい設定を行います。

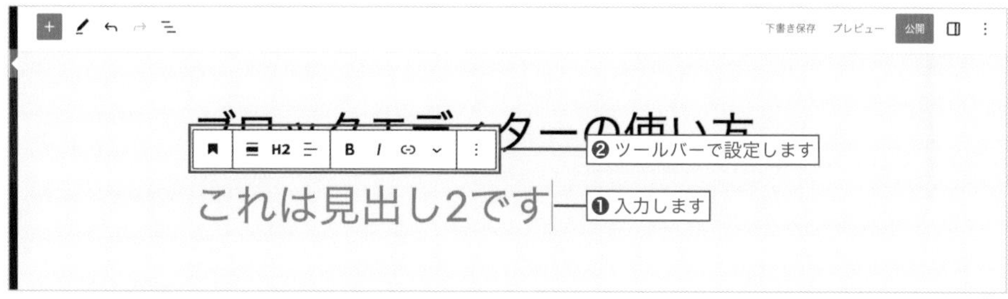

ブロックのサイドバーを表示する

＋アイコン（112ページ参照）をクリックし、ブロックを追加すると、画面右側のサイドバーが非表示となります。表示させるには画面右上の「設定」アイコン◨をクリックします。

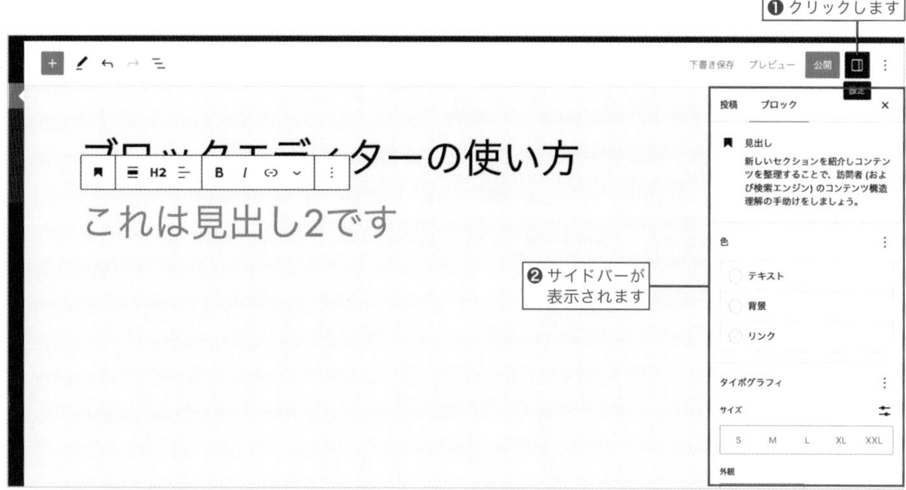

ブロックを複製する

ブロックを複製したい場合は、ブロックを選択した状態で上部のツールバーに表示される ⋮ をクリックして、「複製」（shift ＋ Ctrl/command ＋ D キー）をクリックします。

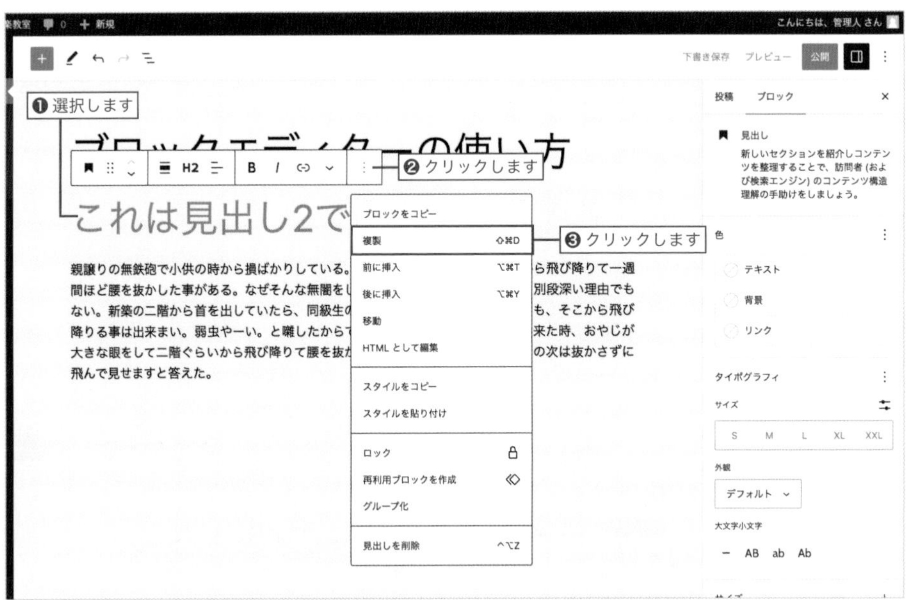

ブロックを移動する

ブロックの位置を上下に移動したい場合は、ブロックを選択した状態で上部のツールバーに表示される ︿（上に移動）﹀（下に移動）をクリックして移動することができます。

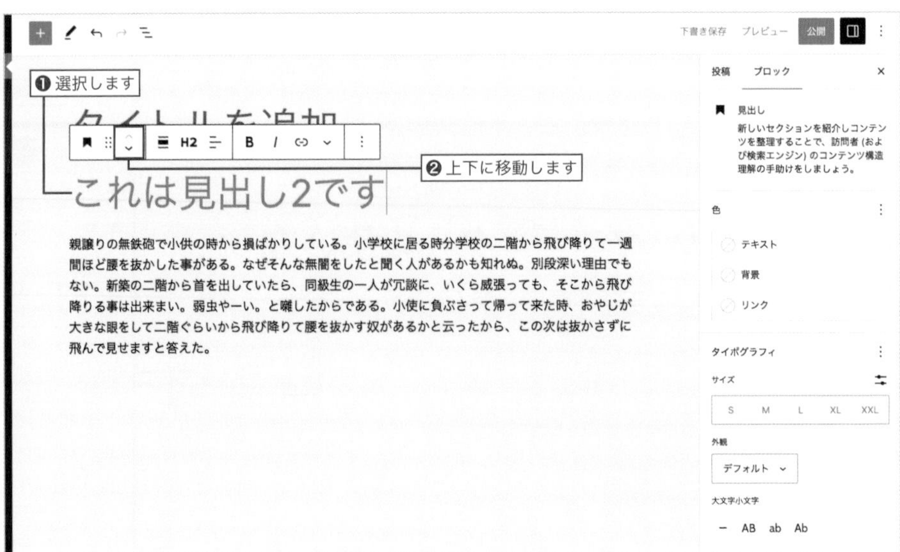

ブロックを削除する

ブロックを削除したい場合は、ブロックを選択した状態で上部のツールバーに表示される ⋮ をクリックし「(ブロック名) を削除」(Windowsは shift + Alt + Z キー、Macは control + option + Z キー) をクリックします。

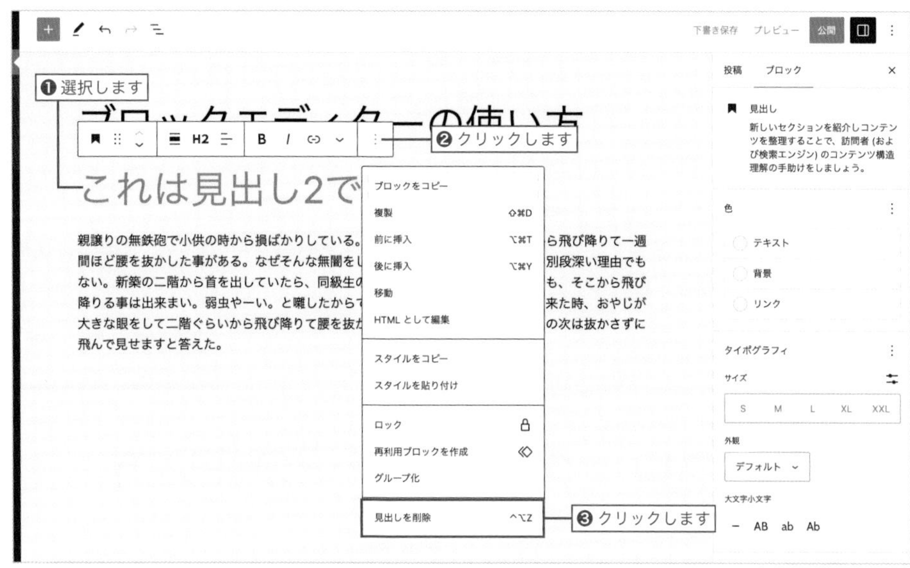

ブロック操作の取り消しとやり直し

画面上部にある ↶ ↷ アイコンをクリックすると、ブロック操作の取り消し (Ctrl/command + Z キー) とやり直し (shift + Ctrl/command + Z キー) が可能です。

テキストを装飾する

本文を入力するための**「段落」ブロック**を使って、テキストを装飾してみましょう。「段落」ブロック以外にも共通する機能があるので、ぜひ覚えておきましょう。

MEMO

各ブロックの設定機能や、ブロックを使うことによって適用されるデザインは、使用するテーマによって異なる部分があります。

テキストの配置を変更する

通常は左寄せの配置となっていますが、ブロック上部のツールバーから中央寄せや右寄せにすることが可能です。

テキスト中央寄せ

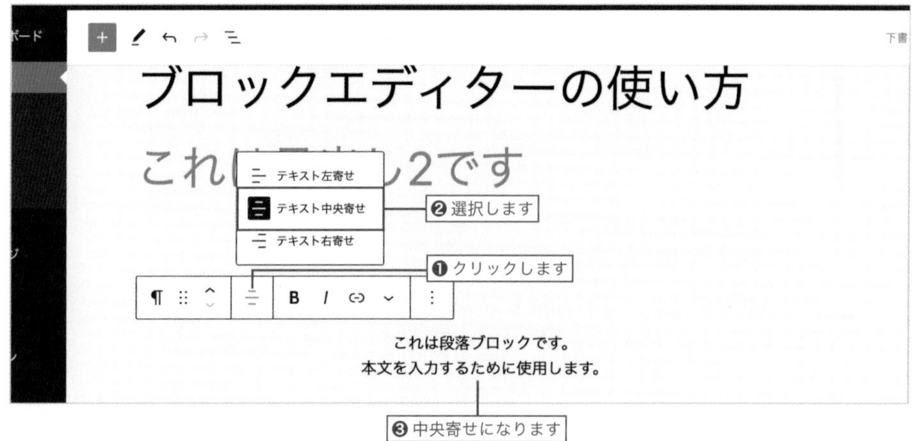

テキスト右寄せ

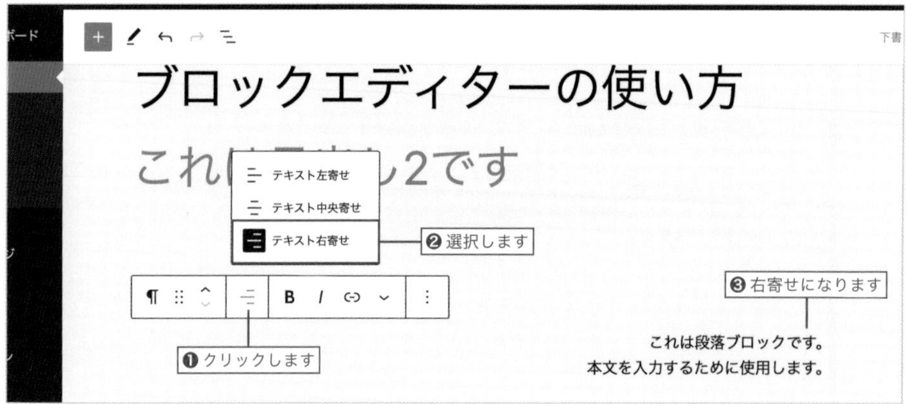

太字にする

テキストの一部またはすべてを太字にする場合は、太字にしたいテキストを選択してブロック上部のツールバーから **B** アイコンをクリックします。

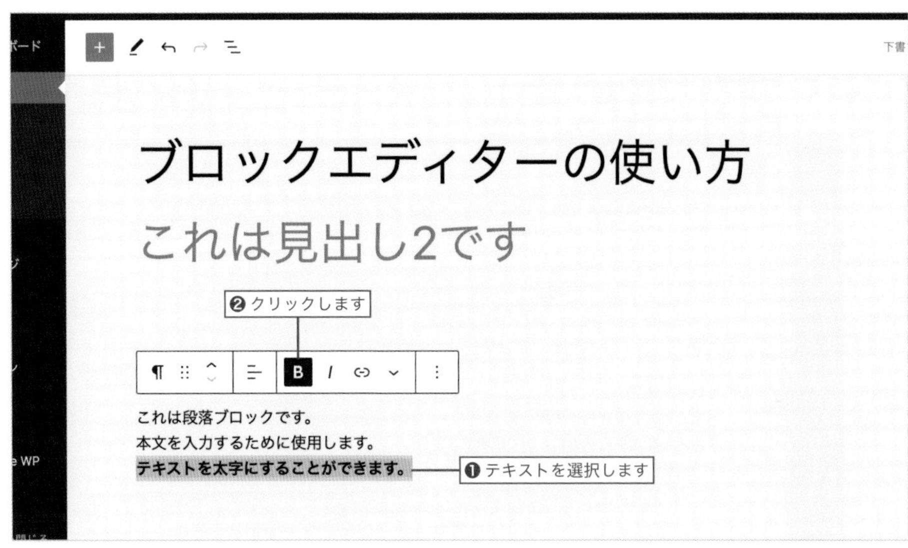

斜体にする

テキストの一部またはすべてを斜体にする場合は、斜体にしたいテキストを選択してブロック上部のツールバーから *I* アイコンをクリックします。

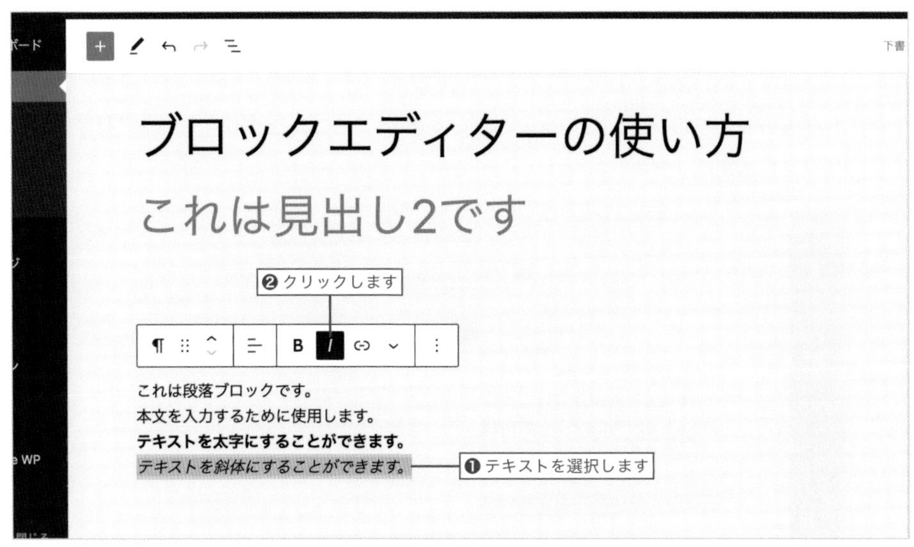

リンクを貼る

テキストの一部またはすべてにリンクを貼る場合は、リンクを貼りたいテキストを選択して、ブロック上部のツールバーから🔗アイコンをクリックし、リンク先のURLを入力して↩アイコンをクリックします。

このとき、リンク先を新しいタブで開くようにしたい場合は、「新しいタブで開く」をクリックしてオンにします。

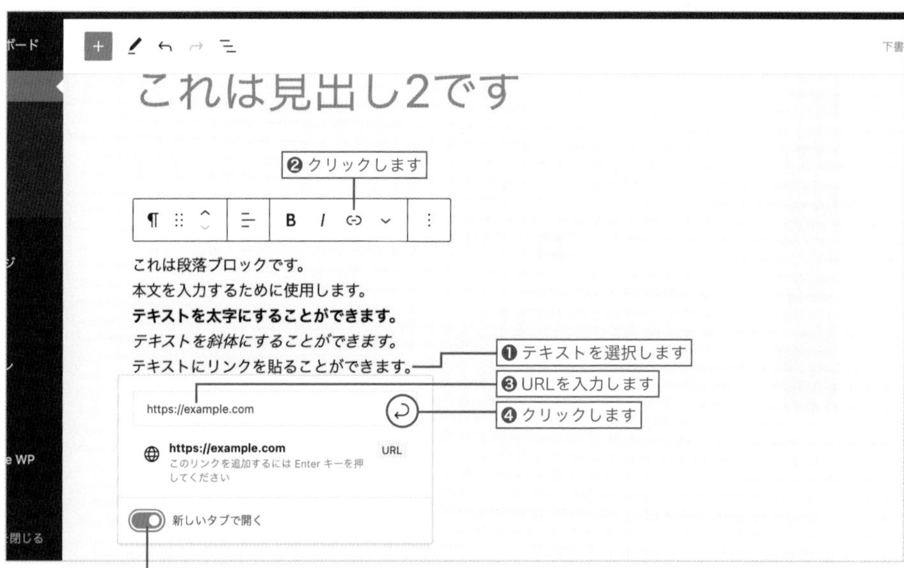

リンク先を新しいタブで開くようにしたい場合はオンにします

打ち消し線をつける

テキストの一部またはすべてに打ち消し線をつける場合は、打ち消し線をつけたいテキストを選択してブロック上部のツールバーから⌄アイコンをクリックして「打ち消し線」をクリックします。

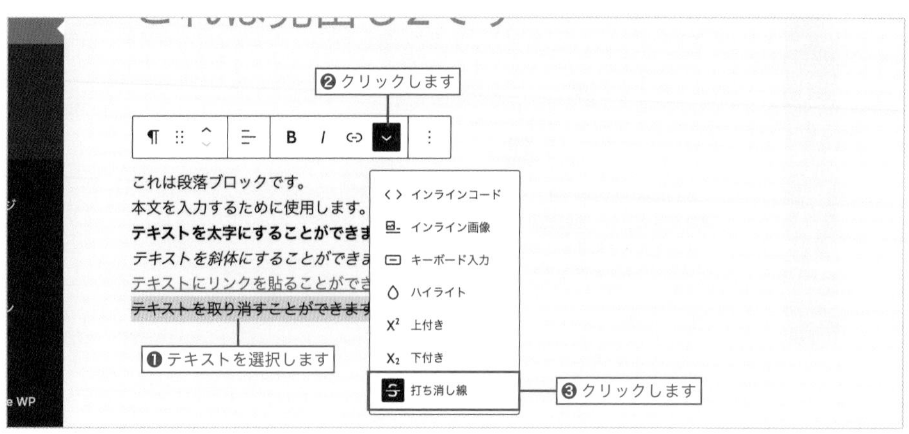

部分的に文字色を変更する

部分的に文字色を変更する場合は、文字色を変更したいテキストを選択してブロック上部のツールバーから⌄アイコンをクリックして「ハイライト」をクリックします。

Lesson 3-6で設定したテーマカラーがパレットに表示されますが、市松模様の部分をクリックすると好きな色を選択することが可能です。

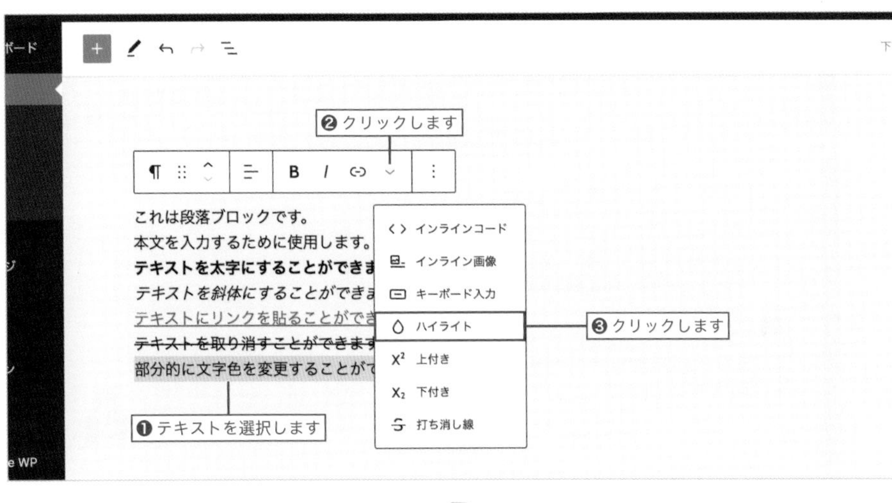

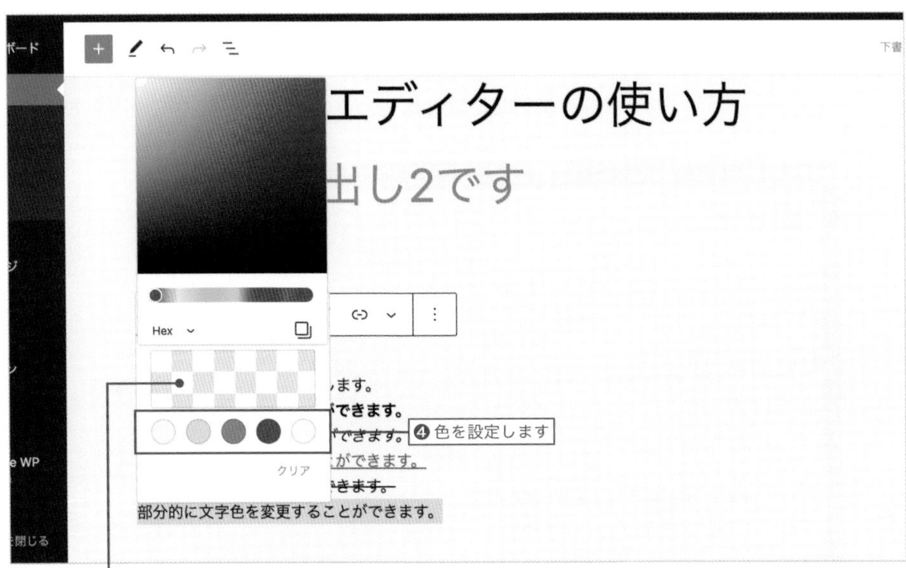

クリックすると好きな色を選択できます

文字サイズを変更する

文字サイズを変更する場合は、ブロックを選択した状態で右のサイドバーの「ブロック」タブにある「タイポグラフィ」から変更したいサイズを選択します。

文字サイズを変更できるのは、ブロック単位となります。

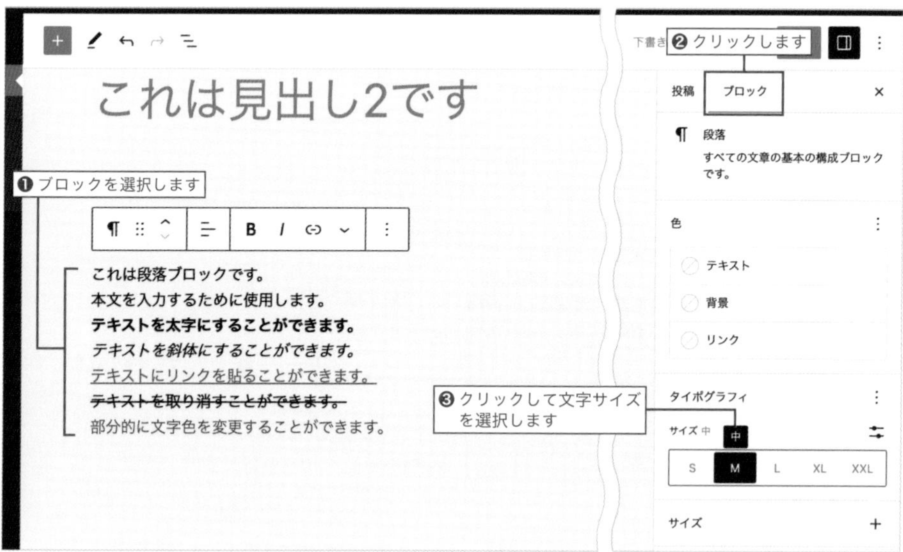

タイポグラフィの右にある ⋮ をクリックすると、「フォント」「外観」「行の高さ」「文字間隔」「装飾」「大文字小文字」など、文字に関する細かな設定が可能です。

すべての設定を初期状態に戻したい場合は「すべてリセット」をクリックします。

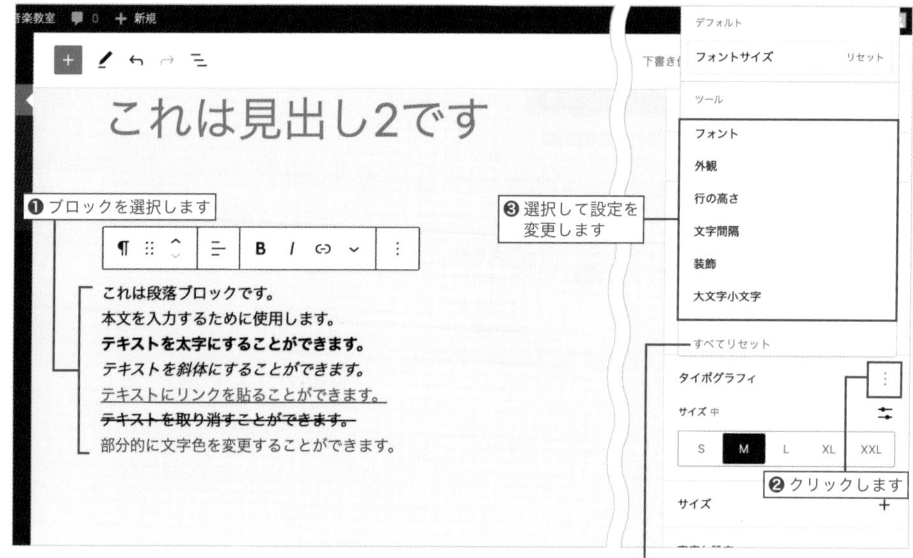

ブロック単位で色を変更する

ブロック単位で文字色や背景色を変更する場合は、ブロックを選択した状態で右のサイドバーの「ブロック」タブにある「色」の中にある「テキスト」「背景」「リンク」をクリックすると、それぞれの色を設定することが可能です。

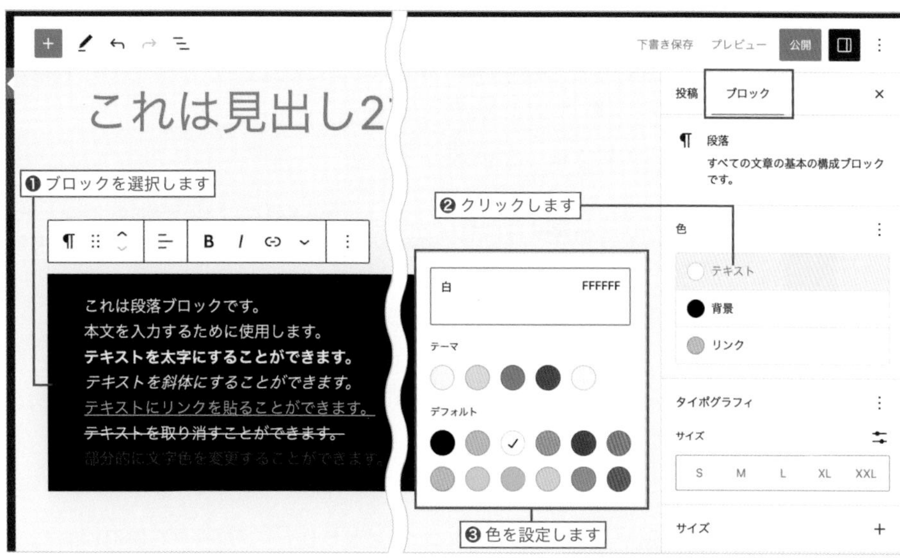

中見出しを追加する

文中に中見出しを設ける場合は、「見出し」ブロックを使用します。文章が長くなる場合に使うとよいでしょう。

見出しには階層レベルがあり、H1（見出し1）～ H6（見出し6）までを設定できます。通常は、記事のタイトルがH1となるため、文中ではH2から順に使用します。

見出しの階層例

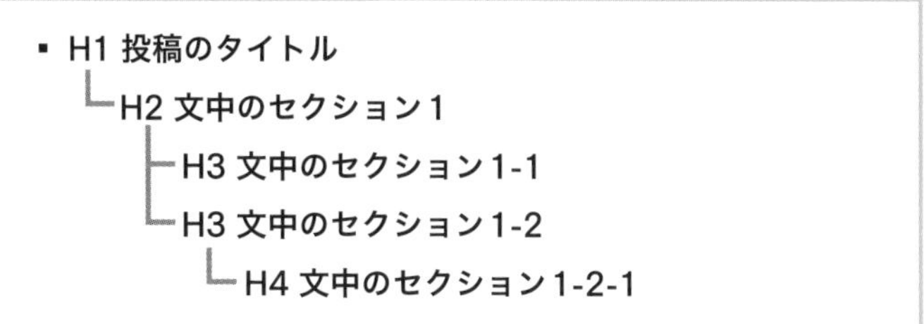

MEMO

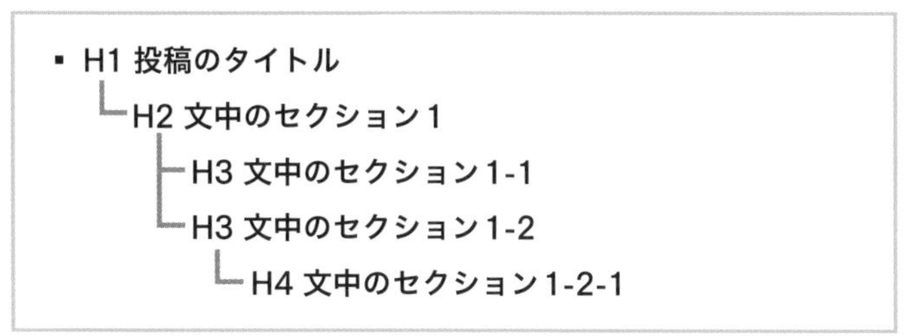

Hとは「Heading=見出し」の略で、1～6の数字は見出しのレベルを表しています。HTMLでも見出しテキストは＜h1＞～＜h6＞のタグでマークアップを行います。

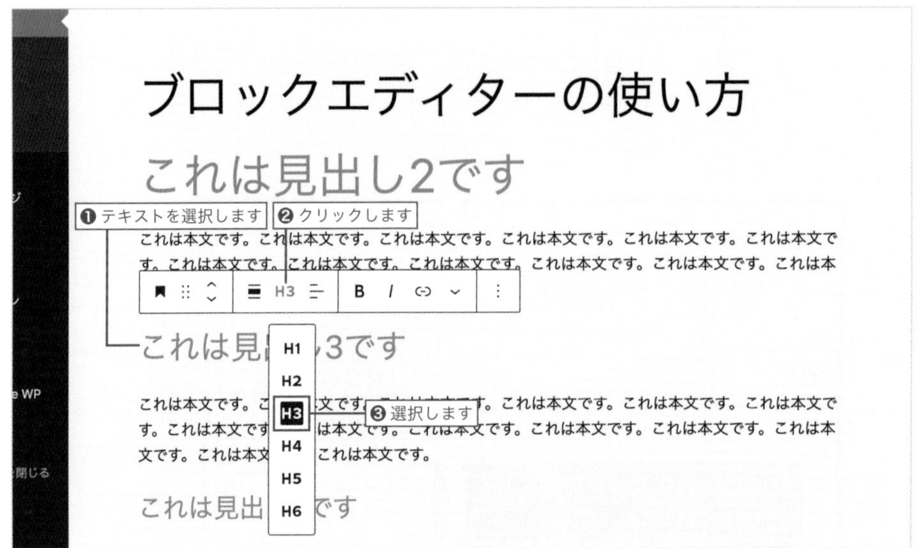

画像を挿入する

画像を挿入する場合は、「画像」ブロックや「ギャラリー」ブロックを使用します。

「画像」ブロックの使い方

「画像」ブロックは、主に文中に画像を挿入する場合に使用します。

1 画像をアップロードする

+アイコン（112ページ参照）をクリックしてブロックメニューを表示させ、「画像」ブロック（111ページ参照）を追加して「アップロード」をクリックします。ファイルを選択する画面が表示されるので、挿入したい画像ファイルを選択して「開く」をクリックします。
すでにアップロードした画像を使用する場合は「メディアライブラリ」をクリックして画像を選択します。ここでは、画像素材の「006.jpg」をアップロードしました。

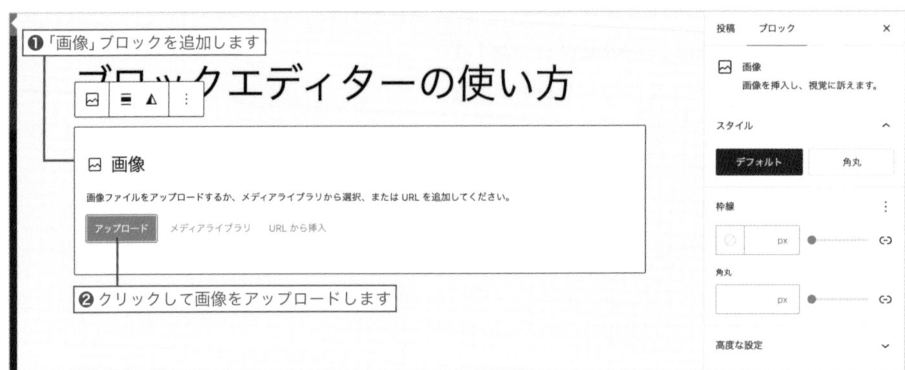

❷ 画像を配置する

投稿画面に画像が挿入されたら、「画像」ブロックの上部にあるツールバーから画像配置を選択します。

画像配置の種類

- なし（左寄せでテキストの回り込みなし）
- 幅広（コンテンツ幅いっぱい）
- 全幅（画面幅いっぱい）
- 左寄せ（左寄せでテキストの回り込みあり）
- 中央揃え（コンテンツ幅を最大とした中央揃え）
- 右寄せ（右寄せでテキストの回り込みあり）

挿入した画像がイメージしている位置になるように配置を選択しましょう！

MEMO

画像のサイズが大きすぎるとアップロードできない場合があります。アップロードサイズの上限はサーバーによって異なり、管理画面の「メディア」>「新規追加」を開くと確認できます。

③ 画像の詳細を設定する

画面右のサイドバーの「ブロック」タブから、「ALTテキスト」「画像サイズ」「画像の寸法」を必要に応じて設定します。
「ALTテキスト」には画像が表示されない場合や、画像を見ることができないユーザーに配慮するため、画像の代わりとなるテキストを入力しましょう。

④ スタイルを設定する

画面右のサイドバーの「ブロック」タブから「スタイル」アイコン◐をクリックすると、画像の角を丸くしたり、枠線をつけたりすることができます。

5 リンクを設定する

画像にリンクを設定する場合は、画像を選択してブロック上部のツールバーから⊖アイコンをクリックします。リンク先は、以下の3種類から設定することができます。

- **任意のURL**
- **メディアファイル（アップロードした元の画像ファイル）**
- **添付ファイルのページ（画像ファイルのみが表示されるページ）**

6 画像をトリミングする

画像をトリミングしたい場合は、「切り抜き」アイコン⌗をクリックします。次に「縦横比」アイコン⊡をクリックしてトリミングしたい比率を選択し、「適用」をクリックします。

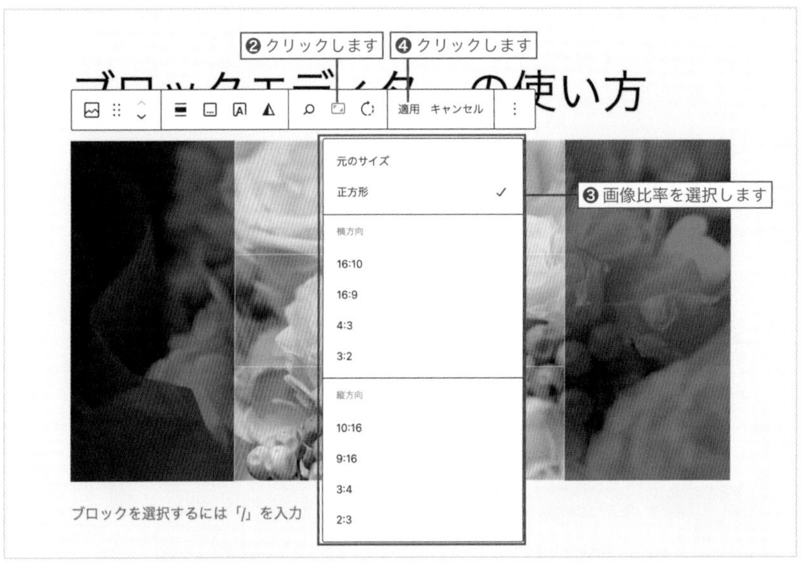

「ギャラリー」ブロックの使い方

「ギャラリー」ブロックは複数の画像をきれいに並べて表示させる場合に使用します。

1 画像をアップロードする

ブロック直下にある＋アイコン（112ページ参照）をクリックし、「ギャラリー」ブロック（111ページ参照）を追加して「アップロード」をクリックします。
ファイルを選択する画面が表示されるので、挿入したい画像ファイルを複数選択して「開く」をクリックします。

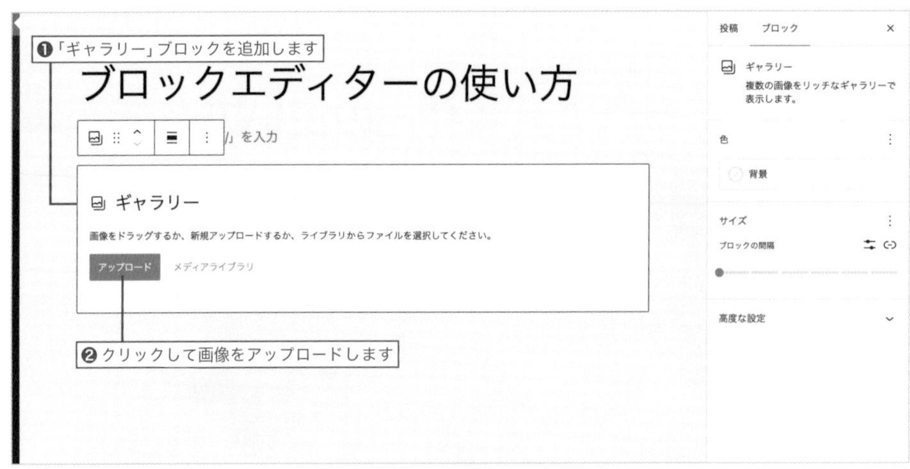

❷ ギャラリーの詳細を設定する

画面右のサイドバーの「ブロック」タブから、カラム数、画像の切り抜き、リンク先を必要に応じて設定します。

「カラム」の数は画像を横に並べる最大数を設定し、「画像の切り抜き」は縦横比の異なる画像を面合わせして表示するための設定です。

「リンク先」はメディアファイルまたは添付ファイルのページのいずれかのみ選択できます。

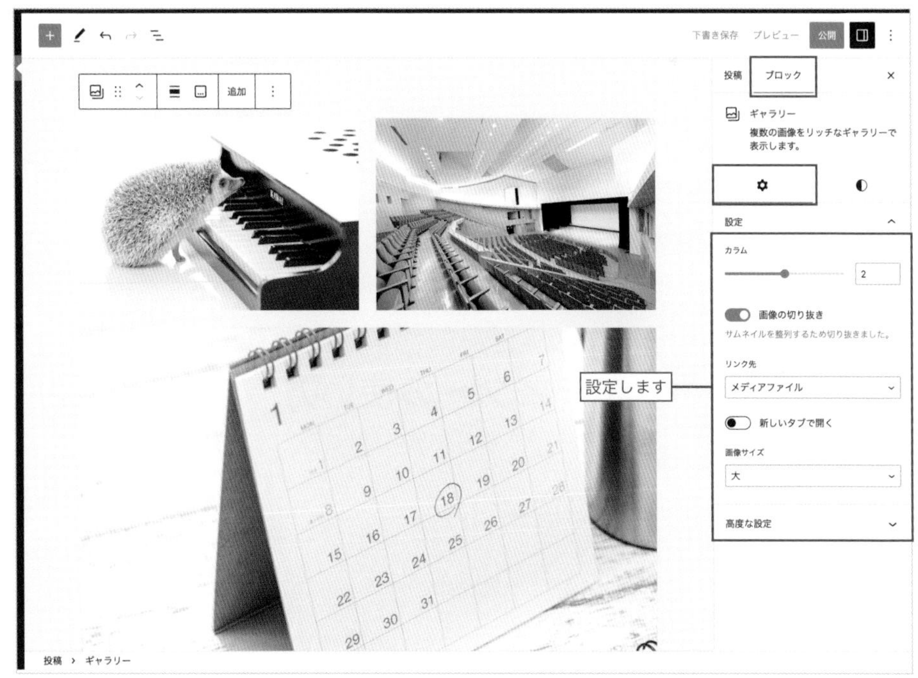

③ ギャラリーを編集する

ギャラリーに設定した画像を削除する場合には、画像を選択した状態で ⋮ をクリックし、「画像を削除」(Windowsは shift + Alt + Z キー、Macは control + option + Z キー) をクリックします。画像を並び替える場合には、‹›アイコンをクリックします。

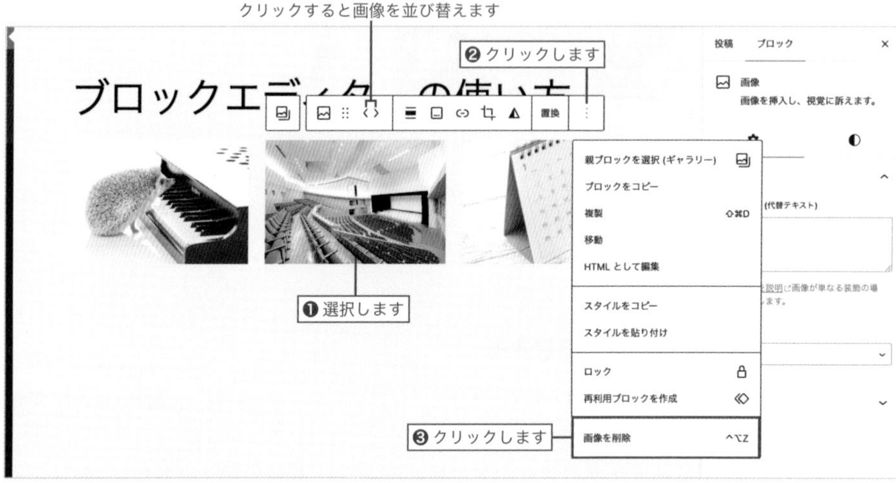

YouTubeの動画を埋め込む

YouTube動画などの外部サイトのコンテンツを埋め込む場合には、「埋め込み」ブロックを利用します。

① 「YouTube」ブロックを挿入

ブロック直下にある＋アイコン (112ページ参照) をクリックし、「埋め込み」ブロックの中から「YouTube」ブロック (111ページ参照) を選択して挿入します。

❷ 動画URLをコピーする

YouTubeのサイトに移動して埋め込み表示させたい動画を開きます。「共有」をクリックして表示されたURLをコピーします。

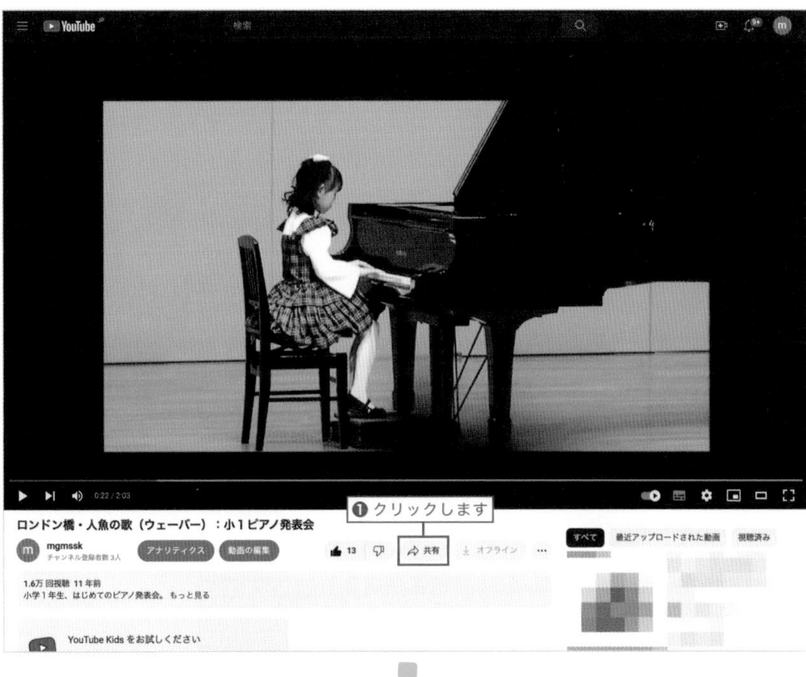

③ URLを貼り付けて埋め込む

WordPressの投稿画面に戻り、コピーしたURLを貼り付けて「埋め込み」をクリックします。

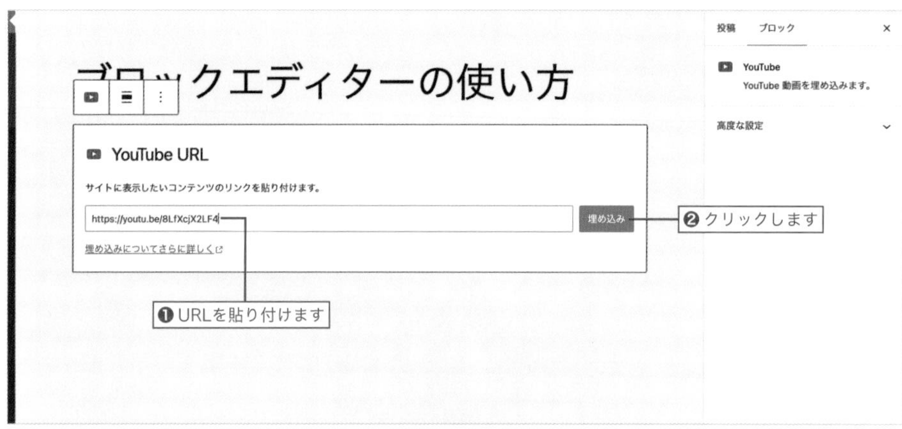

MEMO

ブロックエディターの具体的な活用方法は、Chapter 5で固定ページを作成しながら解説します。

Chapter 5

固定ページを作ろう

企業やお店のWebページを作るうえで必要なノウハウや、ブロックエディターの活用方法について解説します。

Lesson 5-1

企業やお店のWebサイトに欠かせない設定

トップページと投稿一覧ページを設定する

固定ページでWebページを作り込んでいく前に、WordPressサイトのトップページと投稿一覧ページのしくみを理解し、表示設定を行いましょう。

今の状態だとトップページがブログサイトのようなイメージですが、変更することは可能ですか?

はい! 変更可能なので安心してください。まずはWordPressのページのしくみを理解し、トップページの表示設定を行いましょう。

WordPressサイトのトップページのしくみ

もともとWordPressはブログソフトウェアなので、**初期状態のトップページには投稿一覧が自動的に表示されるしくみ**となっています。

しかし、企業やお店のWebサイトの場合は目的に合わせた内容を掲載するため、任意の固定ページをトップページとして表示させ、投稿一覧ページを別に設ける必要があります。

サンプルページを削除する

最初に、初期状態で作成されている「サンプルページ」という固定ページを削除しましょう。「固定ページ」>「固定ページ一覧」を開き、タイトルにカーソルを合わせて表示される「ゴミ箱へ移動」をクリックします。

MEMO

プライバシーポリシーのページはChapter 6で作成するため、そのまま残しておきましょう。

トップページと投稿一覧ページを設定する

トップページ用の固定ページと、投稿一覧を表示させるための固定ページをそれぞれ用意し、表示設定を行います。

❶ トップページ用の固定ページを作成する

「固定ページ」>「新規追加」を開き、タイトルと本文を入力して「公開」をクリックします。

MEMO

トップページの内容はChapter 7で作り込むため、ここでは適当に一文追加するだけで構いません。

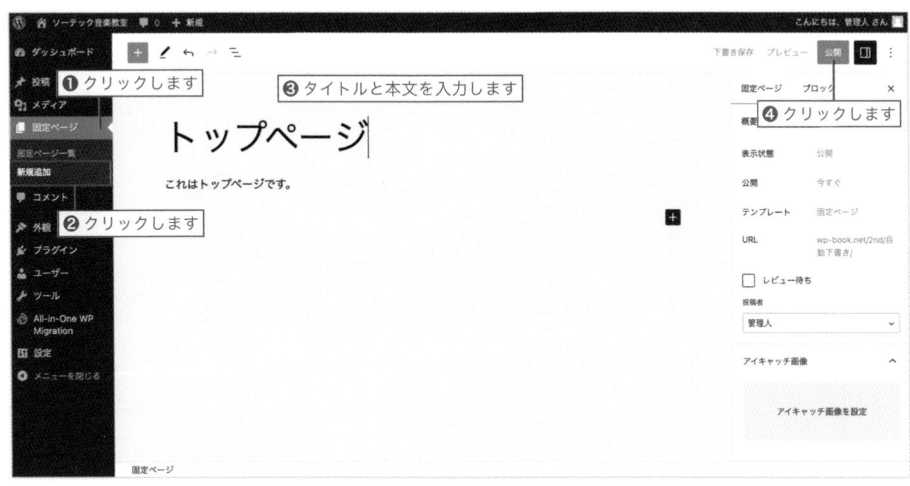

② 投稿一覧ページを作成する

「固定ページ」>「新規追加」を開き、タイトルを入力します。
サンプルサイトでは「お知らせ」というページを投稿一覧にするため、タイトルには「お知らせ」と入力し、「下書き保存」をクリックします。

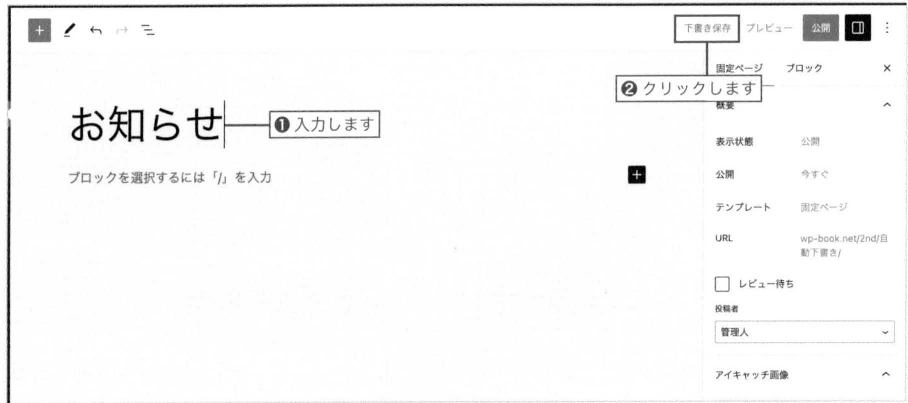

③ 投稿一覧ページのパーマリンクを設定する

画面右のサイドバーにある「URL」をクリックして、「パーマリンク」を「news」に書き換えて「公開」をクリックします。

MEMO

固定ページではページごとに任意のスラッグ（URL）を設定することができます。

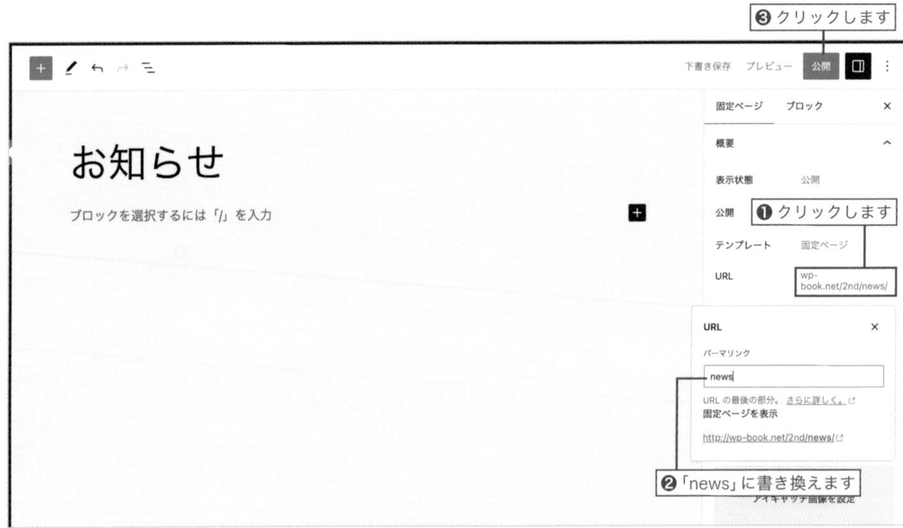

Chapter 5 固定ページを作ろう

❹ 表示設定を開く

「設定」>「表示設定」を開きます。

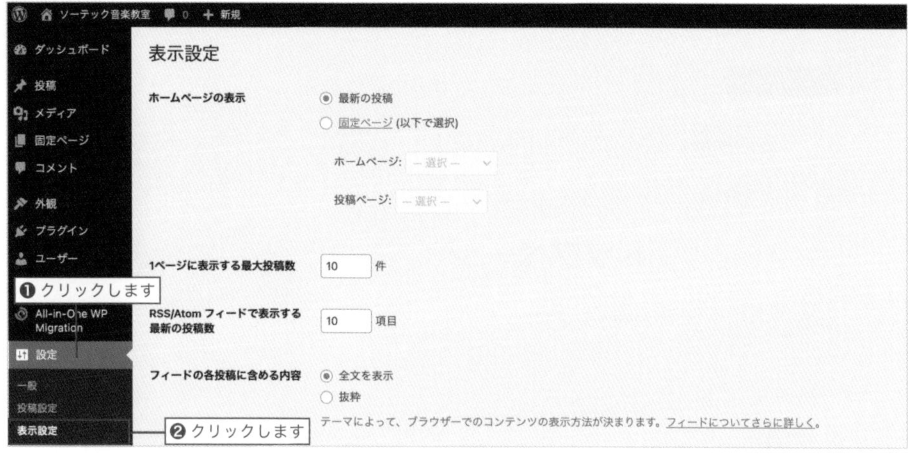

MEMO

固定ページを作成していない、あるいは公開していない場合は「ホームページの表示」が表示されません。

❺ 設定する

ホームページの表示は「固定ページ」を選択し、ホームページは「トップページ」、投稿ページは「お知らせ」を選択して「変更を保存」をクリックします。

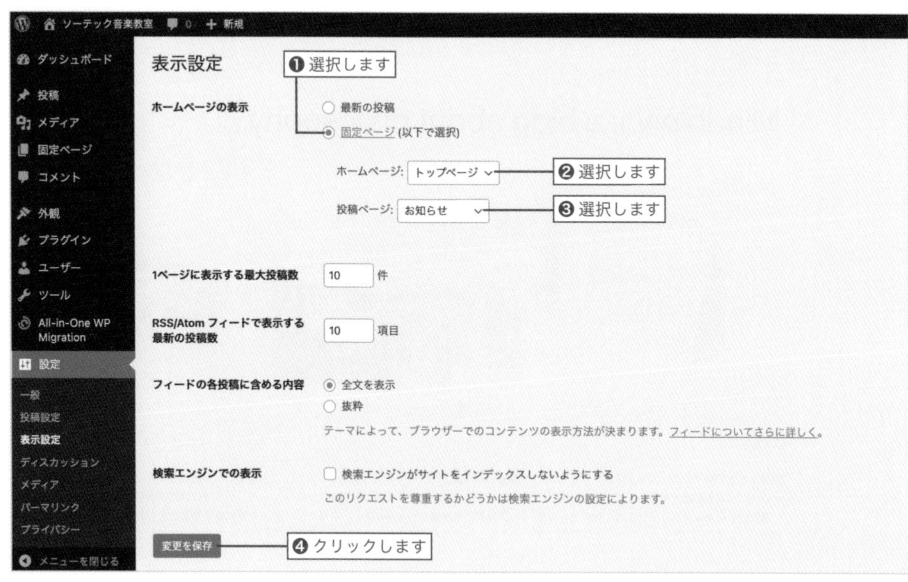

❻ サイトを確認する

サイトを確認すると、トップページに固定ページの内容が表示され、お知らせページに投稿一覧が表示されていることがわかります。

トップページ

ソーテック音楽教室　　お知らせ　トップページ

トップページ

これはトップページです。

ソーテック音楽教室　　Proudly powered by WordPress

お知らせページ

Lesson 5-2

ブロックを活用して魅せるページを作ろう

教室案内ページを作成する

覚えておくと便利な3つのブロックを活用して、「講師プロフィール」「教室案内」「教室ギャラリー」を掲載する教室案内ページを作成しましょう。

以前学んだブロックエディターを使って、さらに魅力的なページを作成していきましょう！　ここでは、その中から作成に役立つ3つのブロックをご紹介します！

もっとブロックエディターを活用したかったので、ぜひ教えてください！

ブロックを活用して魅せるページを作成する

見出し・段落・画像だけでも情報を伝えることは可能ですが、ブロックを活用することで、よりわかりやすく印象的なページに仕上げることができます。

本節では、「**メディアとテキスト**」「**テーブル**」「**ギャラリー**」の3ブロックを使って図のようなページを作成してみましょう。

図5-2-1　完成図

固定ページを追加し、講師プロフィールを入力する

まずはページを追加して、講師プロフィールを入力します。

「画像」ブロックと「段落」ブロックを使うより、「メディアとテキスト」ブロックを使ったほうが印象的なデザインにすることができます。

1 固定ページを追加する

「固定ページ」>「新規追加」を開き、タイトルに「教室案内」と入力します。

2 「見出し」ブロックを追加する

+をクリックして「見出し」ブロックを選択します。

③ 見出しを設定する

見出しに「講師プロフィール」と入力し、テキストを中央寄せにします。

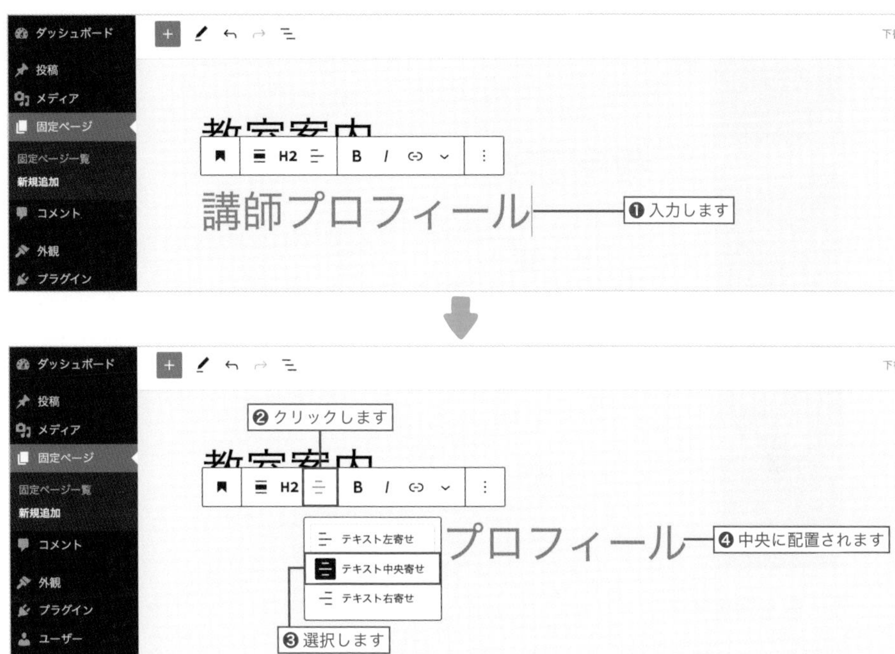

④「メディアとテキスト」ブロックを追加する

＋をクリックして「メディアとテキスト」ブロックを選択します。ブロックが見つからない場合は、ブロックの検索欄にブロック名を入力します。

❺ 配置を設定する

メディアとテキストの配置を逆にするため、「メディアを右に表示」をクリックします。

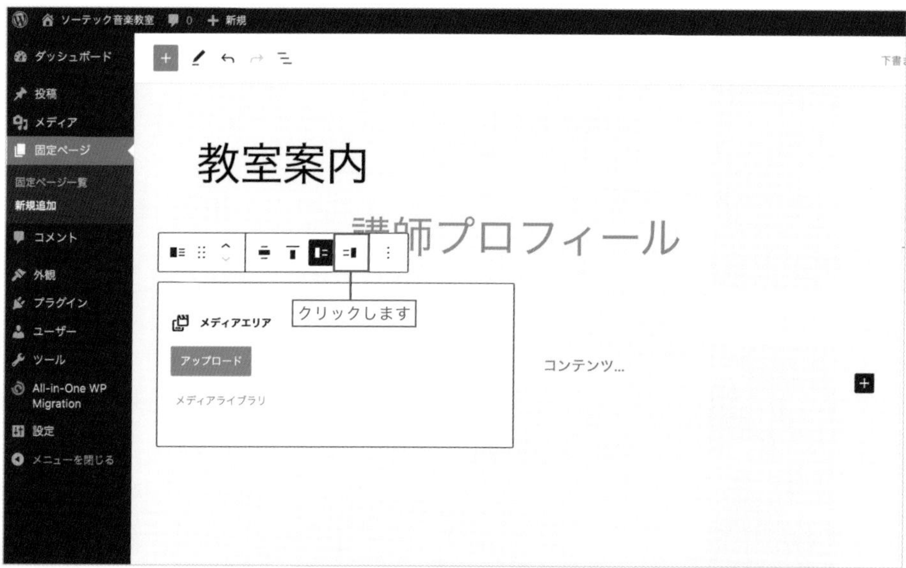

❻ 色を設定する

画面右のサイドバーにある「スタイル」タブ◐を開いて、テキストは白、背景はメインカラーを選択します。

MEMO

ここには、Lesson 3-6で設定したスタイルのカラーパレットが表示されます。

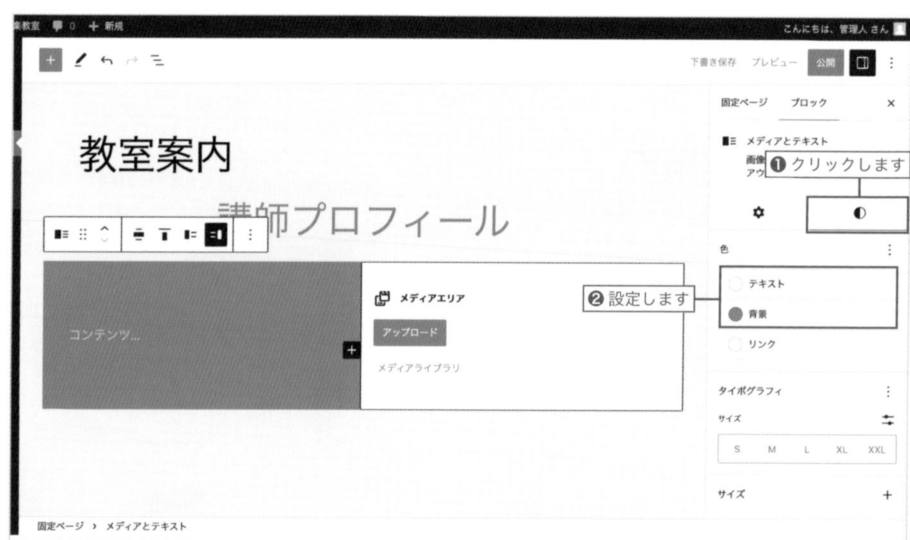

7 画像を設定する

メディアエリアの「アップロード」をクリックして、画像素材の「011.jpg」をアップロードします。

8 文章を入力する

コンテンツにプロフィール文章を入力し、タイポグラフィのサイズから「S」を選択します。

9 プレビューする

「プレビュー」をクリックし、「新しいタブでプレビュー」をクリックしてサイトでの表示を確認してみましょう。

画像と文章が横並びできれいにレイアウトされているのが確認できます。

POINT       

スマートフォンでの表示

　スマートフォンの場合は画面幅が狭いため、文章と画像が自動的に縦並びで表示されます。

ソーテック音楽教室　=

教室案内

講師プロフィール

親譲りの無鉄砲で小供の時から損ばかりしている。小学校に居る時分学校の二階から飛び降りて一週間ほど腰を抜かした事がある。なぜそんな無闇をしたと聞く人があるかも知れぬ。別段深い理由でもない。新築の二階から首を出していたら、同級生の一人が冗談に、いくら威張っても、そこから飛び降りる事は出来まい。弱虫やーい。と囃したからである。小使に負ぶさって帰って来た時、おやじが大きな眼をして二階ぐらいから飛び降りて腰を抜かす奴があるかと云ったから、この次は抜かさずに飛んで見せますと答えた。

ソーテック音楽教室

Proudly powered by WordPress

先生が教えてくれた手順で、自分のプロフィールのページがイメージ通りに作成できました！

良かったです！　ブロックエディターをマスターして、より魅力的なサイトを作成していってください！

表組みを使って教室案内を入力する

「テーブル」ブロックを使って教室案内を入力します。「テーブル」ブロックは料金表やスケジュール表の作成などにも使うため、覚えておくと便利です。

❶「見出し」ブロックを追加する

「見出し」ブロックを追加し、「教室案内」と入力してテキストを中央寄せにします。

❷「テーブル」ブロックを追加する

■をクリックして「テーブル」ブロックを選択します。ブロックが見つからない場合は、ブロックの検索欄にブロック名を入力します。

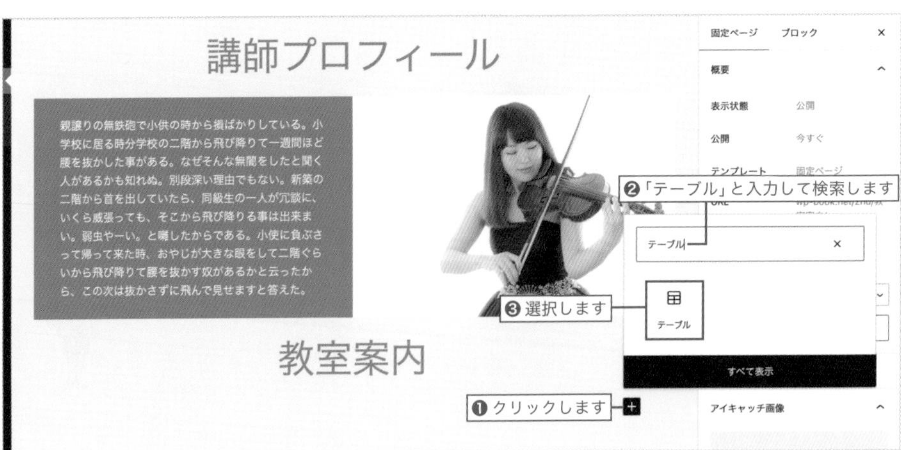

Chapter 5
固定ページを作ろう

③ 列数と行数を設定する

列数と行数を設定して「表を作成」をクリックします。
サンプルでは列（カラム）数を2、行数を4に設定します。

MEMO

表を作成してから列や行を増やしたり削除したりすることも可能です。

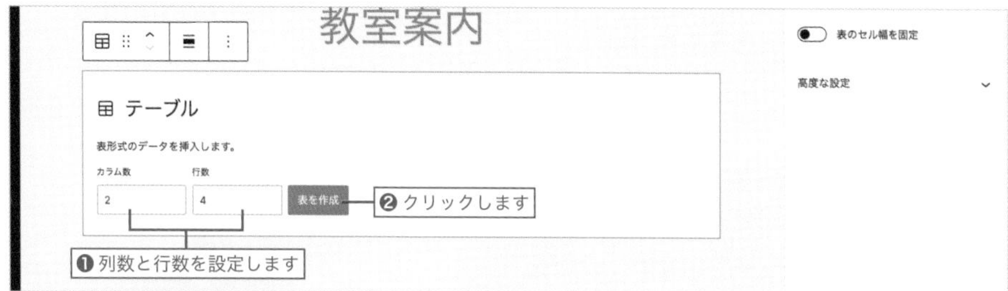

④ 表の内容を入力する

表の内容を入力します。
サンプルでは、教室名、所在地、電話番号、営業時間を入力します。

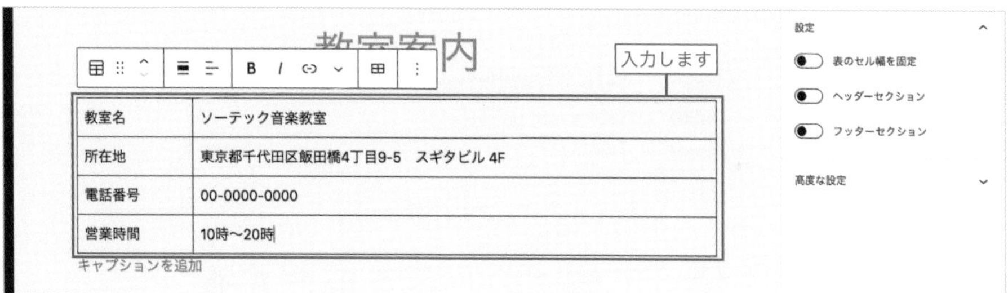

⑤ 表の背景色を設定する

画面右のサイドバーにある「スタイル」タブ◐を開き、背景をクリックして白を選択します。

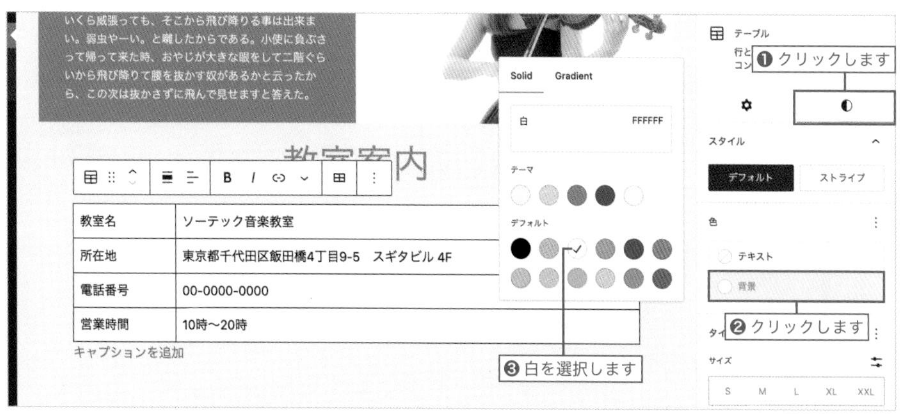

6 プレビューする

「プレビュー」をクリックし、「新しいタブでプレビュー」をクリックしてサイトでの表示を確認しましょう。

ギャラリーを使って教室の写真を掲載する

1 「見出し」ブロックを追加する

「見出し」ブロックを追加し、「教室ギャラリー」と入力してテキストを中央寄せにします。

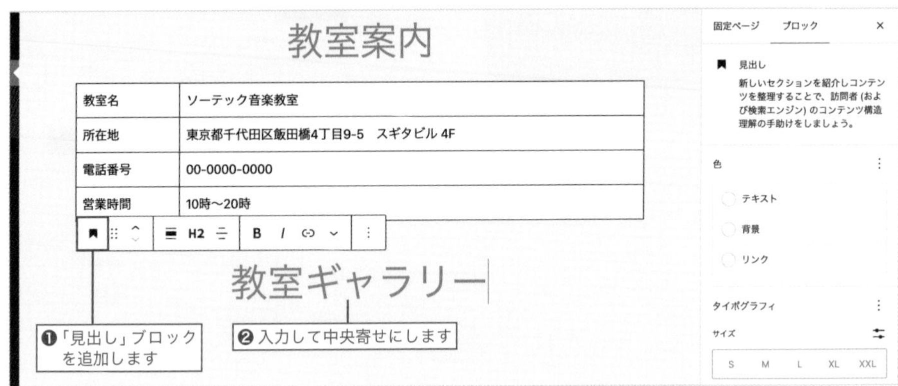

② 「ギャラリー」ブロックを追加する

+をクリックして「ギャラリー」ブロックを選択します。

③ 画像を設定する

「アップロード」をクリックして、画像素材の「007.jpg」～「010.jpg」をアップロードします。

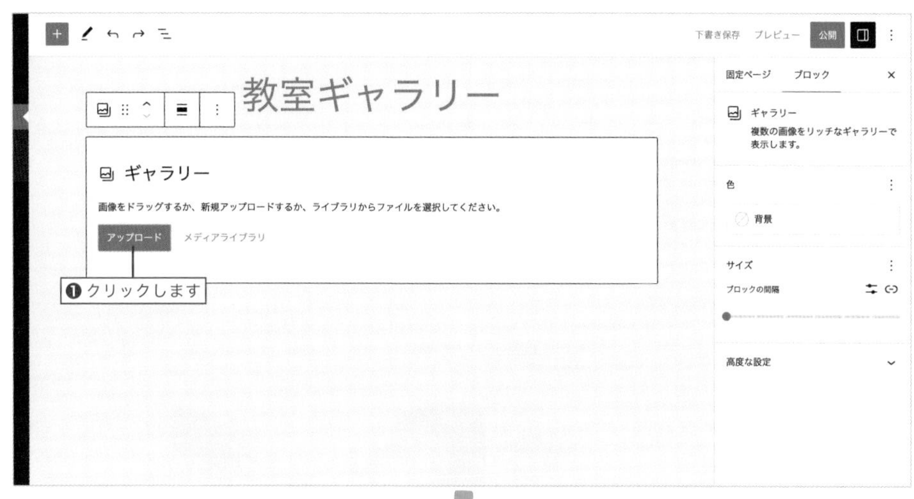

④ ギャラリーを設定する

「ギャラリー」ブロック全体を選択した状態で、レイアウトを「幅広」、カラムを「4」、リンク先を「メディアファイル」に設定します。

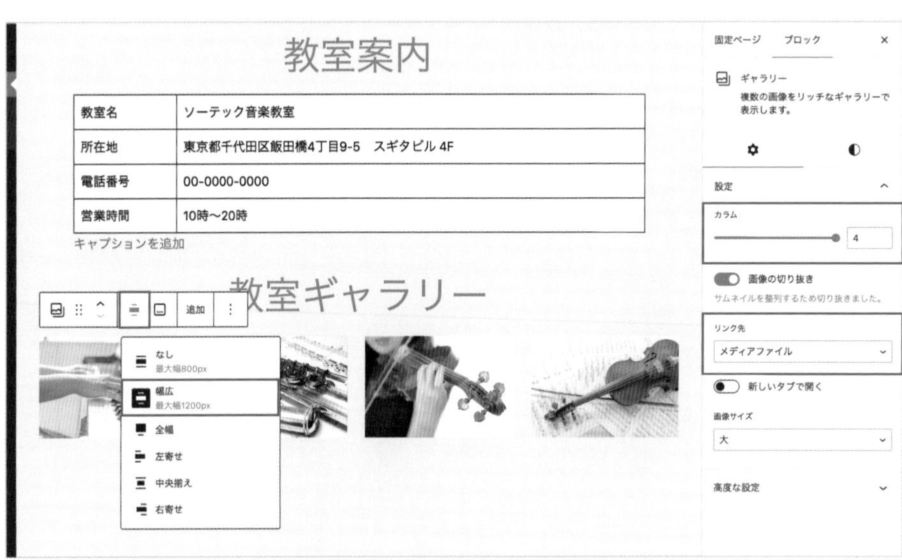

5 プレビューする

「プレビュー」をクリックして「新しいタブでプレビュー」をクリックし、サイトでの表示を確認してみましょう。

パソコンでは4カラムで表示される

スマートフォンでは自動的に2カラムで表示される

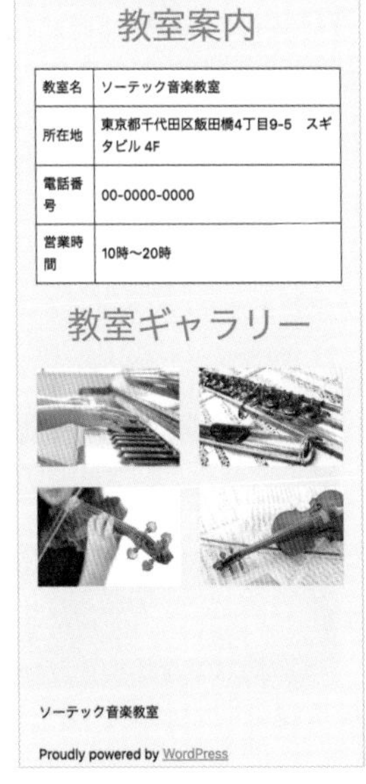

プレビューを行う時は、パソコンとスマートフォンの両方でサイトの表示を確認しましょう！

ページを公開する

ページが完成したら、パーマリンクを設定して公開しましょう。

画面右のサイドバーにある「固定ページ」タブをクリックし、URLをクリックして「パーマリンク」を「school」に書き換えて「公開」をクリックします。

図5-2-2 パーマリンクを設定して公開する

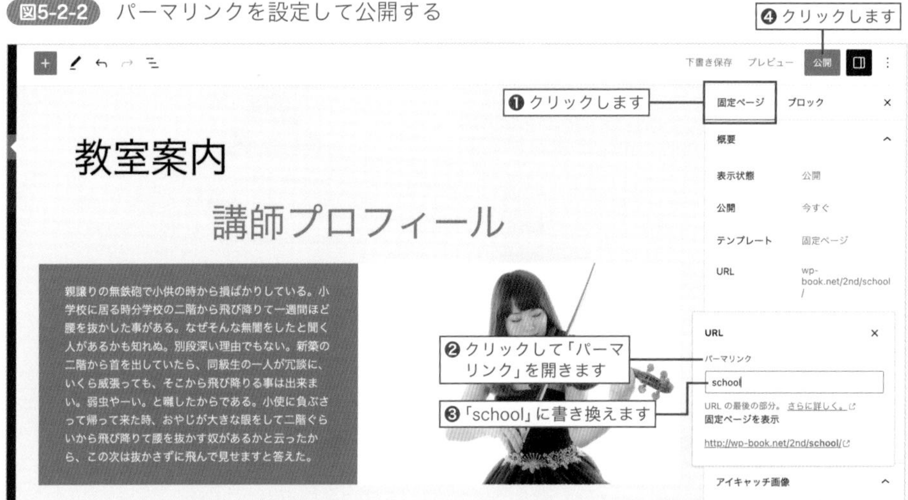

なんとなく全体のバランスがよくないな…と思った、審美眼のある読者の方へ。ページタイトルや見出しのデザイン設定は、Chapter8で解説します。ご安心ください！

COLUMN

拡大画像をポップアップで表示する

「教室ギャラリー」で作成したように、画像のリンク先を「メディアファイル」に設定すると、画像をクリックしたときに拡大画像が表示されます。

次ページへつづく

このとき、画像ファイルのみのページに遷移して表示されるため、元のページに戻る場合はブラウザでの戻る操作が必要となってしまいます。

そこで、拡大画像をポップアップのように表示してくれるプラグイン『Simple Lightbox』を利用し、閲覧者の利便性を高めましょう。

1 プラグインの追加画面を開く

管理画面の「プラグイン」>「新規追加」を開きます。

2 Simple Lightboxをインストールする

プラグインの検索フォームに「Simple Lightbox」と入力して「今すぐインストール」をクリックします。

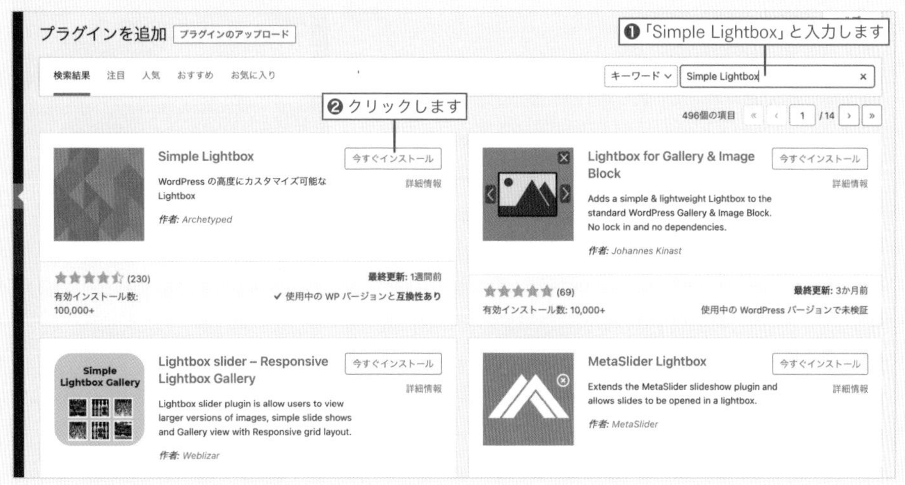

次ページへつづく

❸ 有効化する

インストールが完了したら、「有効化」をクリックします。

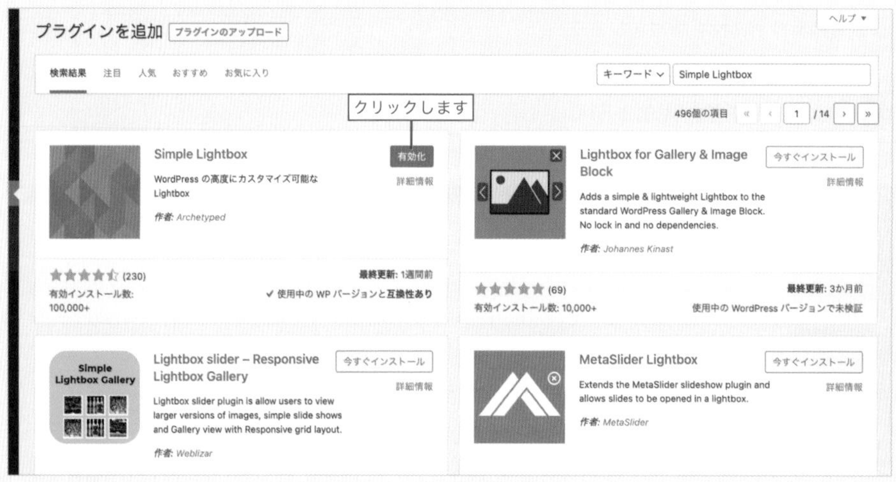

❹ 表示を確認する

教室案内ページを再読み込みして、拡大画像の表示を確認しましょう。
ページ全体が暗くなり、拡大画像がふわっと浮き上がって表示されます。

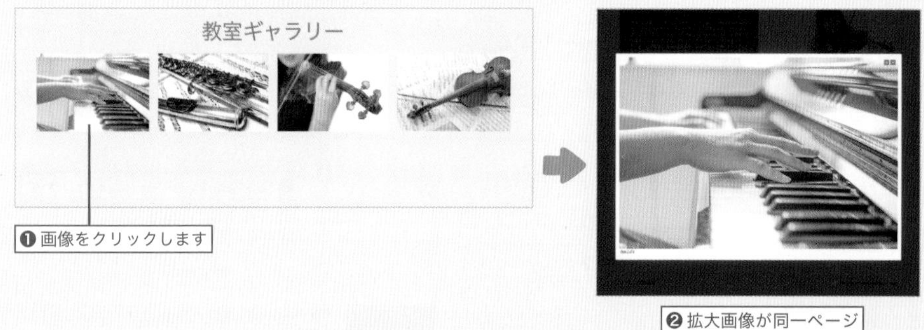

❶ 画像をクリックします

❷ 拡大画像が同一ページ内で表示されます

MEMO

Simple Lightboxは特に設定の必要なく機能しますが、「外観」>「Lightbox」から細かな設定を行うことが可能です。

Lesson 5-3

固定ページの階層化をマスターしよう

レッスンページを作成する

Lesson 4-1で解説したとおり、固定ページでは関連性のあるページを親子階層に設定することができます。本節では親子階層の機能を利用してレッスンページを作成しましょう。

以前教えていただいた親子階層を使って、レッスン内容の各レッスンページを作成したいです！

ではレッスン内容を親ページとして、それぞれのレッスン内容の子ページを作成しましょう！

親子階層を使う理由

親子階層を利用するケースはさまざまですが、主にページ数が多いWebサイトや、1つのページにまとめるにはボリュームが多すぎる場合などに利用します。

例えば、複数の事業部を持つ会社のWebサイトの場合、事業一覧を親ページとして作成し、各事業の詳細ページを子ページとして設定します。

親子階層にすることでグローバルメニューもすっきりまとまり、閲覧者にとってもわかりやすいサイト構成となります。

サンプルサイトでは、右のとおり親子ページを作成していきます。

図5-3-1 親子階層にすることでグローバルメニューがまとまる

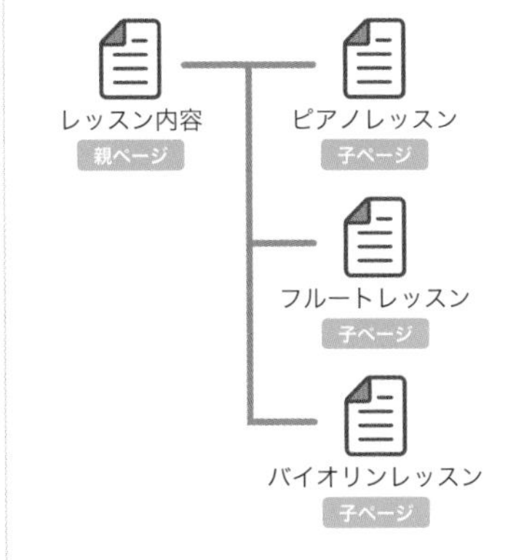

MEMO

グローバルメニューとは、Webサイト内にあるページに移動するための主要なリンクメニューのことで、すべてのページに共通して表示されます。

親子ページを作成する

1 親ページを作成する

まずは親ページを作成するため、「固定ページ」＞「新規追加」を開き、タイトルに「レッスン内容」と入力します。内容はあとから編集するため、空白のままにしておきます。

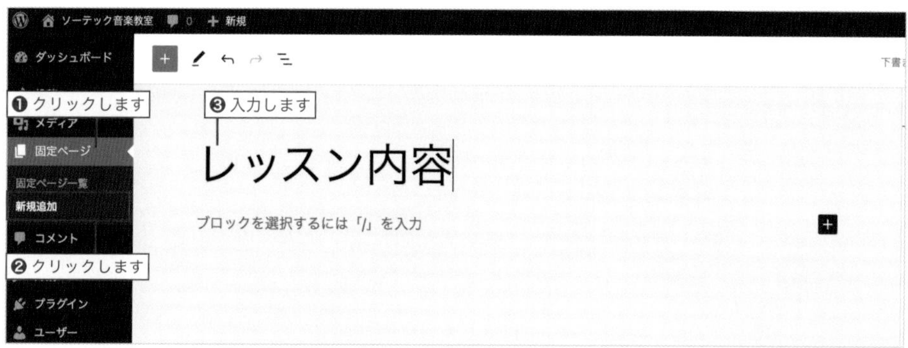

2 パーマリンクを設定して公開する

画面右のサイドバーにある「URL」をクリックして、「パーマリンク」を「lesson」に書き換えて「公開」をクリックします。

Chapter 5 固定ページを作ろう

③ 子ページを作成する

次に子ページを作成するため「固定ページ」>「新規追加」を開き、タイトルに「ピアノレッスン」と入力します。内容はあとから編集するため、空白のままにしておきます。

④ パーマリンクとページ属性を設定して公開する

画面右のサイドバーにある「URL」をクリックして、「パーマリンク」を「piano」に書き換え、「ページ属性」の親ページから「レッスン内容」を選択して、「公開」をクリックします。

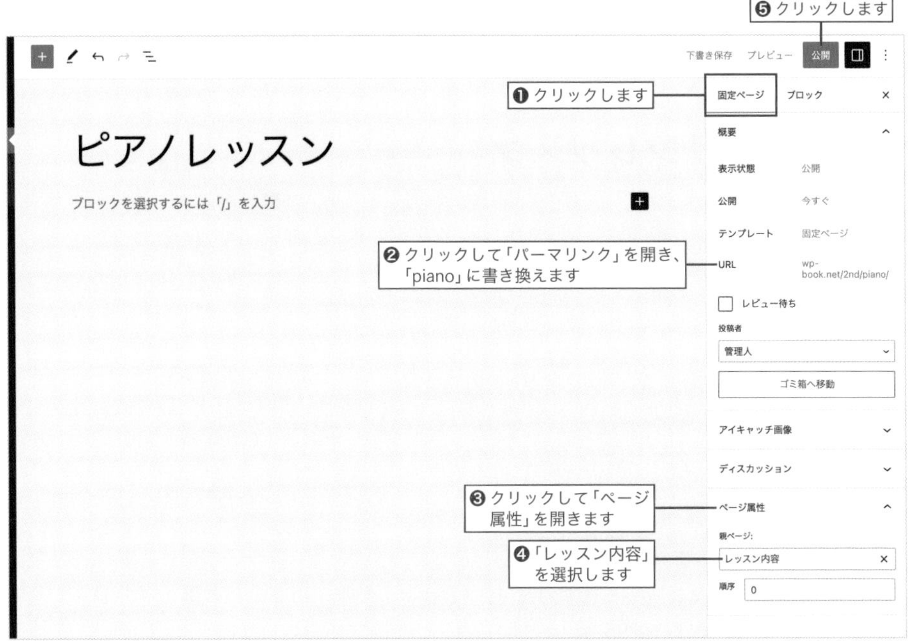

Lesson 5-3

レッスンページを作成する

⑤ 繰り返し追加する

❸と❹を繰り返し、他の2ページも追加します。

ページ名	スラッグ	ページ属性
フルートレッスン	flute	親ページ：レッスン内容
バイオリンレッスン	violin	親ページ：レッスン内容

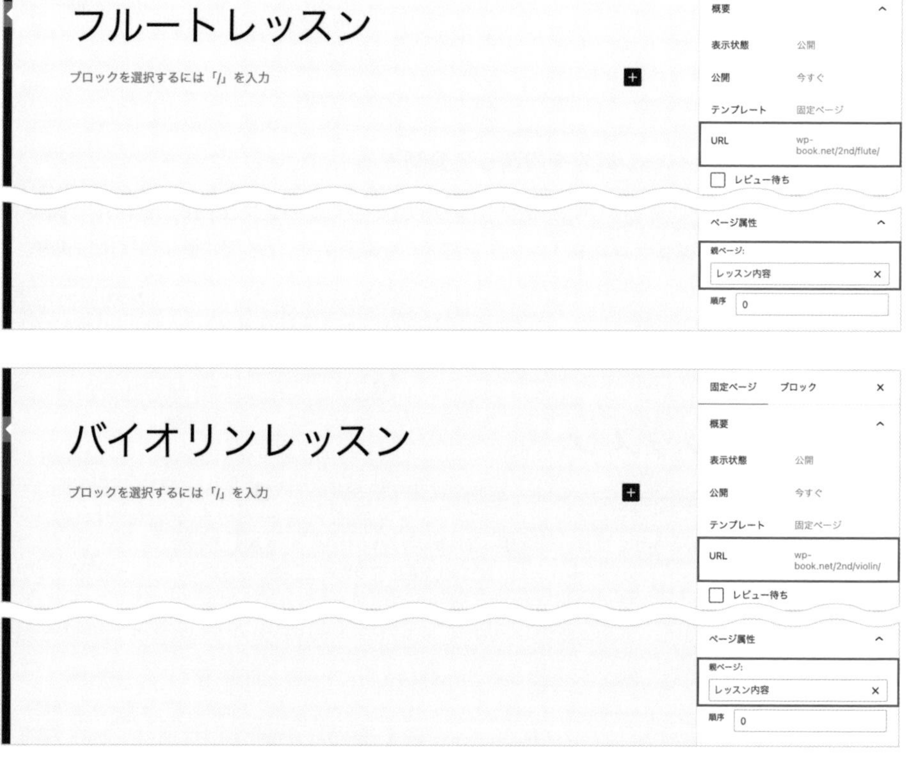

⑥ グローバルメニューを確認する

サイトのグローバルメニューを確認すると、「レッスン内容」の下に子階層のページメニューが表示されているのがわかります。

親ページの内容を入力する

親ページには、レッスン全体に共通する内容を掲載します。

1 親ページの編集画面を開く

「固定ページ」>「固定ページ一覧」から「レッスン内容」をクリックします。

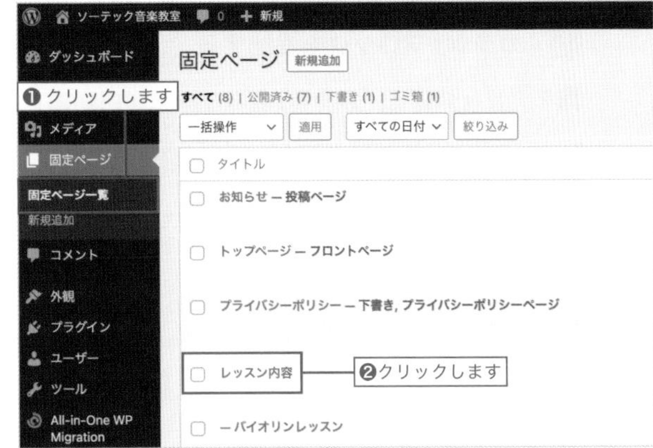

2 内容を入力する

レッスンに関する共通する内容を以下のとおり入力します。

ブロック	内容	設定
見出し2	キャッチコピー	中央寄せ
段落	レッスンに関する内容	なし
見出し2	料金表の見出し	中央寄せ
段落	料金に関する内容	なし
テーブル	料金表	カラムを中央寄せ・背景色を白

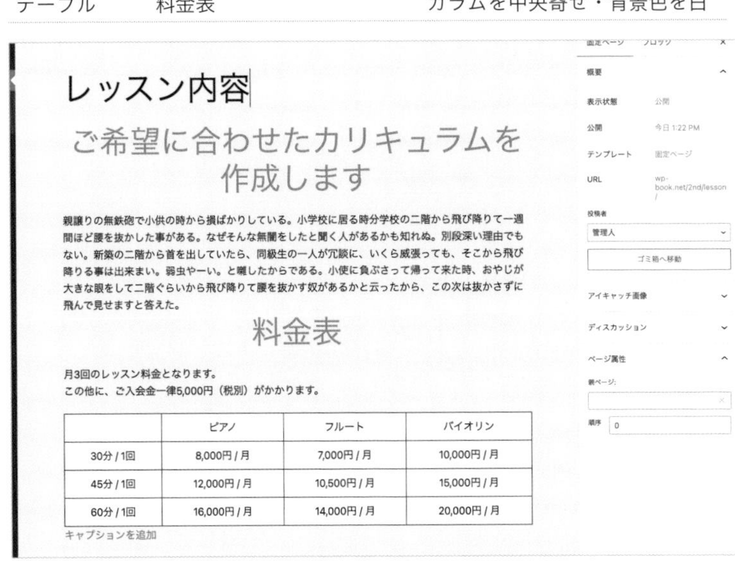

親ページに子ページへのリンクボタンを設置する

親ページから子ページに誘導できるように、「カラム」ブロックと「ボタン」ブロックを利用して子ページへのリンクボタンを設置しましょう。

1 「カラム」ブロックを追加する

＋をクリックして、「カラム」ブロックを選択します。

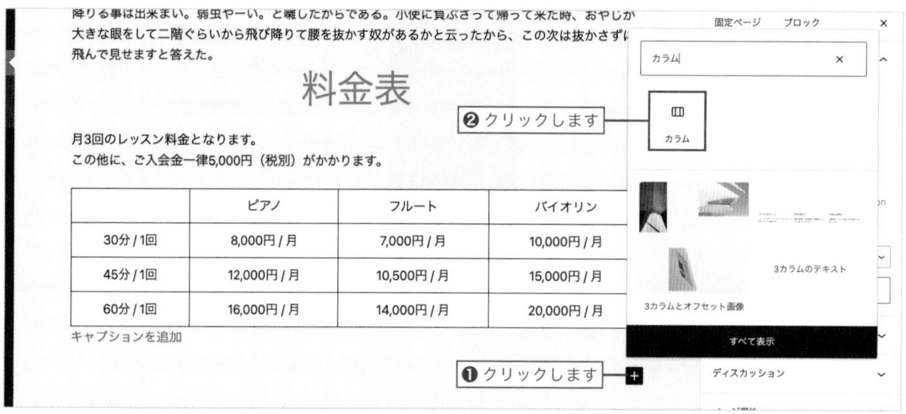

2 カラムのパターンを選択する

カラムのパターンから「3カラム：均等割（33 / 33 / 33）」を選択します。

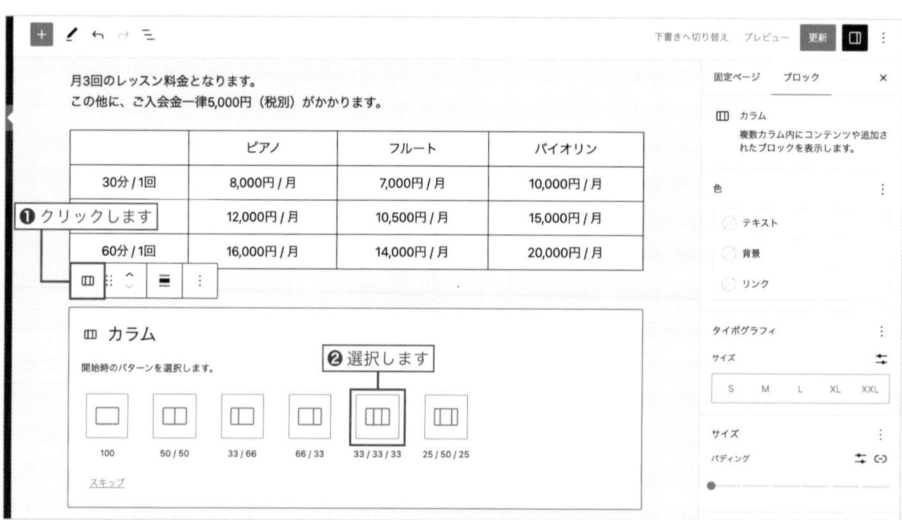

Chapter 5 固定ページを作ろう

③「ボタン」ブロックを追加する

カラム内の＋をクリックして、「ボタン」ブロックを選択します。

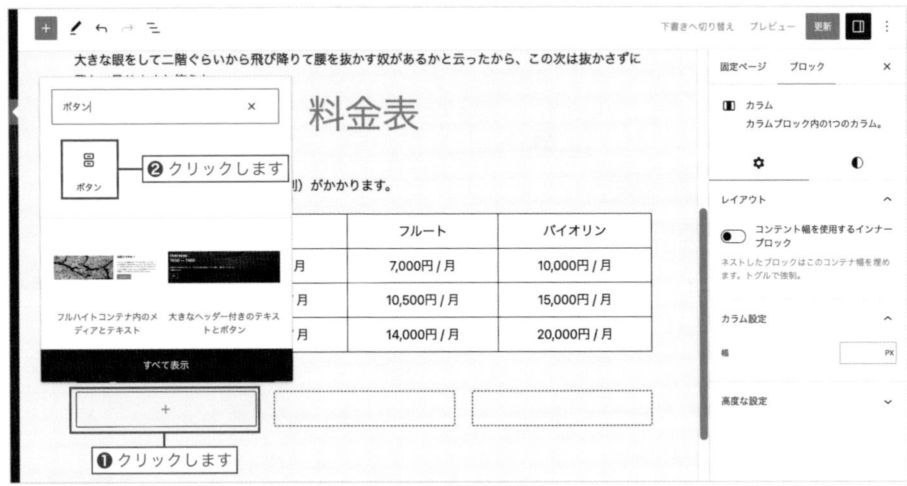

④ボタンの名称とリンク先を入力する

ボタンに「ピアノレッスン」と入力したら、リンクアイコンをクリックして検索枠に「ピアノレッスン」と入力し、一番上に表示されたURLをクリックします。

MEMO

サイト内に作成済みのページの場合、上記のようにページタイトルを検索することで簡単にリンクを設定することができます。外部サイトのページにリンクする場合は、ブラウザのアドレスバーからURLをコピーして設定しましょう。

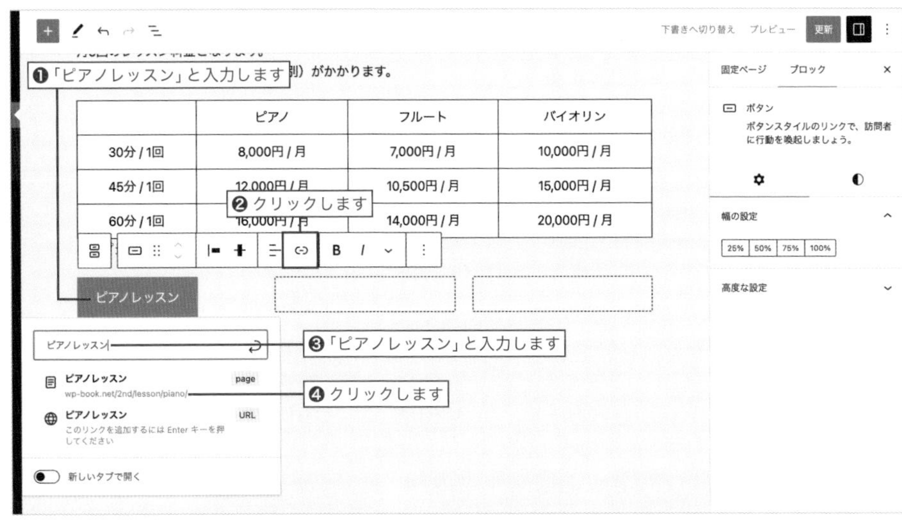

Lesson 5-3 レッスンページを作成する

❺ ボタンのデザインを設定する

ボタンの幅をカラムいっぱいにするため、画面右の設定タブから「幅の設定」を100%にします。次に角丸のボタンデザインにするため、「スタイル」タブ◐を開き、角丸の数値を「50」に設定します。

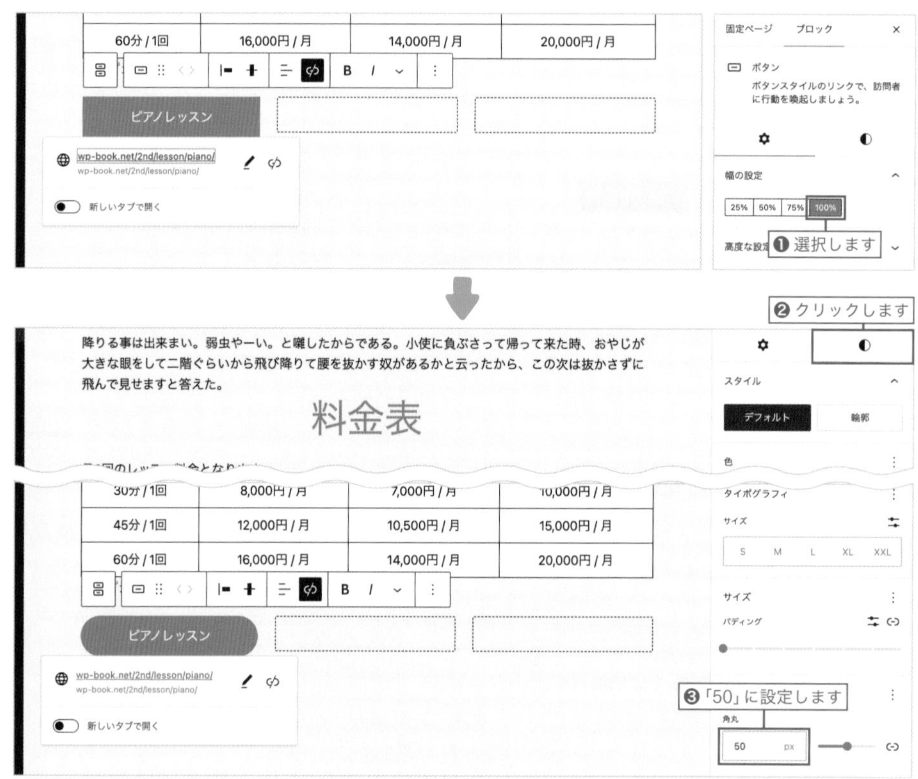

❻ 残りのボタンも設定する

❸〜❺を繰り返し、他の2ページへのリンクボタンも追加します。

7 更新して確認

「更新」をクリックします。各レッスンボタンをクリックして、レッスン内容のページを開きます。ボタンのリンク先に誤りがないか、確認しましょう。

	ピアノ	フルート	バイオリン
30分 / 1回	8,000円 / 月	7,000円 / 月	10,000円 / 月
45分 / 1回	12,000円 / 月	10,500円 / 月	15,000円 / 月
60分 / 1回	16,000円 / 月	14,000円 / 月	20,000円 / 月

子ページの内容を入力する

子ページには、サービスごとの詳しい説明などを入力します。

1 親ページの編集画面を開く

「固定ページ」>「固定ページ一覧」から「ピアノレッスン」をクリックします。

② 内容を入力する

ピアノレッスンの内容を以下のとおり入力します。

ブロック	内容	設定
段落	レッスンの詳細	なし
テーブル	コース表	背景色を白

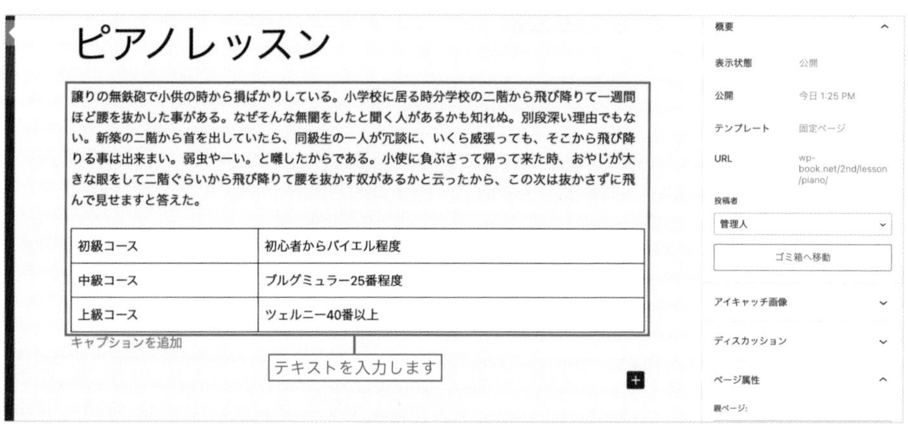

③ 「カバー」ブロックを追加する

文章と表だけでは殺風景なため、段落の下にピアノのイメージ画像をカバー画像として追加します。

段落の下にマウスカーソルを合わせて表示される＋をクリックして、「カバー」と入力して検索し、「カバー」ブロックを選択します。

4 画像をアップロードする

「アップロード」をクリックして、画像素材の「007.jpg」をアップロードします。

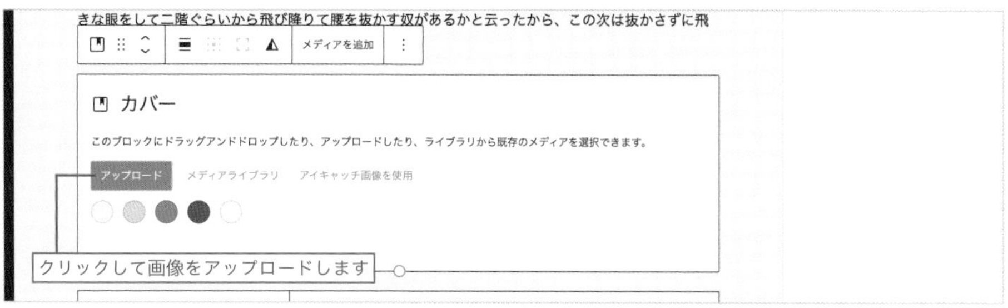

MEMO

アップロード済みの画像は、「メディアライブラリ」から選択することもできます。

5 カバー画像を設定する

カバー画像の中央に「レッスンコース」と入力し、画面右のサイドバーにある「テキスト」の色を白に設定します。次に、画像を選択したら上部のツールバーのレイアウト設定から「全幅」を選択します。

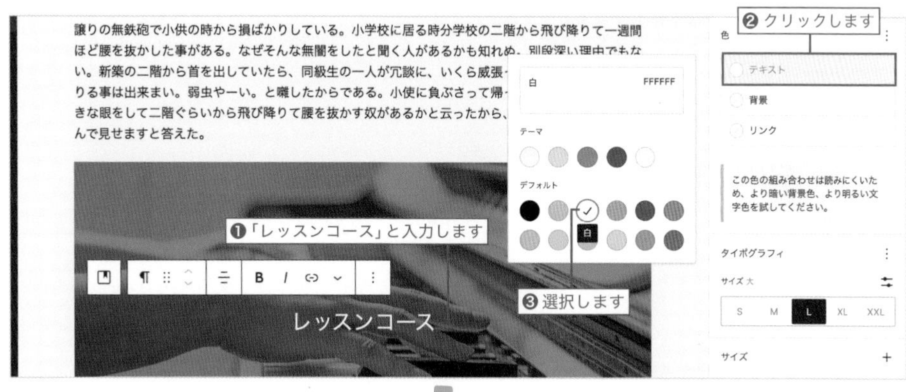

Lesson 5-3

レッスンページを作成する

❻ 更新して確認

「更新」をクリックして、ピアノレッスンのページを確認しましょう。カバー画像が印象的なページが完成しました。

❼ 繰り返し追加する

❶～❻を繰り返し、他の2ページも作成しましょう。

ページ名	カバー画像のファイル名
フルートレッスン	008.jpg
バイオリンレッスン	010.jpg

Lesson 5-4

内容に合わせたデザインも簡単

ブロック機能を拡張してページを作成する

もともと用意されているブロックだけでも魅力的なページが作成できますが、ブロック機能を拡張するプラグインを利用すると、特定のコンテンツに合わせたデザインを簡単に作ることができます。

サイトの見た目が賑やかになってきましたが、もう少し他のデザインパーツも使ってみたいですね。

実はブロック機能を拡張することで、サイト作成に使えるデザインパーツを増やすことができるんです!

さらにサイトデザインのバリエーションが出せますね! ぜひ追加したいです!

Snow Monkey Blocksとは

『Snow Monkey Blocks』は、企業やお店のWebサイトでよく見かけるデザインパーツをブロックとして簡単に追加できる便利なプラグインです。

Snow Monkey Blocksに含まれるブロックの一例

- チェックリスト
- 吹き出し
- お客様の声
- FAQ（よくあるご質問）
- スライダー

Snow Monkey Blocksをインストールする

① プラグイン追加画面を開く

「プラグイン」>「新規追加」を開きます。

② Snow Monkey Blocksをインストール

プラグインの検索フォームに「Snow Monkey Blocks」と入力して、「今すぐインストール」をクリックします。

似たような名前のプラグインが3つ表示されますが、「Snow Monkey Blocks」をインストールしてください。

③ 有効化する

インストールが完了したら、「有効化」をクリックします。

入会の流れページを作成する

企業やお店のWebサイトでは、制作の流れや申し込みの流れなど一連のステップを説明する場面が多くあります。

サンプルサイトでは、Snow Monkey Blocksの「ステップ」ブロックを利用して「入会の流れ」というページを作成しましょう。

1 固定ページを新規追加する

「固定ページ」>「新規追加」を開き、タイトルに「入会の流れ」と入力します。

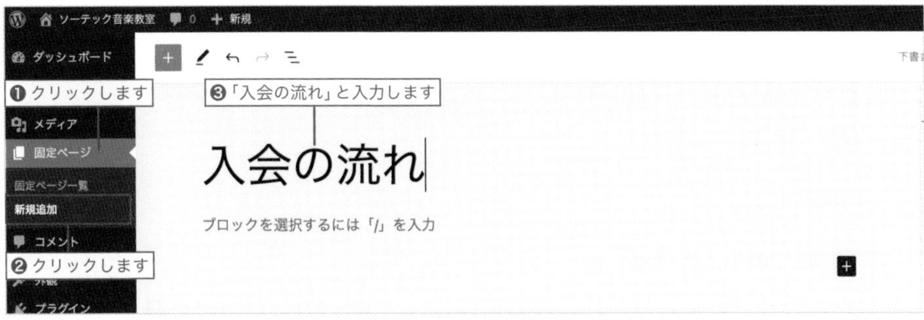

2 「ステップ」ブロックを追加する

+をクリックして、「ステップ」ブロックを選択します。

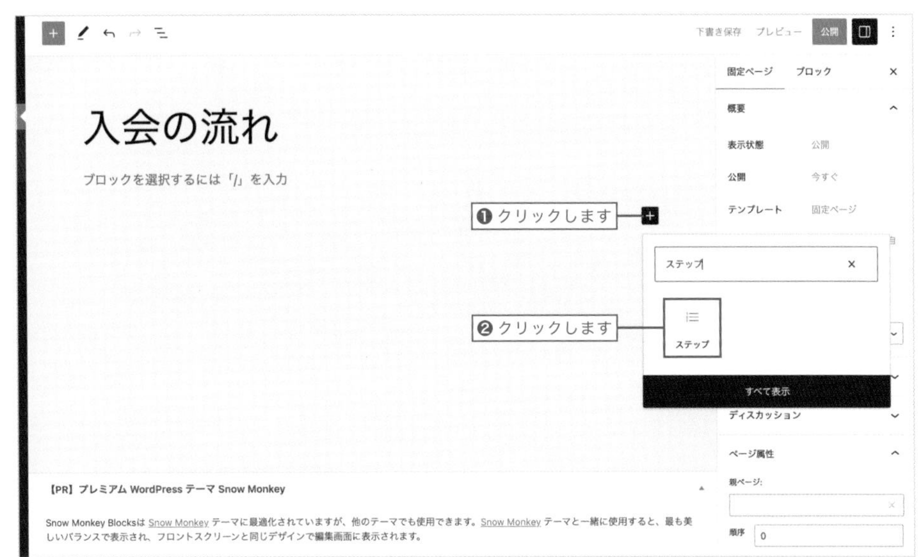

❸ ステップのタイトルと内容を入力する

1つめのステップにタイトルと内容を入力します。

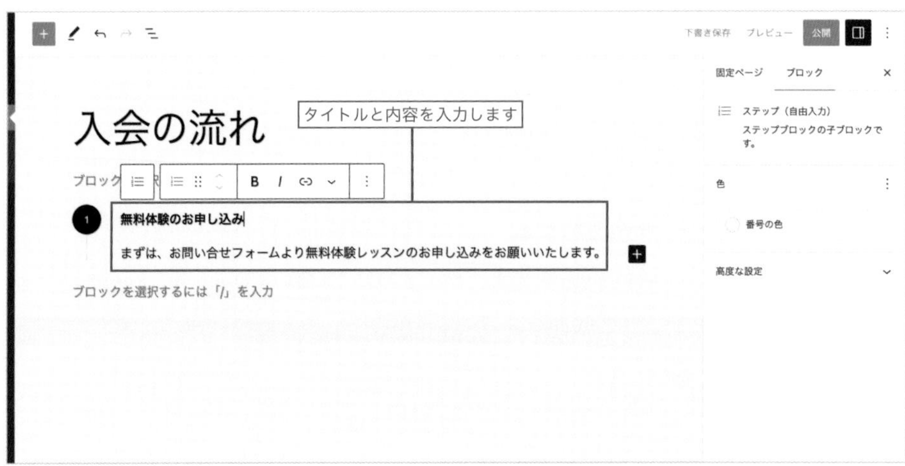

❹ 繰り返し入力する

2つ目以降のステップは、「ステップ」ブロック全体を選択した状態で＋をクリックします。

5 パーマリンクを設定して公開する

画面右のサイドバーにある「固定ページ」タブをクリックし、「パーマリンク」を「flow」に書き換えて、「公開」をクリックします。

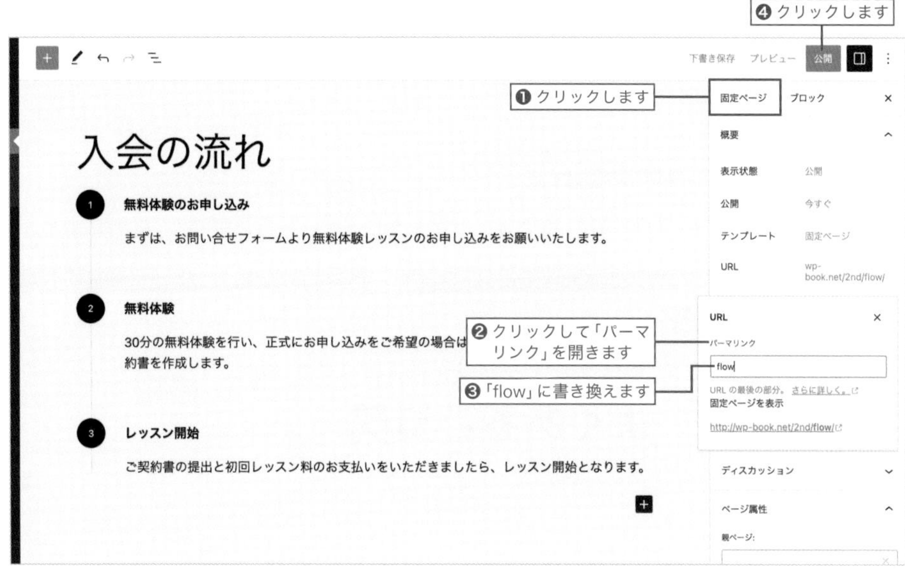

6 ページを確認する

入会の流れページを開いて表示を確認すると、ブロックエディターのとおりデザインが反映されていることがわかります。

よくある質問ページを作成する

どのような業種であっても、商品やサービスに関するよくある質問とその回答を掲載するページは、閲覧者にとって非常に有益な情報となります。

サンプルサイトでは、Snow Monkey Blocksの「FAQ」ブロックを利用して「よくある質問」というページを作成しましょう。

1 固定ページを新規追加する

「固定ページ」>「新規追加」を開き、タイトルに「よくあるご質問」と入力します。

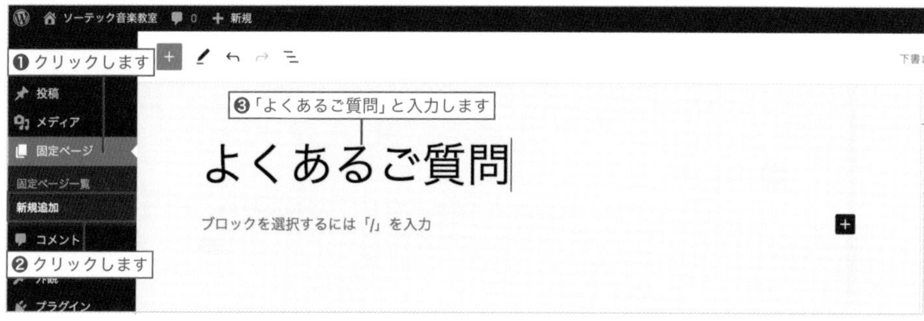

2 「FAQ」ブロックを追加する

+をクリックして、「FAQ」ブロックを選択します。

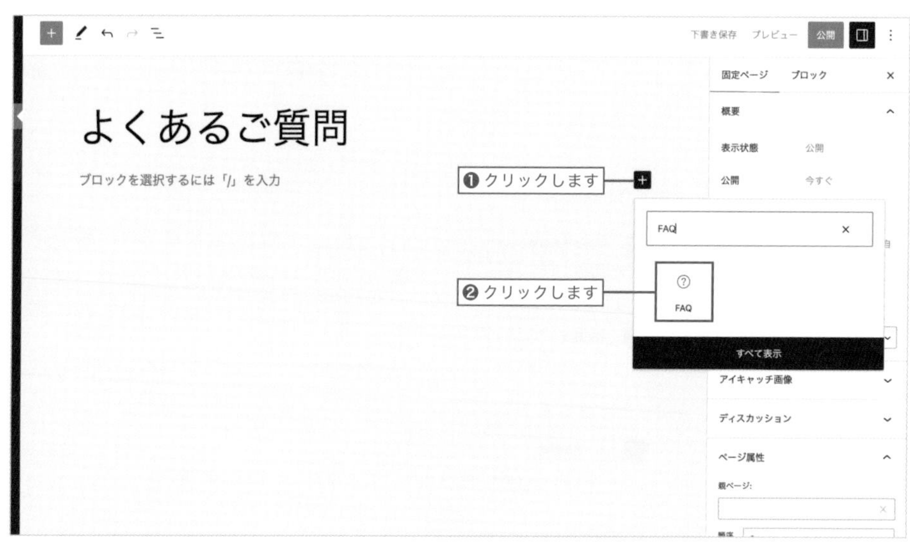

③ FAQの質問と回答を入力する

1つめのFAQに質問と回答を入力します。入力を終えたら、「FAQ」ブロック全体を選択した状態で＋アイコンをクリックします。

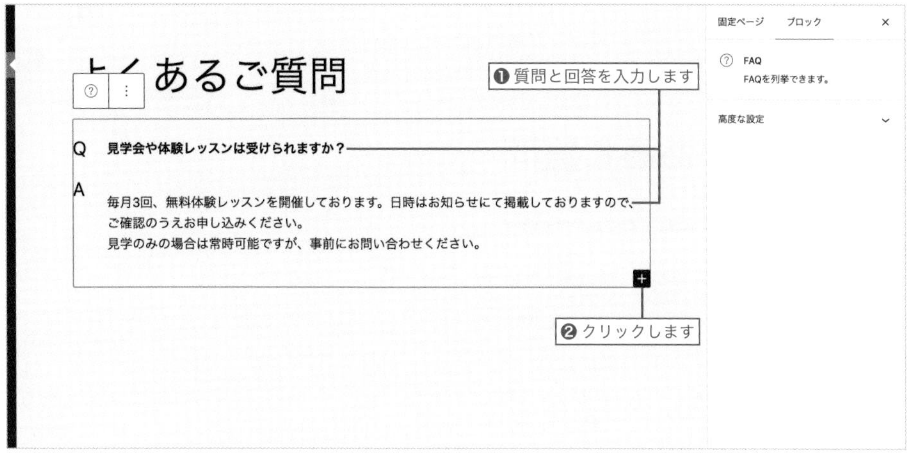

④ 繰り返し入力する

2つ目の質問と回答を入力し、3つ目以降も同様に繰り返します。

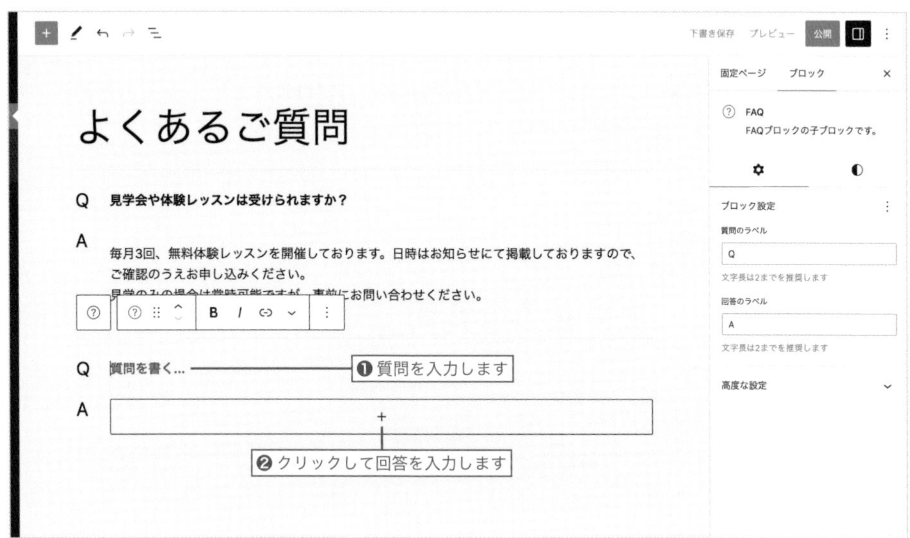

⑤ パーマリンクを設定して公開する

画面右のサイドバーにある「URL」をクリックして、「パーマリンク」を「faq」に書き換えて「公開」をクリックします。

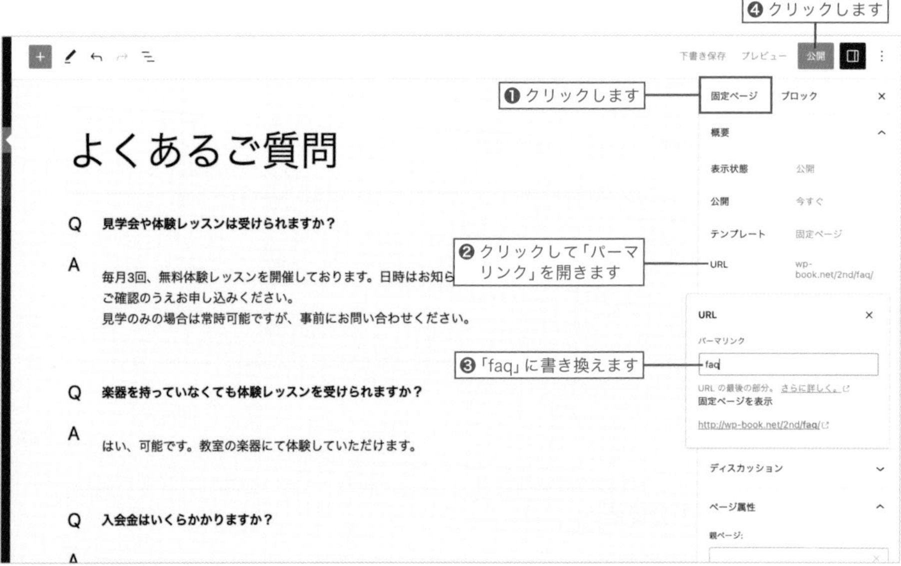

⑥ ページを確認する

よくあるご質問ページを開いて表示を確認すると、ブロックエディターのとおりデザインが反映されていることがわかります。

COLUMN

よくある質問が多い場合は……

よくある質問の数が多い場合や回答が長くなるような場合は、「FAQ」ブロックよりも「アコーディオン」ブロックを利用したほうが質問がすっきり見やすくなります。

1 「アコーディオン」ブロックを追加する

＋をクリックして、「アコーディオン」ブロックを選択します。

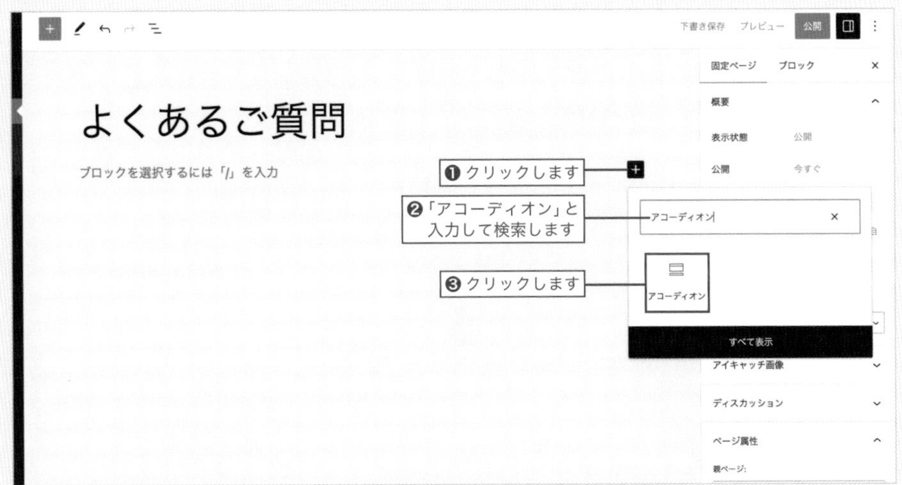

2 FAQの質問と回答を入力する

アコーディオンのタイトルに質問を、その下に回答を入力します。

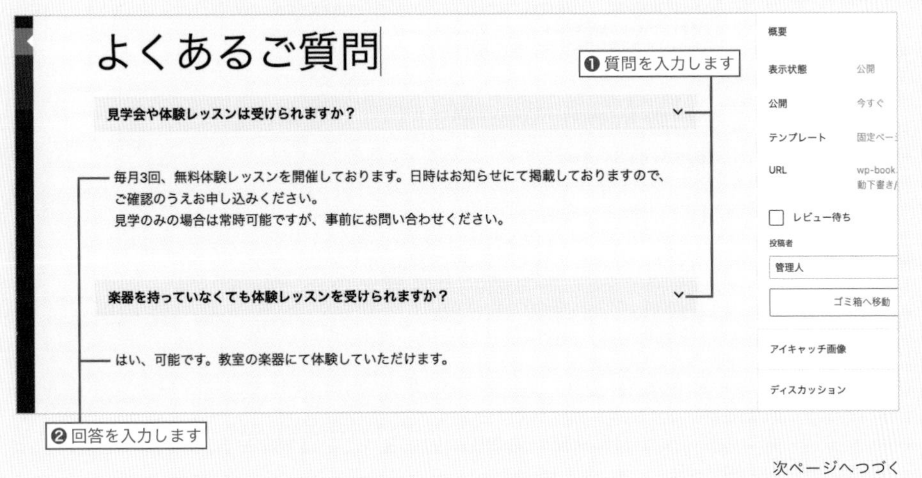

次ページへつづく

3 ページを確認

ページを確認すると質問のみが一覧で表示され、質問をクリックすると回答が表示されることがわかります。

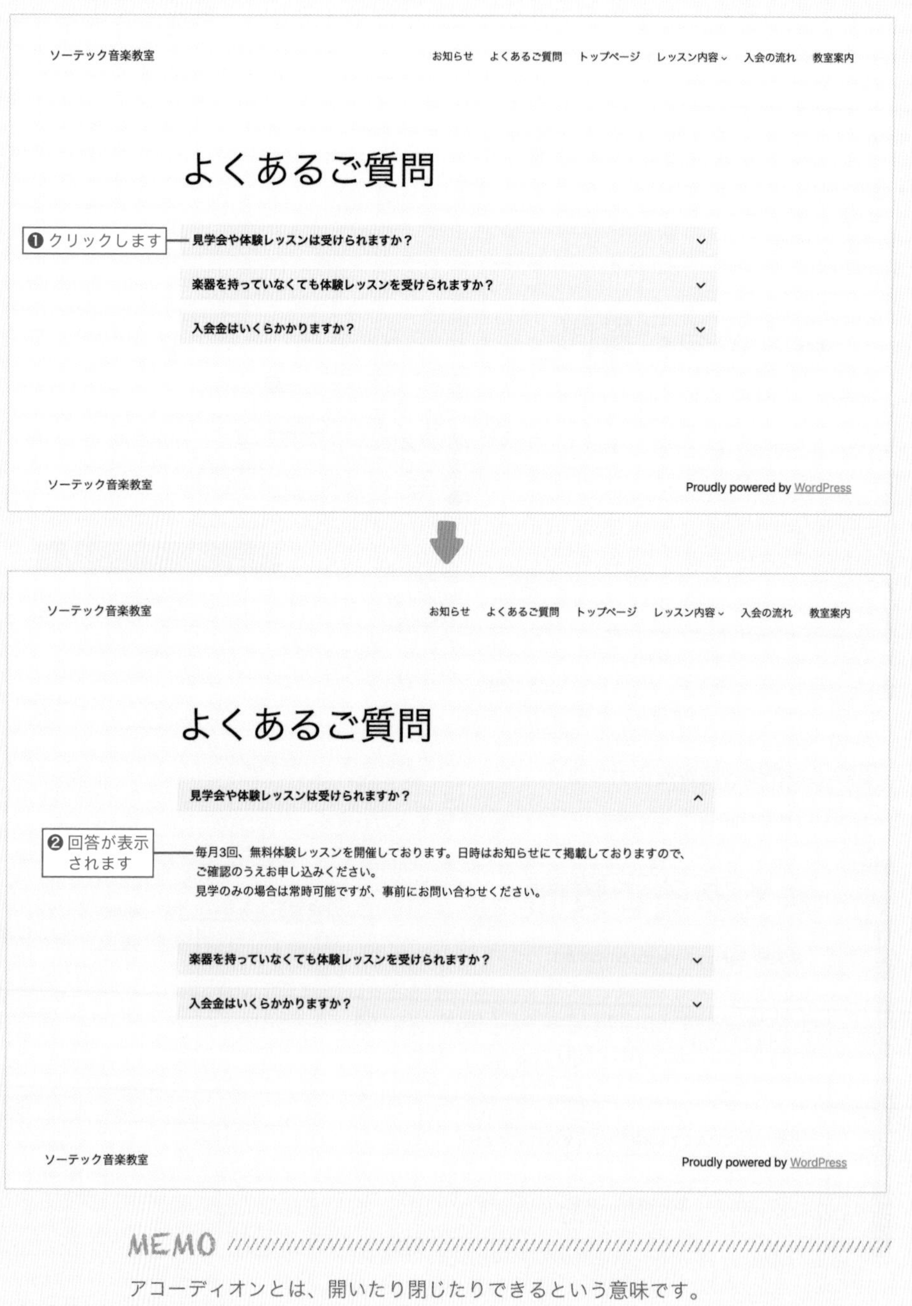

MEMO

アコーディオンとは、開いたり閉じたりできるという意味です。

Chapter 6

問い合わせページを作ろう

Webサイトの訪問者への問い合わせ窓口となるページに、メールフォームを設置する方法を解説します。

Lesson 6-1 プラグインを使えば簡単

メールフォームを作成する

Webサイトへの訪問者から問い合わせを受けるためのメールフォームを作成します。手順が若干多くなりますが、難しい知識は必要ありません。大切な窓口となるため頑張って作成しましょう。

サイトの訪問者から、記載内容に関しての意見を聞いてみたいのですが、そういった機能はありますか？

それならサイトの問い合わせ窓口である「メールフォーム」を作成しましょう！ サイトの訪問者とコミュニケーションを取るのに役立つはずです。

メールフォームとは

「**メールフォーム**」とは、Webページ上のフォームからメールを送信できる機能のことで、Webサイトを訪れた人がWebサイト運営者とコンタクトを取るための窓口として利用されます。

Webページにメールアドレスを掲載するだけでもコンタクトを取ることは可能ですが、入力項目が事前に用意されているメールフォームのほうが記載漏れを防ぐことができます。

最近はLINEやSNSのアカウントを窓口とするケースも増えていますが、こうしたサービスを利用していないユーザーもいるため、メールフォームが設置されていたほうが親切です。

Contact Form 7をインストールする

メールフォームを自作する場合はプログラミングやサーバーの知識が必要となりますが、WordPressならプラグインを使って簡単に作成することができます。

本書では、数あるメールフォームプラグインの中で最もメジャーな『Contact Form 7』を利用して作成していきます。

❶ プラグイン追加画面を開く

「プラグイン」>「新規追加」を開きます。

❷ Contact Form 7をインストール

プラグインの検索フォームに「Contact Form 7」と入力して、「今すぐインストール」をクリックします。

❸ 有効化する

インストールが完了したら、「有効化」をクリックします。

メールフォームを作成する

Contact Form 7をインストールすると、左の管理メニューに「お問い合わせ」という項目が追加されます。

❶ コンタクトフォームを新規追加する

「お問い合わせ」>「新規追加」を開き、タイトルに「お問い合わせフォーム」と入力します。

❷ 見本のフォームを削除する

あらかじめ見本のフォームが用意されていますが、すべて削除します。

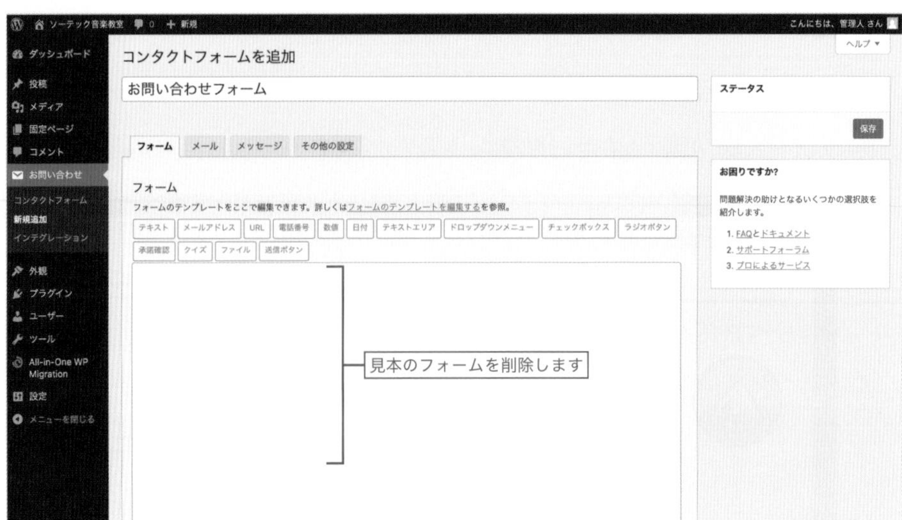

③ お名前の項目を追加する

編集画面に「お名前（必須）」と入力して改行し、「テキスト」をクリックします。

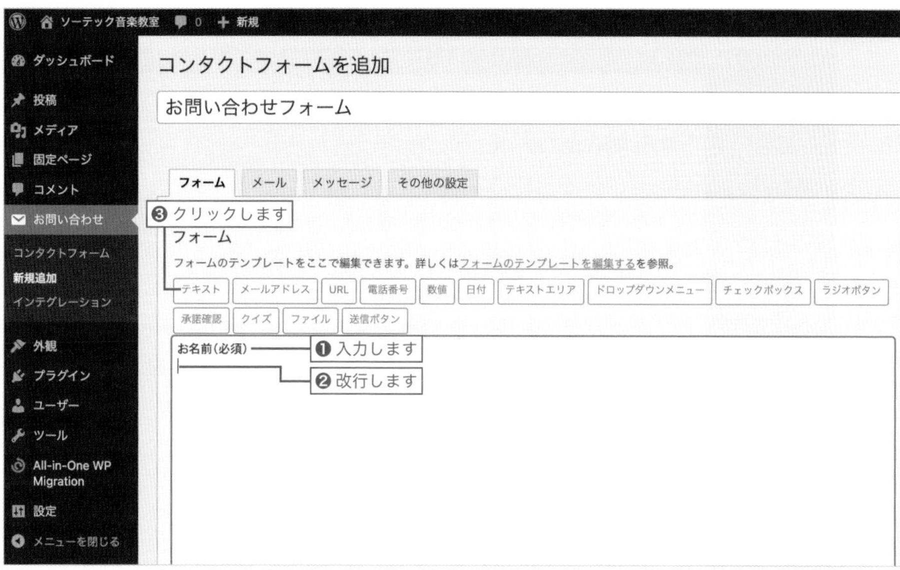

④ お名前のフォームを設定する

フォームの設定画面が表示されたら「必須項目」にチェックを入れ、「名前」を「your-name」に書き換え、「タグを挿入」をクリックします。

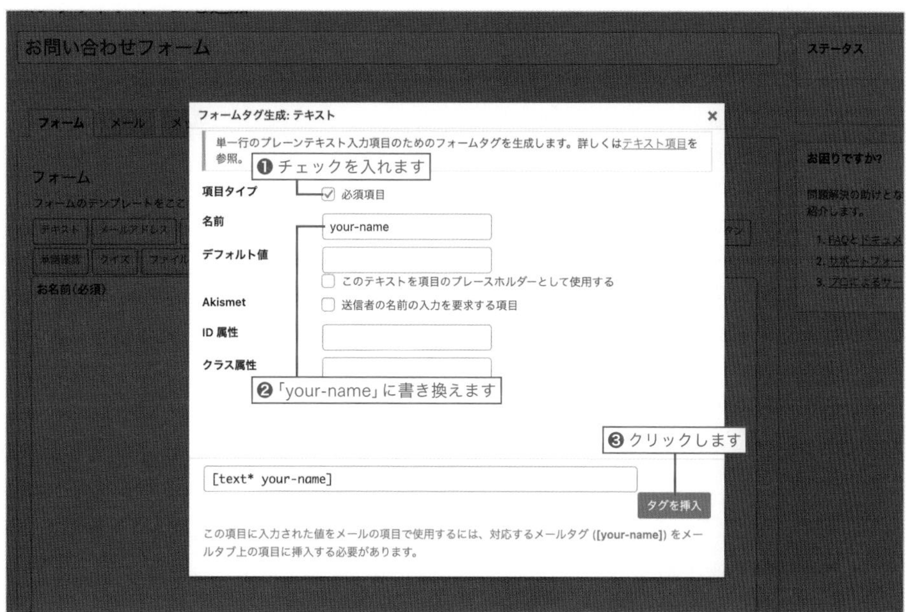

5 メールアドレスの項目を追加する

お名前タグの下を1行空け「メールアドレス（必須）」と入力して改行し、「メールアドレス」をクリックします。

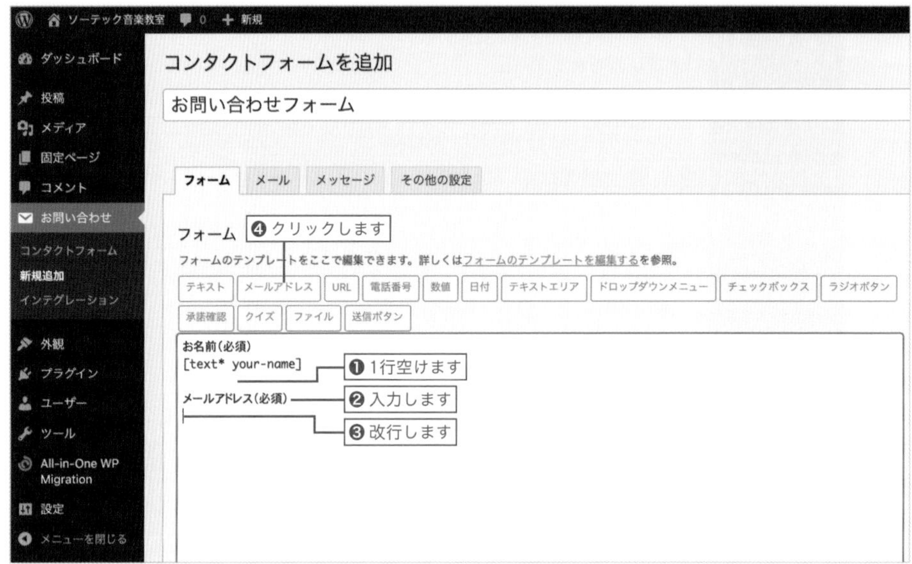

6 メールアドレスのフォームを設定する

フォームの設定画面が表示されたら「必須項目」にチェックを入れ、「名前」を「your-email」に書き換え、「タグを挿入」をクリックします。

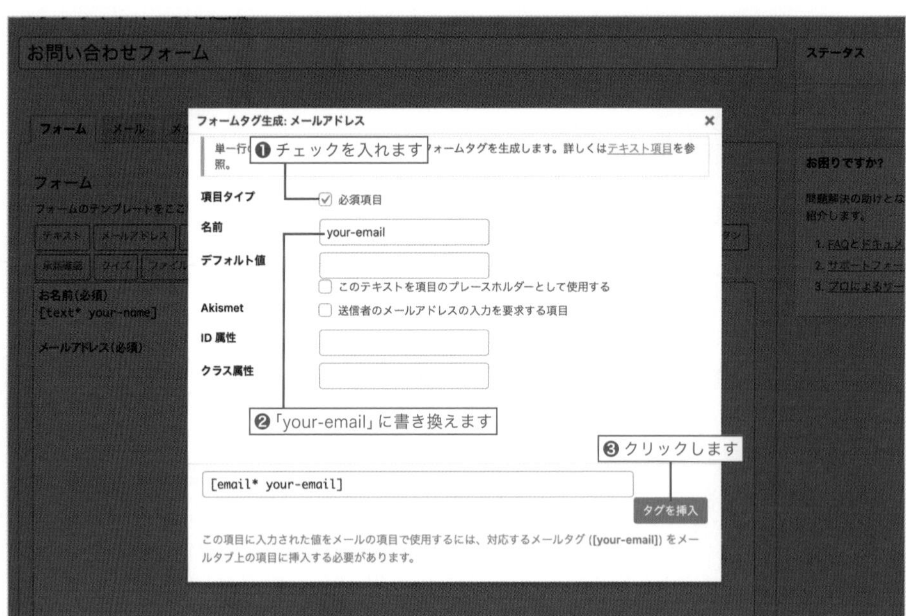

7 電話番号の項目を追加する

メールアドレスタグの下を1行空けて「電話番号（必須）」と入力して改行し、「電話番号」をクリックします。

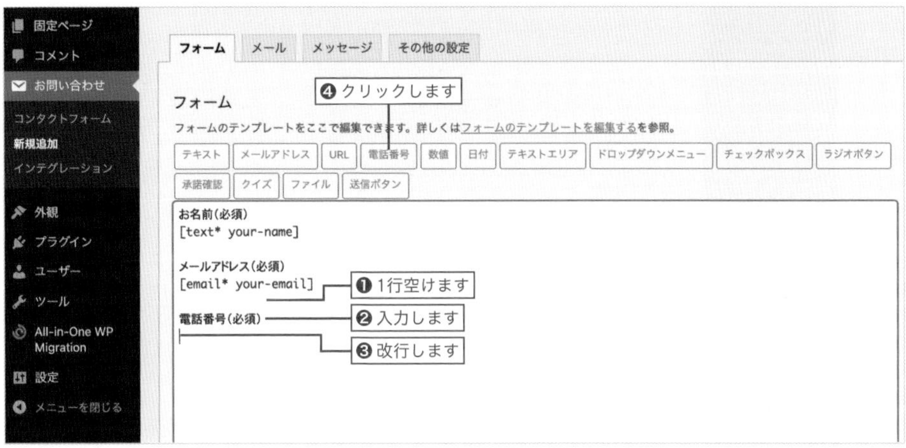

MEMO

メールが届かない場合を想定し、メール以外の連絡手段として電話番号の項目を設けておきましょう。

8 電話番号のフォームを設定する

フォームの設定画面が表示されたら「必須項目」にチェックを入れ、「名前」を「your-tel」に書き換え、「タグを挿入」をクリックします。

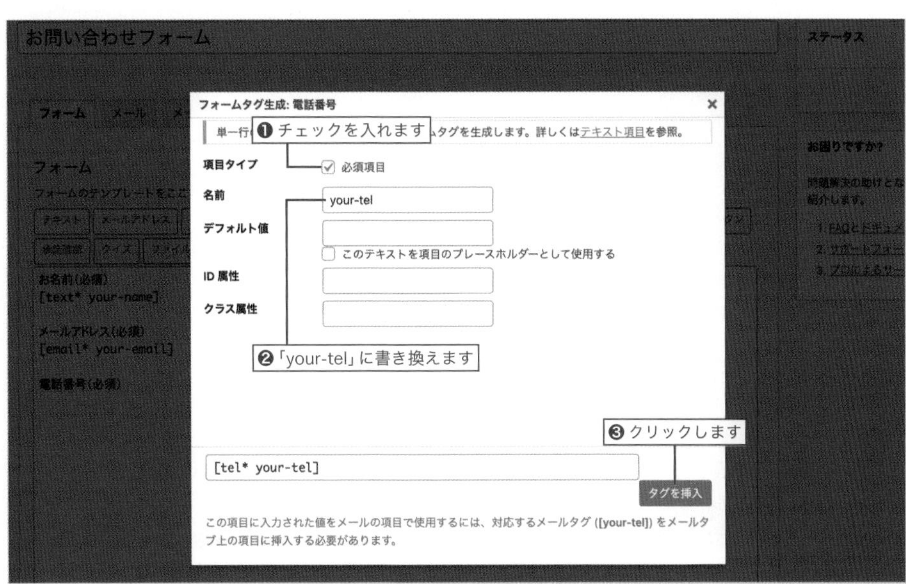

9 ご用件の項目を追加する

電話番号タグの下を1行空け「ご用件（必須）」と入力して改行し、「ラジオボタン」をクリックします。

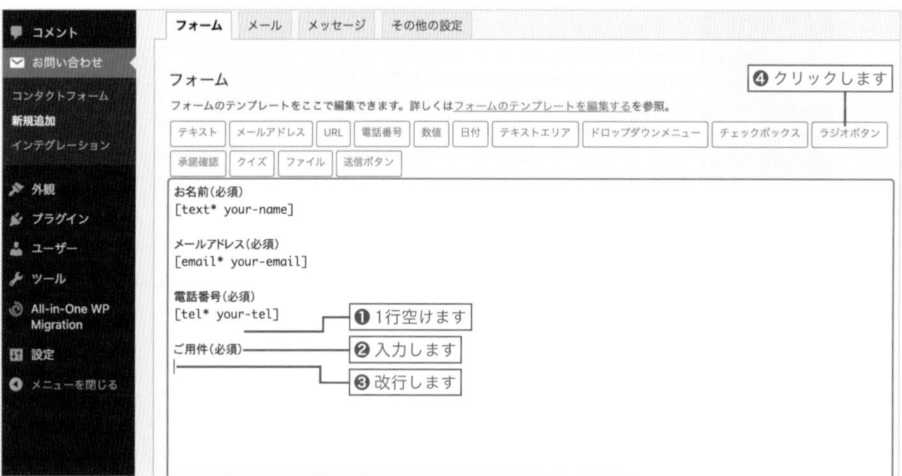

10 ご用件のフォームを設定する

フォームの設定画面が表示されたら「名前」を「your-subject」に書き換え、「オプション」に右のテキストを入力し、「個々の項目をlabel要素で囲む」にチェックを入れて「タグを挿入」をクリックします。

●オプション

ご入会について
無料体験レッスンについて
その他のお問い合わせ

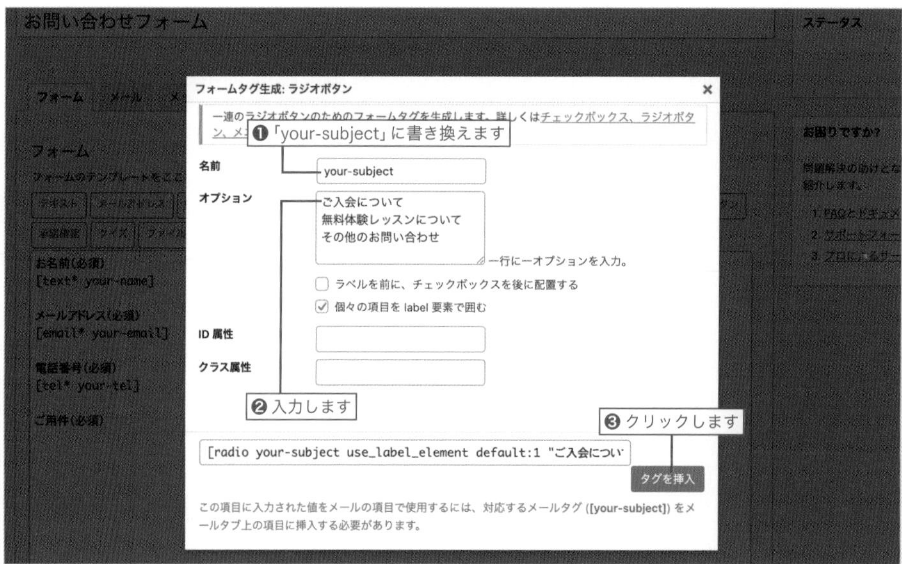

⑪ お問い合わせ内容の項目を追加する

ご用件タグの下を1行空け「お問い合わせ内容（必須）」と入力して改行し、「テキストエリア」をクリックします。

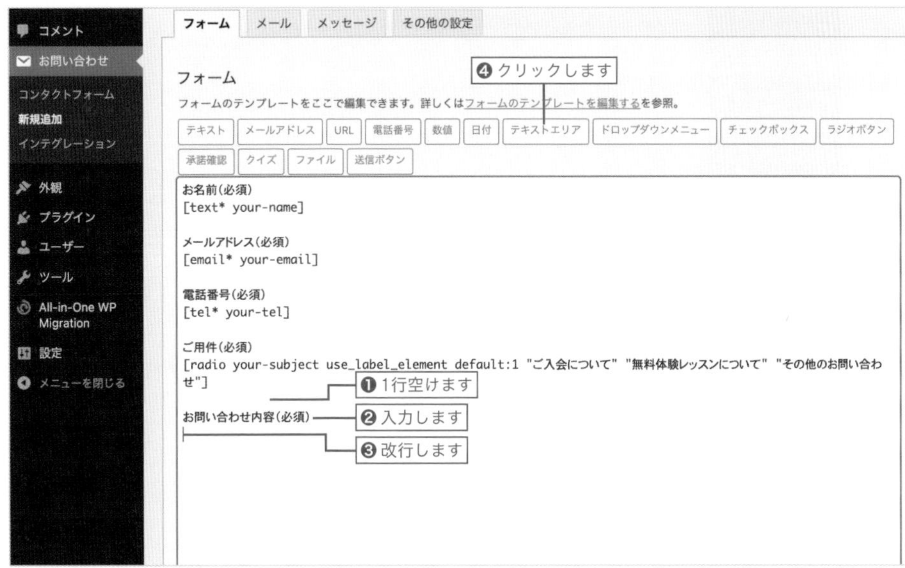

⑫ お問い合わせ内容のフォームを設定する

フォームの設定画面が表示されたら「必須項目」にチェックを入れ、「名前」を「your-message」に書き換え、「タグを挿入」をクリックします。

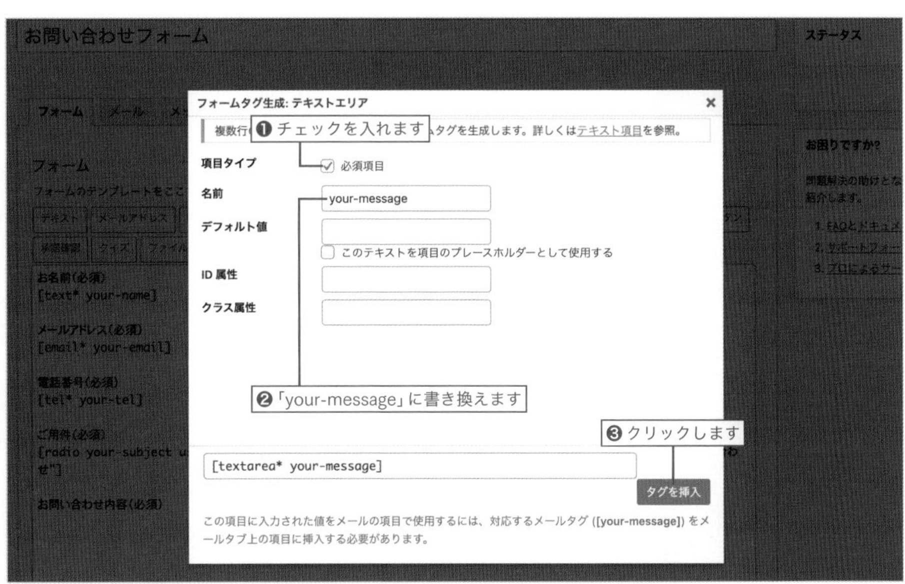

⑬ 送信ボタンを追加する

入力項目を設定したら、最後に送信ボタンを設置します。
お問い合わせ内容タグの下を1行空け、「送信ボタン」をクリックします。

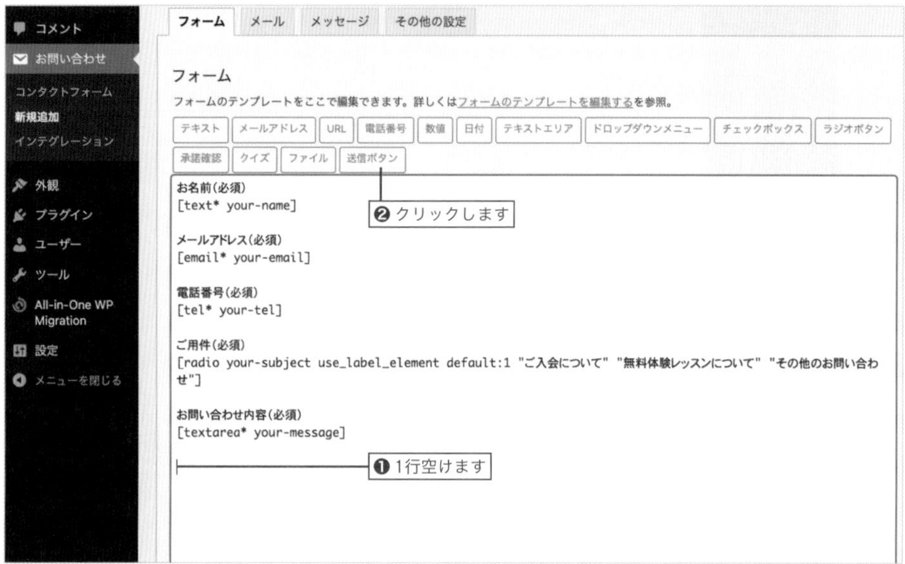

⑭ 送信ボタンを設定する

フォームの設定画面が表示されたら「ラベル」に「送信する」と入力し、「タグを挿入」をクリックします。

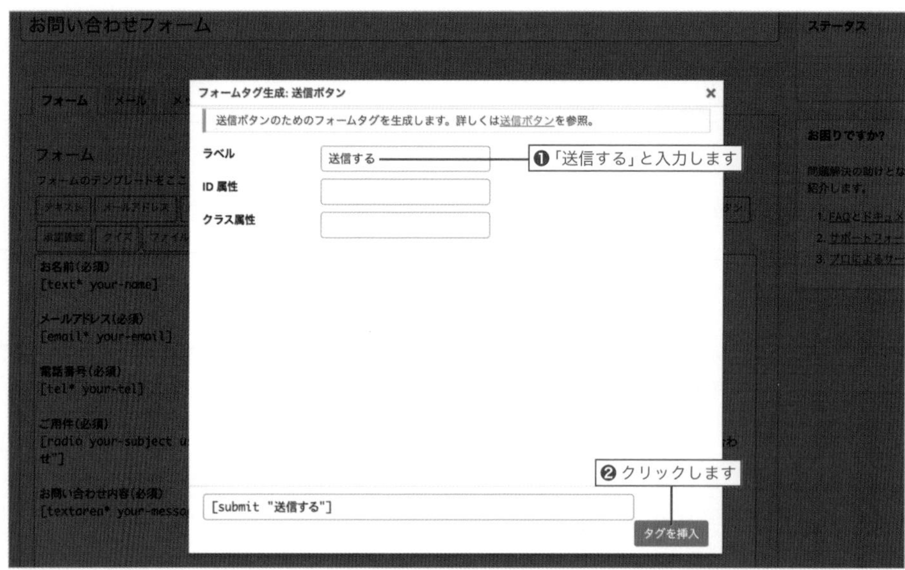

⑮ 保存する

「保存」をクリックして、メールフォームを保存します。

Lesson 6-2

メールフォームを表示させるために

お問い合わせページを作成する

メールフォームを作成しただけでは表示を確認することができません。本節ではメールフォームを表示させるためのお問い合わせページを作成しましょう。

メールフォームも完成したので、これでサイトの訪問者とコミュニケーションをとることができますね。

実はまだ完成ではないんです…。作成したメールフォームを表示させるためのページが必要です。これから教える手順でページを作成していきましょう。

ショートコードをコピーする

お問い合わせページを作る前に、Lesson 6-1で作成したメールフォームのショートコードをコピーします。

「お問い合わせ」>「コンタクトフォーム」を開き、お問い合わせフォームのショートコードを選択してコピーします。

図6-2-1 お問い合わせフォームのショートコードをコピーする

お問い合わせページを作成する

1 固定ページを追加する

「固定ページ」>「新規追加」を開き、タイトルに「お問い合わせ」と入力します。

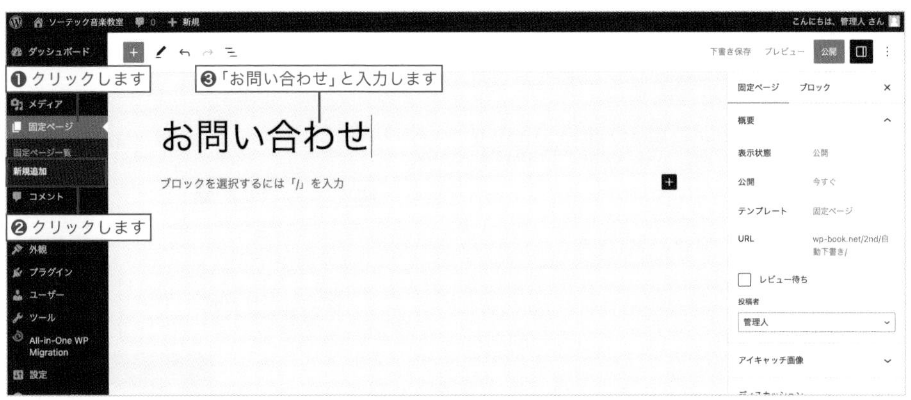
❶クリックします
❷クリックします
❸「お問い合わせ」と入力します
お問い合わせ
ブロックを選択するには「/」を入力
固定ページ
新規追加
概要
表示状態
公開
テンプレート
URL
レビュー待ち
投稿者
管理人
アイキャッチ画像

2 本文を入力する

「段落」ブロックでお問い合わせに関する本文を入力します。

お問い合わせ
ソーテック音楽教室へのお問い合わせは、以下のメールフォームより必要事項をご入力のうえ「送信する」をクリックしてください。
3営業日以内に担当者よりご連絡を差し上げます。
万が一、返信がない場合はお電話にてご連絡をお願いいたします。
本文を入力します

③「ショートコード」ブロックを追加する

本文の下に「ショートコード」ブロックを追加します。

④ショートコードを貼り付ける

「ショートコード」ブロックに、お問い合わせフォームのショートコードを貼り付けます。

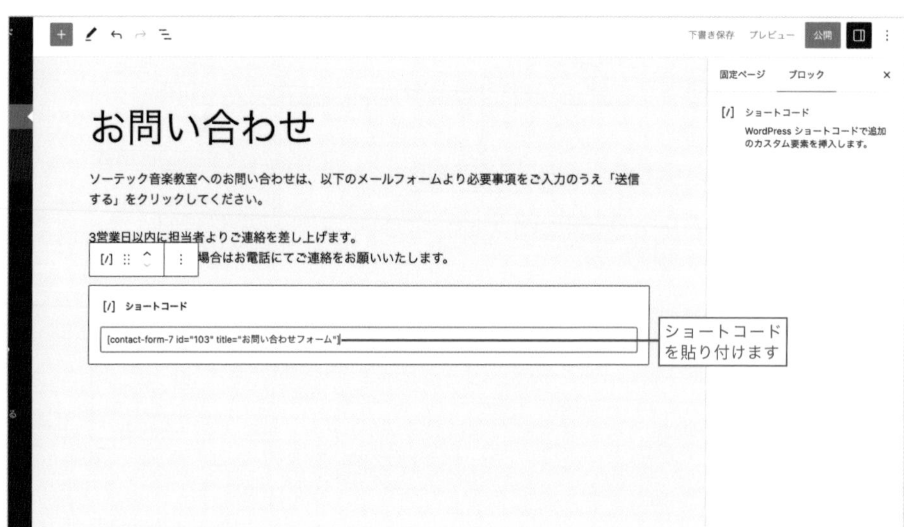

5 パーマリンクを設定して公開する

画面右のサイドバーにある「固定ページ」タブをクリックして「URL」をクリックし、「パーマリンク」を「contact」に書き換えて「公開」をクリックします。

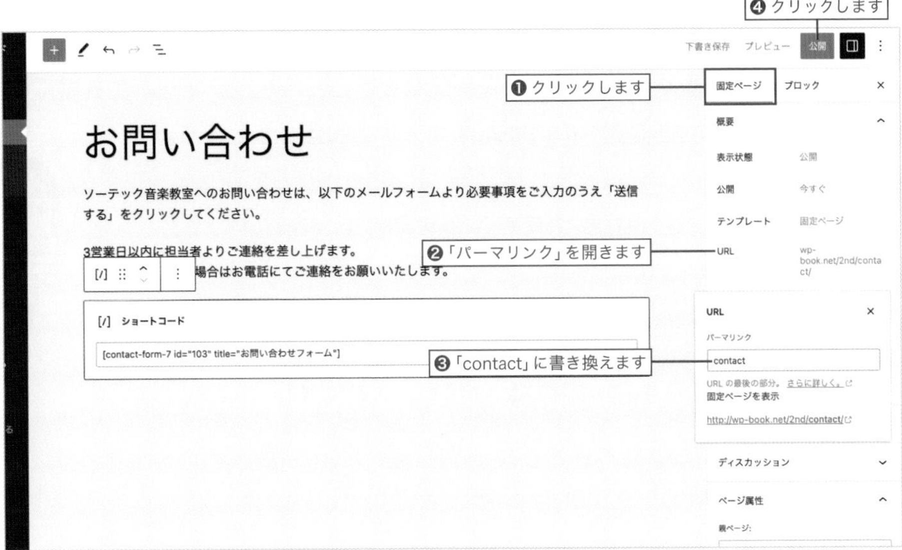

6 ページを確認する

お問い合わせページを開くと、Lesson 6-1で作成したメールフォームが表示されていることがわかります。

お問い合わせ

ソーテック音楽教室へのお問い合わせは、以下のメールフォームより必要事項をご入力のうえ「送信する」をクリックしてください。

3営業日以内に担当者よりご連絡を差し上げます。
万が一、返信がない場合はお電話にてご連絡をお願いいたします。

お名前（必須）

メールアドレス（必須）

電話番号（必須）

ご用件（必須）
◉ ご入会について ○ 無料体験レッスンについて ○ その他のお問い合わせ

お問い合わせ内容（必須）

送信する

Lesson 6-3 メールフォームに合わせて編集しよう

自動送信メールを設定する

作成したメールフォームからテスト送信を行い、メールフォームから届く管理者宛メールと、送信者への自動返信メールを設定しましょう。

自動送信やメールの定形文を作成することで、レスポンスと効率性を向上させましょう!

そうすれば、より多くの訪問者の問い合わせに対応することができますからね。了解です!

テスト送信をする

メールフォームを作成したら、動作確認のため必ずテスト送信を行いましょう。必須項目を入力して「送信する」をクリックします。

テスト送信の際は、必ず自分のメールアドレスを入力してください。

図6-3-1 項目を入力して「送信する」をクリック

お問い合わせ

ソーテック音楽教室へのお問い合わせは、以下のメールフォームより必要事項をご入力のうえ「送信する」をクリックしてください。

3営業日以内に担当者よりご連絡を差し上げます。
万が一、返信がない場合はお電話にてご連絡をお願いいたします。

お名前（必須）
佐々木恵 ❶項目を入力します

メールアドレス（必須）
info@example.com

電話番号（必須）
00-0000-0000

ご用件（必須）
◉ ご入会について ○ 無料体験レッスンについて ○ その他のお問い合わせ

お問い合わせ内容（必須）
これはテスト送信です。
これはテスト送信です。
これはテスト送信です。

送信する ❷クリックします

図6-3-2 送信が完了するとメッセージが表示される

お問い合わせ
ソーテック音楽教室へのお問い合わせは、以下のメールフォームより必要事項をご入力のうえ「送信する」をクリックしてください。
3営業日以内に担当者よりご連絡を差し上げます。
万が一、返信がない場合はお電話にてご連絡をお願いいたします。
お名前（必須）
メールアドレス（必須）
電話番号（必須）
ご用件（必須）
ご入会について　無料体験レッスンについて　その他のお問い合わせ
お問い合わせ内容（必須）
送信する
メッセージが表示されます
ありがとうございます。メッセージは送信されました。

エラー表示を確認する

必須項目をあえて空の状態で送信ボタンを押してみたり、エラーの際の動作も確認しておきましょう。

図6-3-3 未入力項目があるとエラーメッセージが表示される

お名前（必須）
佐々木恵
メールアドレス（必須）
入力してください。
エラーメッセージが表示されます
電話番号（必須）
00-0000-0000
ご用件（必須）
ご入会について　無料体験レッスンについて　その他のお問い合わせ
お問い合わせ内容（必須）
これはテスト送信です。
これはテスト送信です。
これはテスト送信です。
送信する
入力内容に問題があります。確認して再度お試しください。

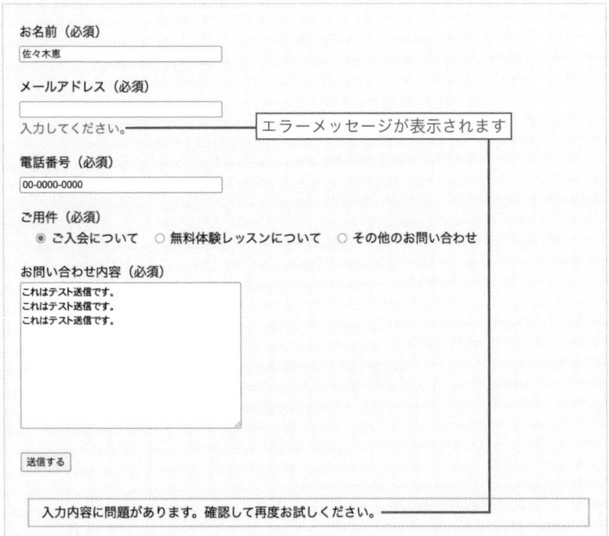

メールを確認する

送信されたメールは、WordPressをインストールした際に設定したメールアドレス宛に届きます。

以下のようなメールが届いているか確認してみましょう。

図6-3-4 お名前、メールアドレス、ご用件、お問い合わせ内容が掲載されたメールが届く

> ソーテック音楽教室 "ご入会について"
>
> **ソーテック音楽教室**
> To info ▾
>
> 差出人: 佐々木恵
> 題名: ご入会について
>
> メッセージ本文:
> これはテスト送信です。
> これはテスト送信です。
> これはテスト送信です。
>
> --
> このメールは ソーテック音楽教室 (http://wp-book.net/2nd) のお問い合わせフォームから送信されました

MEMO

メールが届いていない場合は、メールソフトの「迷惑メール」フォルダを確認しましょう。それでも見つからない場合は、設定したメールアドレスに誤りがある可能性があります。WordPressの管理画面から「設定」>「一般」を開き、メールアドレスを確認してください。

MEMO

レンタルサーバーの試用期間中は、メールの送受信機能が使えない場合があります。レンタルサーバーに本契約してからテスト送信を試みてください。

Webページを公開する前に「プレビュー」を行ったように、テスト送信も必ず行いましょう!

送信メールを設定する

メールフォームから送信されるメールは自由にカスタマイズすることができます。初期設定では電話番号が表示されていないため、送信メールの内容を編集しましょう。

1 フォーム編集画面を開く

「お問い合わせ」>「コンタクトフォーム」を開き、「お問い合わせフォーム」をクリックします。

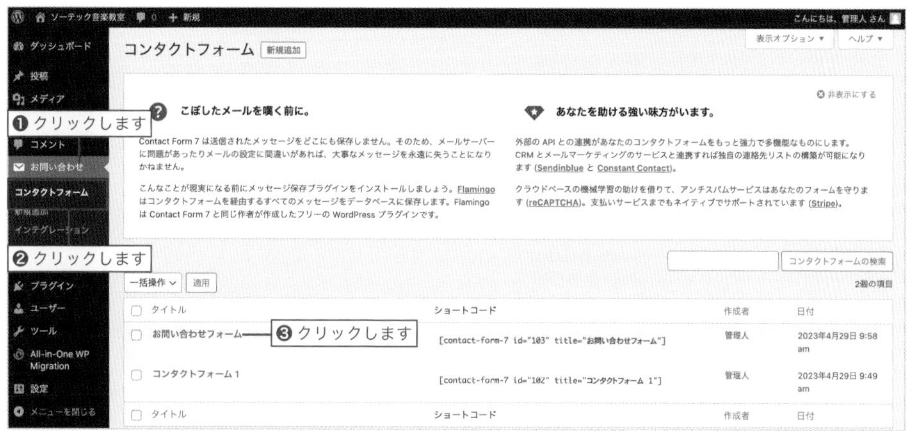

2 メール編集画面を開く

上部のタブから「メール」タブをクリックして開きます。

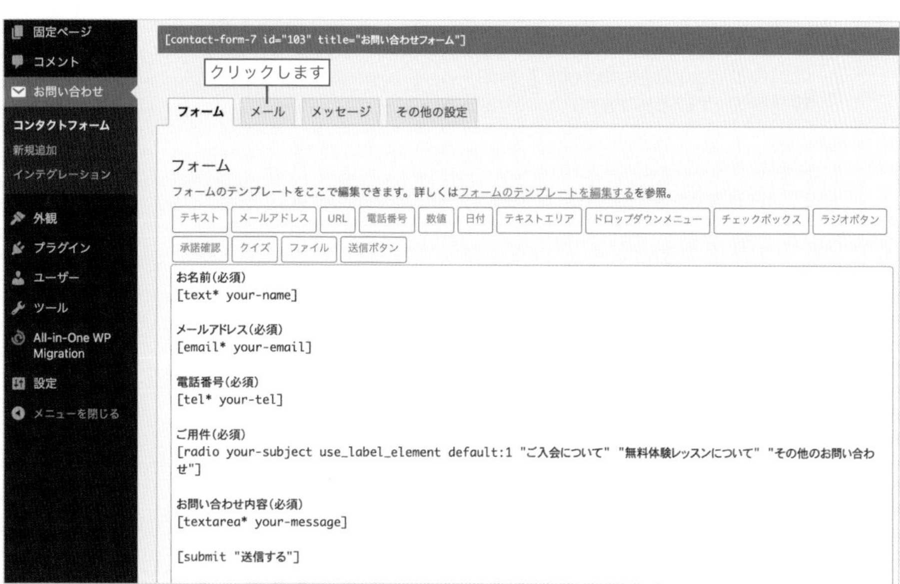

③ メッセージ本文を編集する

メッセージ本文を以下のように編集します。

編集前

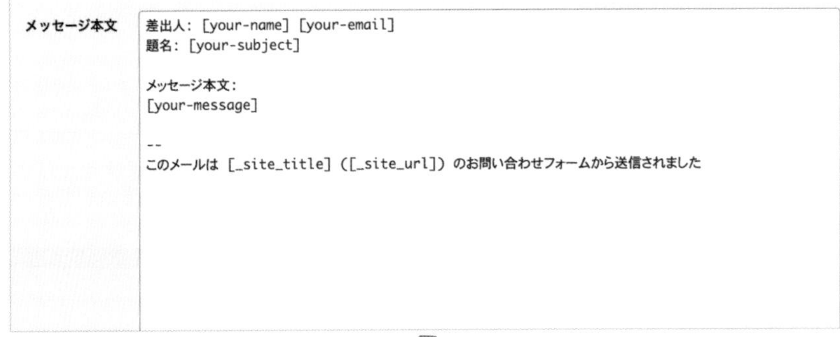

編集後

●メッセージ本文

```
お名前: [your-name] 様 <[your-email]>
ご用件: [your-subject]
電話番号:[your-tel]

お問い合わせ内容:
[your-message]
```

POINT        

メールタグのしくみ

[]で括られているのは、メールフォームを作成したときのタグです。このタグを入力することで、送信者がフォームに入力した内容が表示されるしくみになっています。

例えば、[your-name]には「お名前」のフォームに入力された文字が表示されます。

❹ 保存する

「保存」をクリックします。

MEMO

送信先、送信元、題名などは必要に応じて編集してください。

❺ 再度テスト送信をする

お問い合わせページを再読み込みして、もう一度テスト送信してみましょう。
お名前のあとに「様」がつき、項目名がフォーム名と一致し、電話番号の表示も追加されていることが確認できます。

ソーテック音楽教室 "その他のお問い合わせ"

ソーテック音楽教室
To info ▾

お名前: 佐々木恵 様 < >
ご用件: その他のお問い合わせ
電話番号：00-0000-0000

お問い合わせ内容:
これはテスト送信です。
これはテスト送信です。
これはテスト送信です。

--
このメールは ソーテック音楽教室 (http://wp-book.net/2nd) のお問い合わせフォームから送信されました

内容と設定の確認のために、メール送信のテストは入念に行いましょう!

自動返信メールを設定する

ここまでは管理者宛の送信メールを設定しましたが、送信者にも自動返信メールが届くように設定をしましょう。

① フォーム編集画面を開く

「お問い合わせ」>「コンタクトフォーム」を開き、「お問い合わせフォーム」をクリックします。

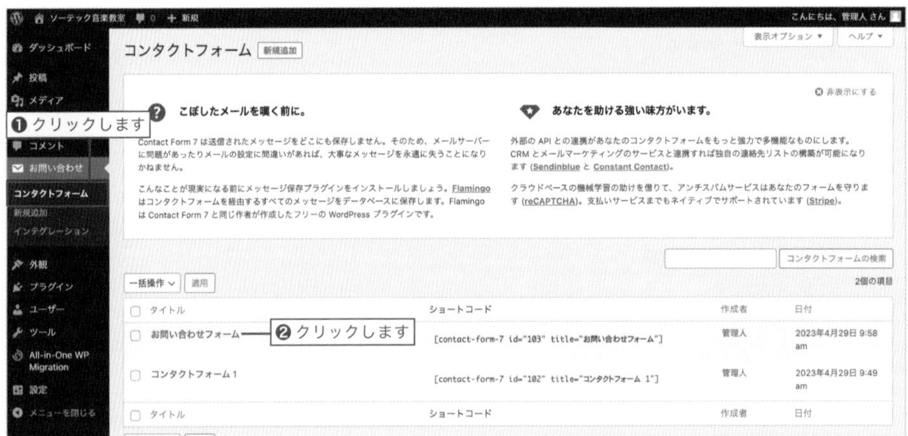

② メール編集画面を開く

上部のタブから「メール」タブをクリックして開きます。

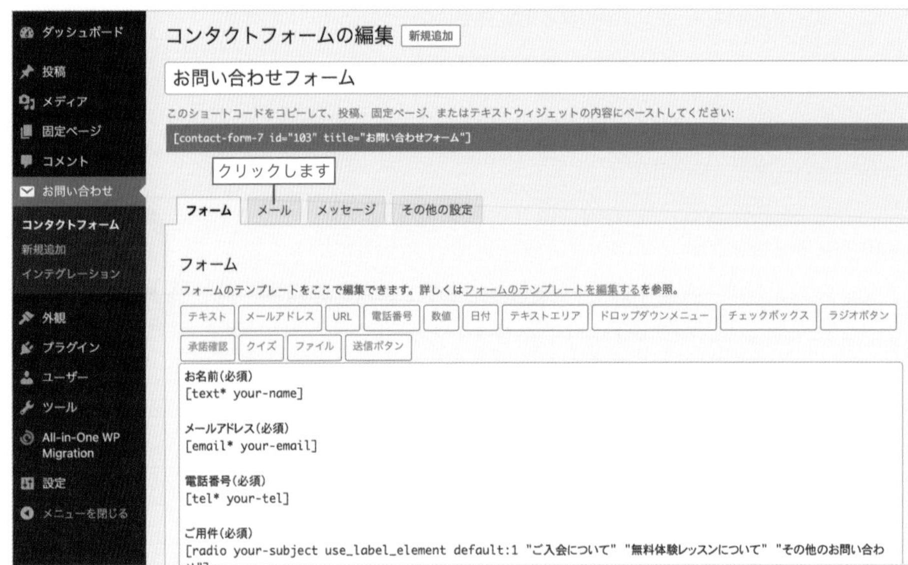

③「メール(2)を使用」にチェックを入れる

ページの下の方にある「メール(2)を使用」にチェックを入れます。

④ メッセージ本文を編集する

メッセージ本文を以下のように編集します。

編集前

編集後

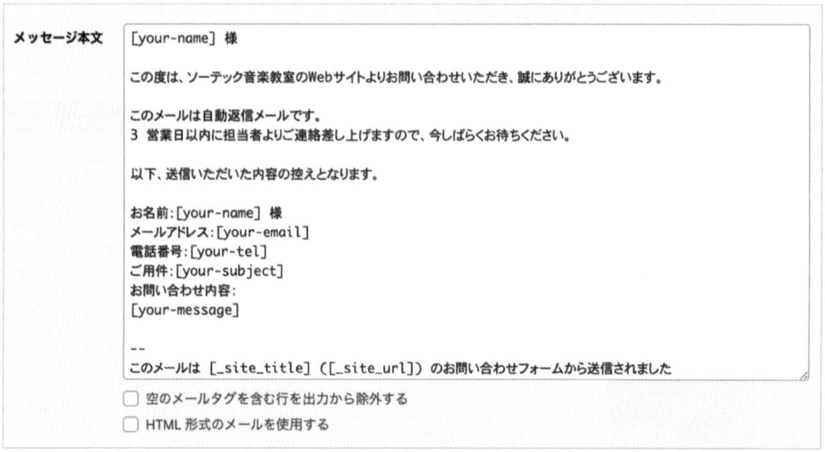

メッセージ本文

```
[your-name] 様

この度は、ソーテック音楽教室のWebサイトよりお問い合わせいただき、誠にありがとうございます。

このメールは自動返信メールです。
3 営業日以内に担当者よりご連絡差し上げますので、今しばらくお待ちください。

以下、送信いただいた内容の控えとなります。

お名前:[your-name] 様
メールアドレス:[your-email]
電話番号:[your-tel]
ご用件:[your-subject]
お問い合わせ内容:
[your-message]

--
このメールは [_site_title] ([_site_url]) のお問い合わせフォームから送信されました
```

☐ 空のメールタグを含む行を出力から除外する
☐ HTML 形式のメールを使用する

●メッセージ本文

```
[your-name] 様

この度は、ソーテック音楽教室のWebサイトよりお問い合わせいただき、誠にありが
とうございます。

このメールは自動返信メールです。
3営業日以内に担当者よりご連絡差し上げますので、今しばらくお待ちください。

以下、送信いただいた内容の控えとなります。

お名前：[your-name] 様
メールアドレス：[your-email]
電話番号：[your-tel]
ご用件：[your-subject]
お問い合わせ内容：
[your-message]
```

5 保存する

「保存」をクリックします。

MEMO

送信先、送信元、題名などは必要に応じて編集してください。

6 再度テスト送信をする

お問い合わせページを再読み込みして、もう一度テスト送信してみましょう。
管理者宛と送信者宛の2通のメールが確認できます。

ソーテック音楽教室 "無料体験レッスンについて"

ソーテック音楽教室
To info ▾

佐々木恵 様

この度は、ソーテック音楽教室のWeb サイトよりお問い合わせいただき、誠にありがとうございます。

このメールは自動返信メールです。
3 営業日以内に担当者よりご連絡差し上げますので、今しばらくお待ちください。

以下、送信いただいた内容の控えとなります。

お名前：佐々木恵 様
メールアドレス：
電話番号：00-0000-0000
ご用件：無料体験レッスンについて
お問い合わせ内容：
これはテスト送信です。
これはテスト送信です。
これはテスト送信です。

--
このメールは ソーテック音楽教室 (http://wp-book.net/2nd) のお問い合わせフォームから送信されました

Lesson 6-4

個人情報の取り扱いについて明記する

プライバシーポリシーのページを作成する

Webサイトにメールフォームやアクセス解析を設置するなど、閲覧者の個人情報を収集する機能がある場合は、個人情報保護方針を掲載しておきましょう。

サイトの分析等でサイト訪問者の個人情報を取り扱うことがあります。問題にならないように、「プライバシーポリシー」を規定し、サイトに掲載しておきましょう。

閲覧者とのトラブルを避けるためにも、ポリシーを作成し、サイトに掲載しておきますね。

プライバシーポリシーとは

「**プライバシーポリシー**」とは、Webサイトから収集した個人情報の取り扱いについて明文化したものです。

プライバシーポリシーの掲載は法律上の義務ではありませんが、できるだけ明記しておくほうが望ましいです。個人情報の取り扱いについて考える、よい機会にもなるでしょう。

個人情報保護方針は各企業によって定めるべきものであるため、本書では具体的な文例については触れませんが、以下のような項目について掲載するのが一般的です。

自社で内容の判断が難しい場合は、弁護士への相談を検討してみましょう。

プライバシーポリシーに掲載する一般的な項目

- 個人情報の取得方法
- 個人情報の利用目的
- 個人情報の管理方法
- 個人情報の共同利用について
- 個人情報の第三者提供について
- 個人情報の開示、訂正等について
- 個人情報の取扱いに関する連絡先

プライバシーポリシーのページを作成する

WordPressをインストールすると、プライバシーポリシー用の固定ページが下書き状態で自動生成されます。プライバシーポリシーを掲載する場合は、このページを編集して公開しましょう。

1 編集画面を開く

「固定ページ」>「固定ページ一覧」を開き、「プライバシーポリシー」をクリックします。

2 内容を編集する

編集画面を開くと掲載例があらかじめ入力されているため、企業やWebサイトの内容に合わせて編集します。

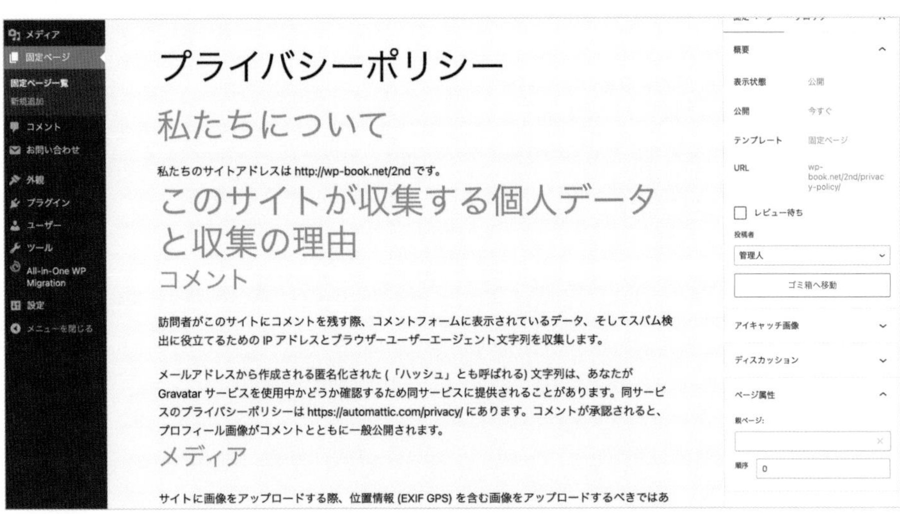

③ 公開する

内容が完成したら「公開」をクリックし、ページを確認しましょう。

ソーテック音楽教室
お問い合わせ お知らせ よくあるご質問 トップページ プライバシーポリシー レッスン内容 入会の流れ 教室案内
プライバシーポリシー
私たちについて
私たちのサイトアドレスは http://wp-book.net/2nd です。
このサイトが収集する個人データと収集の理由
コメント
訪問者がこのサイトにコメントを残す際、コメントフォームに表示されているデータ、そしてスパム検出に役立てるための IP アドレスとブラウザーユーザーエージェント文字列を収集します。
メールアドレスから作成される匿名化された (「ハッシュ」とも呼ばれる) 文字列は、あなたが Gravatar サービスを使用中かどうか確認するため同サービスに提供されることがあります。同サービスのプライバシーポリシーは https://automattic.com/privacy/ にあります。コメントが承認されると、プロフィール画像がコメントとともに一般公開されます。
メディア
サイトに画像をアップロードする際、位置情報 (EXIF GPS) を含む画像をアップロードするべきではありません。サイトの訪問者は、サイトから画像をダウンロードして位置データを抽出することができます。
お問い合わせフォーム
Cookie

MEMO

プライバシーポリシーは表面的に記載するだけでなく、その内容を遵守することが大切です。記載されている内容が守られていない場合、トラブルになるケースもあるため注意しましょう。

Chapter 7

トップページを仕上げよう

Webサイトの顔となるトップページの構成を具体的な作り方とともに解説します。

Lesson 7-1

トップページの役割って？

トップページの構成を考えよう

Webサイトのトップページは、雑誌に例えると表紙と目次のような役割があります。どんな人をターゲットとしているのかが伝わり、見てほしいページに誘導できる構成にしましょう。

いよいよトップページですね！
早く作りたくてうずうずしていました。

そうですよね。トップページから作りたくなる気持ちはよくわかります。本節では、最後に作る理由と構成について説明しますね。

トップページを最後に作る理由

Webサイトを作り始めるとき、多くの人がWebサイトの顔となるトップページから手を付けたくなるものです。しかし、他のページを作成してから最後にトップページを仕上げたほうが構成を考えやすく、他のページへのリンクを貼り付ける際にもURLが決まっているため手戻りが少ないというメリットがあります。

一般的なトップページの構成

お店や企業のWebサイトにおけるトップページでは、どんな商品やサービスを提供しているのかを直感的に伝え、閲覧者が必要としている情報にうまく誘導できることが重要です。具体的には以下のような内容を掲載するのが一般的です。

サンプルサイトも同様にトップページを作成していきます。

スライドショーや大きなイメージ画像

お店のWebサイトであれば店内や商品の画像を使ってお店のイメージを伝えたり、企業であれば事業内容を表す画像やキャッチコピーなどを掲載します。

PR文

お店のコンセプトや企業としての強みなどを、わかりやすい見出しと短くまとめた文章で掲載します。

主要ページへのリンク

商品やサービス、事業内容などといった主要ページへのリンクを掲載します。

新着情報

お知らせや活動報告などの新着情報を掲載します。

図7-1-1 一般的なトップページの構成（左：PC表示、右：スマートフォン表示）

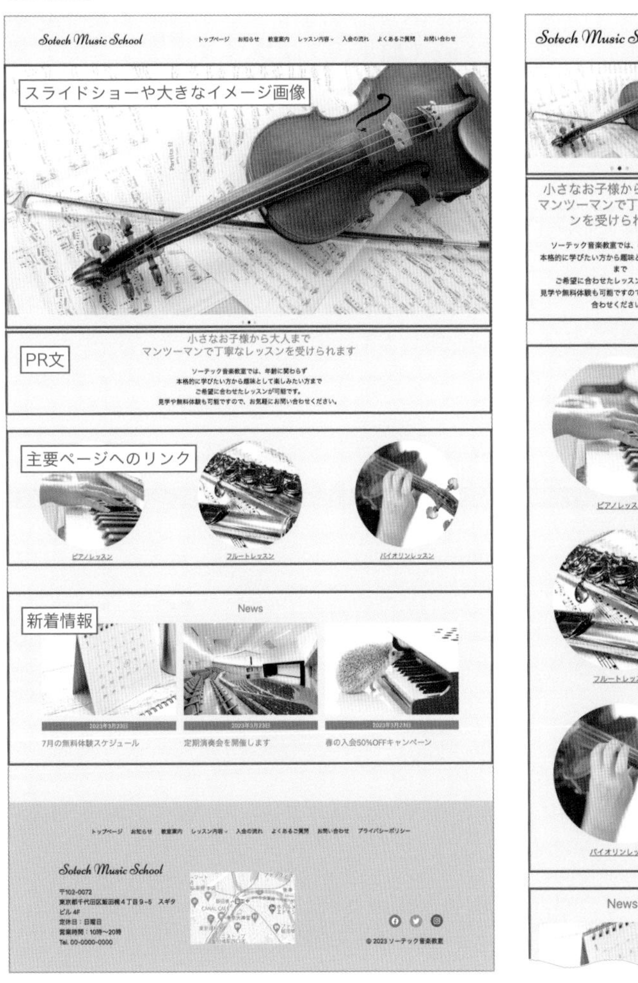

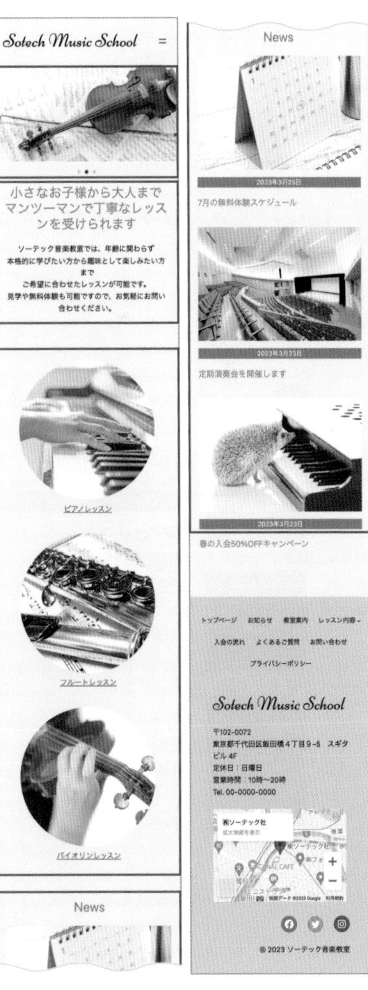

Lesson 7-2

Webサイトの第一印象を左右する

スライドショーを設置する

トップページの中でもスクロールせずに目に入る部分を「ファーストビュー」と呼び、第一印象を左右する大切な部分となります。ここにはWebサイトのイメージを伝えるスライドショーを設置しましょう。

最初に大きな画像が目に入ると印象的ですよね！
でも、スライドショーの設置って難しそうなイメージです…。

安心してください。プラグインを使えば、
スライドショーも簡単に作成できます！

トップページにスライドショーを設置する

Lesson 5-4 でインストールした「Snow Monkey Blocks」の「スライダー」ブロックを使ってスライドショーをトップページに設置します。

❶ トップページの編集画面を開く

「固定ページ」>「固定ページ一覧」を開き、「トップページ」をクリックします。

MEMO

Lesson 5-1 で仮に入力したダミーのテキストは削除しましょう。

❷「スライダー」ブロックを追加する

＋をクリックして「スライダー」ブロックを選択します。

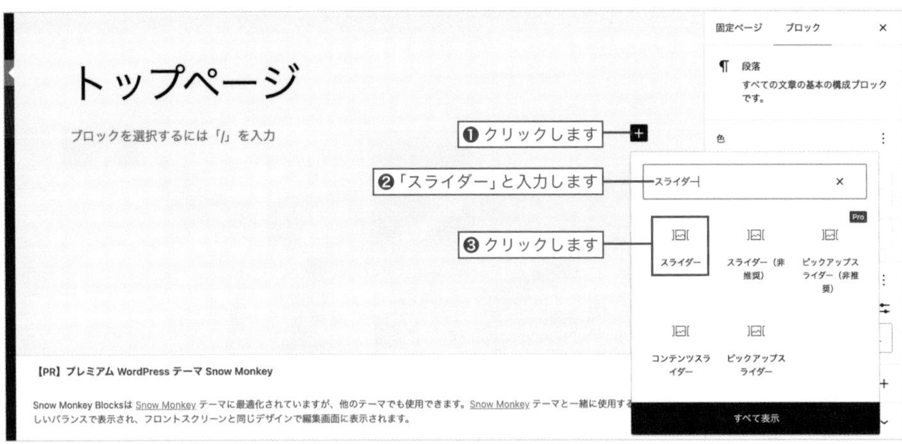

❸画像をアップロードする

「メディアライブラリ」をクリックします。「ファイルをアップロード」タブを開いて、「ファイルを選択」をクリックし、画像素材の「004.jpg」～「006.jpg」をアップロードします。

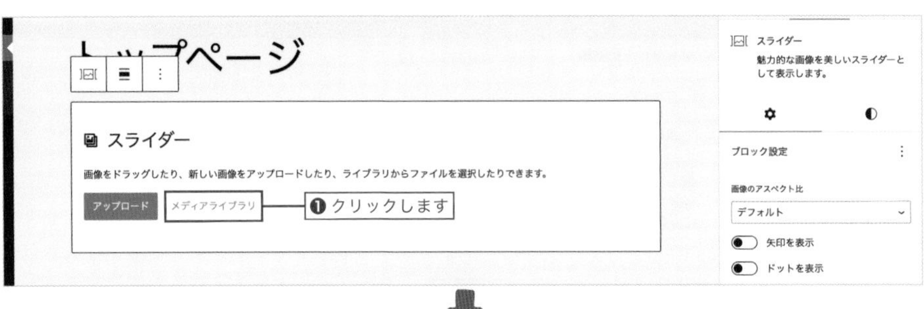

④ ギャラリーを作成する

画像がアップロードできたら、「ギャラリーを作成」をクリックします。

⑤ 表示順を設定して挿入する

画像の表示順をドラッグ＆ドロップで設定して、「ギャラリーを挿入」をクリックします。

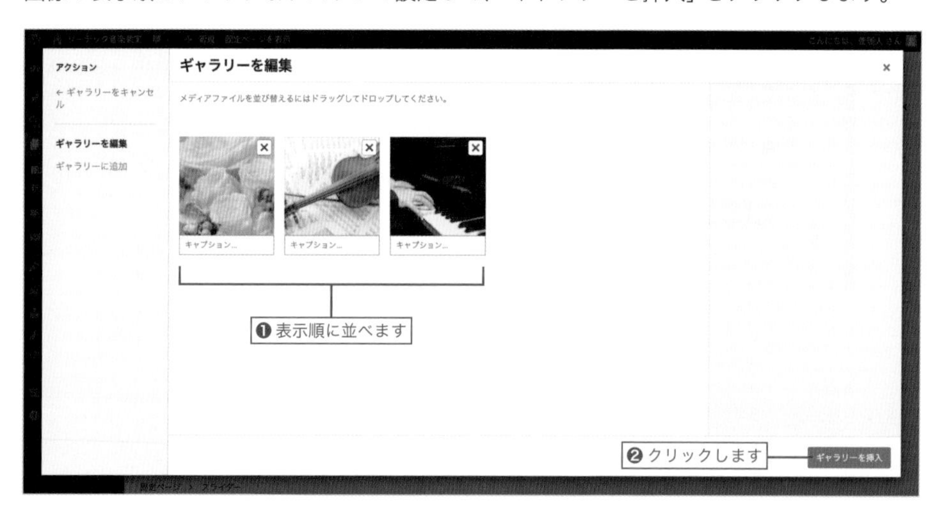

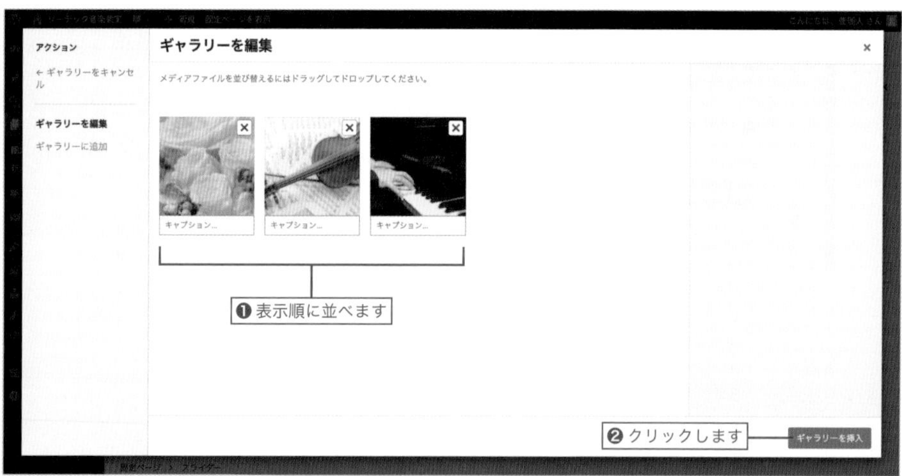

❻ 配置を全幅にする

スライドショーを画面いっぱいに表示させるため、ツールバーの配置から「全幅」を選択します。

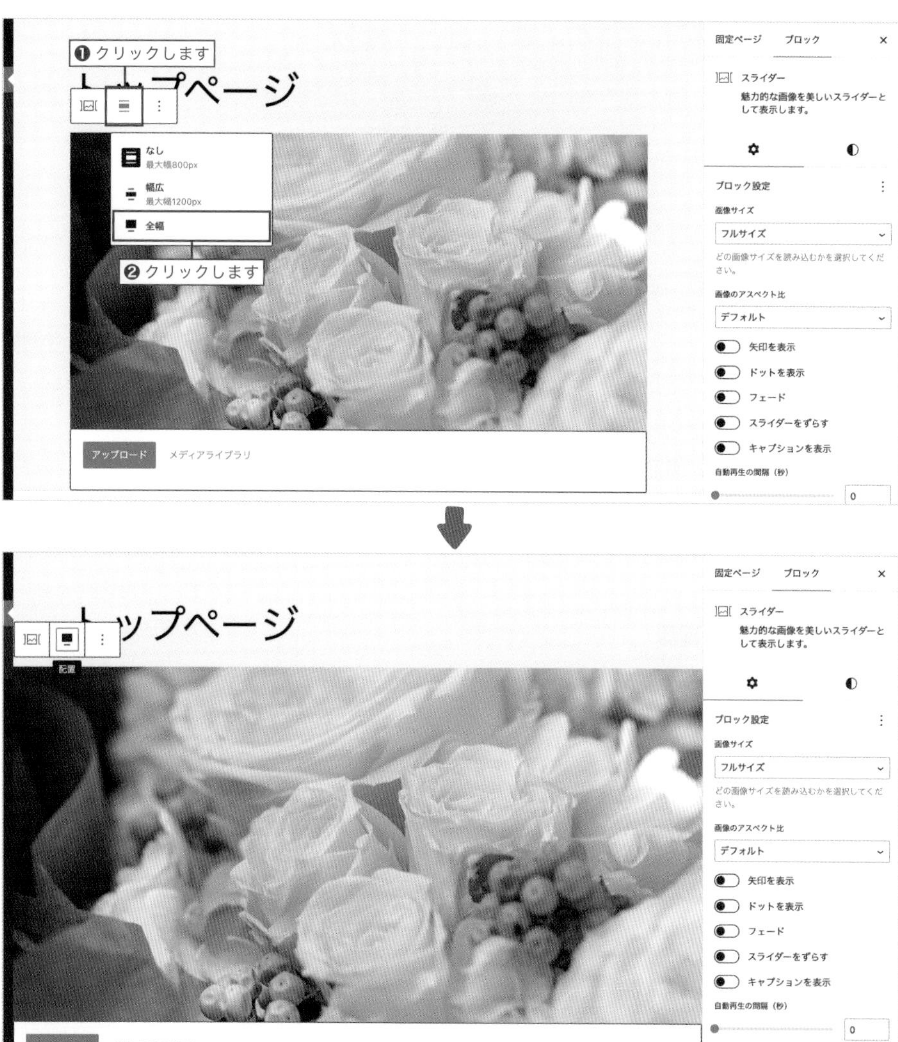

❼ スライドショーの設定をする

画面右の設定パネルから「矢印を表示」「ドットを表示」「フェード」にチェックを入れ、自動再生の間隔を4秒に設定します。

MEMO

初期状態では画像が左右にスライドして切り替わりますが、「フェード」にチェックを入れると画像がふわっと切り替わるアニメーションになります。

❽ 更新して確認

「更新」をクリックして、トップページを表示してみましょう。
画面幅いっぱいにスライドショーが表示されていることが確認できます。

Lesson 7-3

ブロックエディターでレイアウトも簡単

トップページのコンテンツを作成する

スライドショーの下にトップページのコンテンツを作成し、新着の表示設定をしましょう。

スライドショーを設置したら、一気にトップページらしくなってきました!

あとはブロックエディターを活用してレイアウトしていきましょう。トップページの完成まであと少しです!

PR文を掲載する

「見出し」ブロックと「段落」ブロックを使って、音楽教室のPR文を掲載します。

1 見出しを追加する

トップページのスライドショーの下に「見出し」ブロックを追加して見出し文を入力し、中央寄せに配置します。

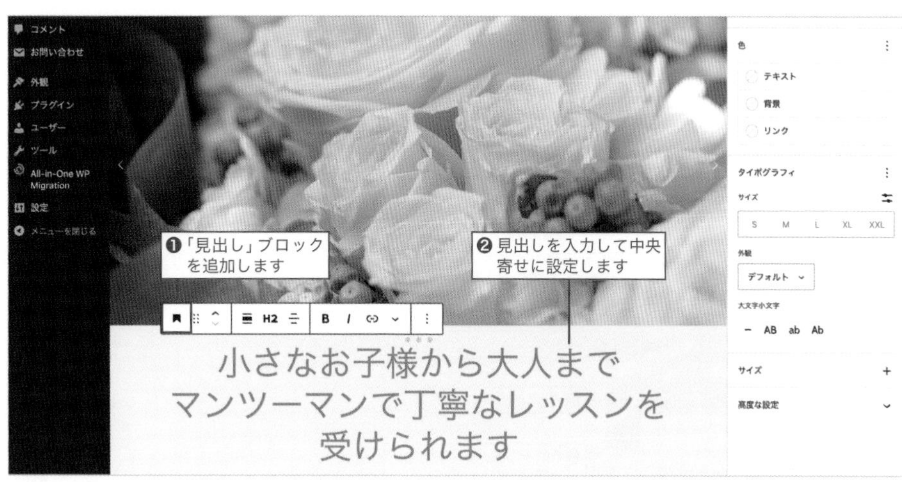

❷「段落」ブロックを追加する

「段落」ブロックを追加してPR文を入力し、中央寄せに配置します。

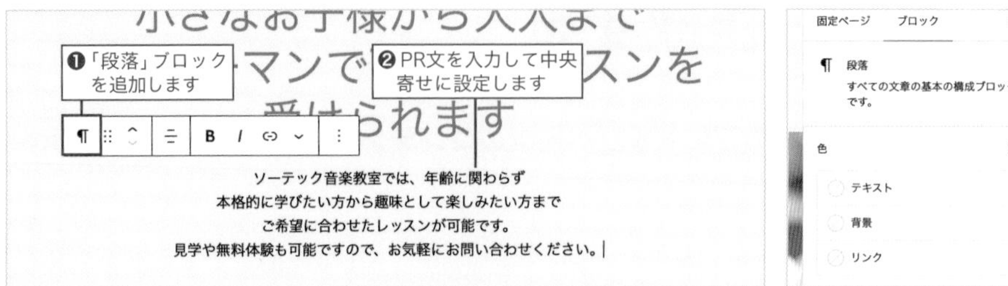

主要ページへのリンクを掲載する

「カラム」ブロックと「画像」ブロックを使って、主要ページへのリンクを設置します。

❶「カラム」ブロックを追加する

「カラム」ブロックを追加して配置から「幅広」を選択し、「3カラム：均等割 (33 / 33 / 33)」を選択します。

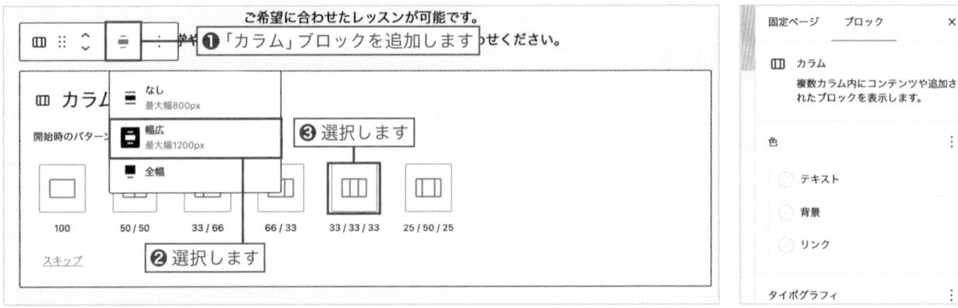

❷画像を追加する

カラムの中に「画像」ブロックを追加して画像素材の「007.jpg」を挿入し、ツールバーから「キャプションを追加」をクリックします。

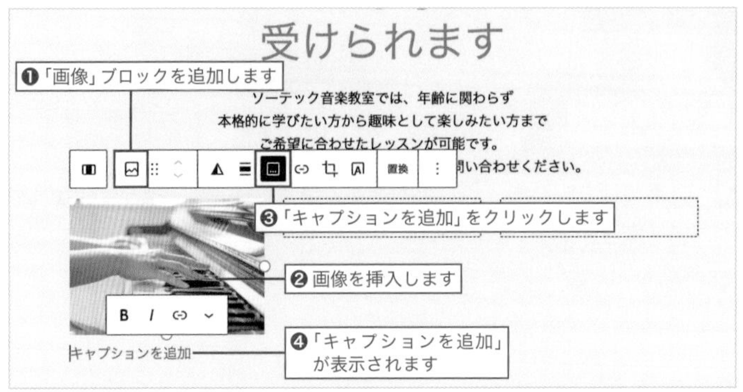

❸ キャプションを入力して配置を設定する

キャプションに「ピアノレッスン」と入力して、配置を「中央寄せ」にします。

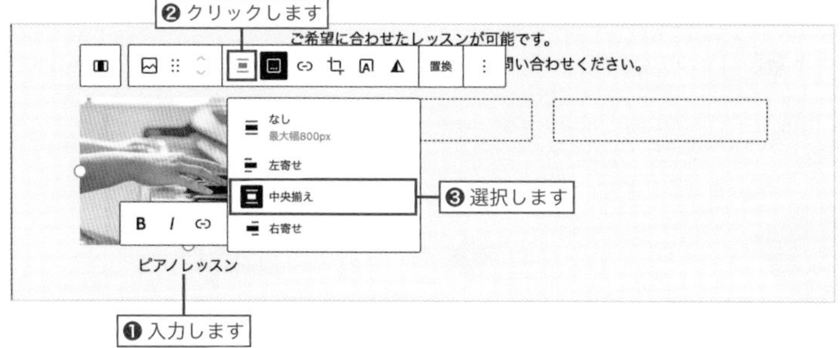

❹ 画像のスタイルを設定する

画像を選択した状態で、画面右のサイドバーの「ブロック」タブの「画像サイズ」から「中」を選択します。次に「スタイル」タブ◐を開いて、「角丸」を選択します。

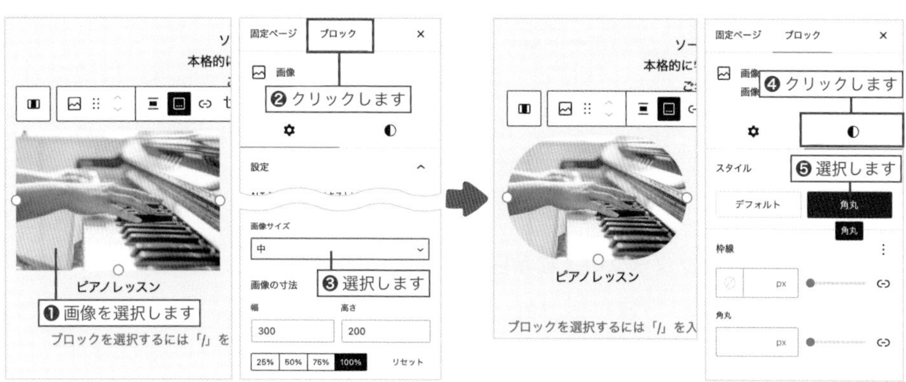

画像上部のツールバーから「切り抜き」をクリックして「縦横比」をクリックし、「正方形」を選択して「適用」をクリックします。

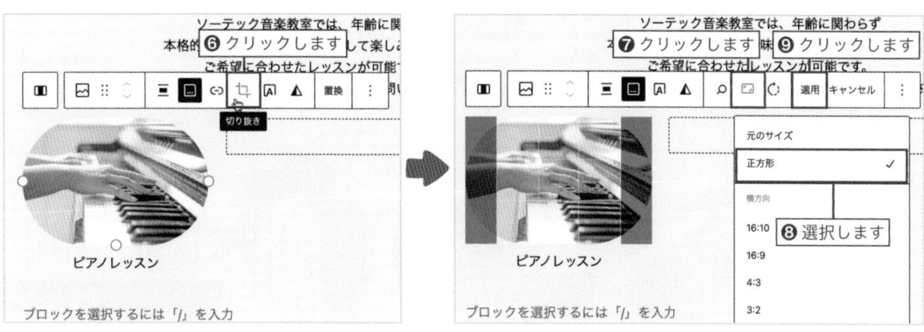

Lesson 7-3
トップページのコンテンツを作成する

5 リンクを設定する

画像とキャプションを選択し、それぞれにピアノレッスンページへのリンクを設定します。

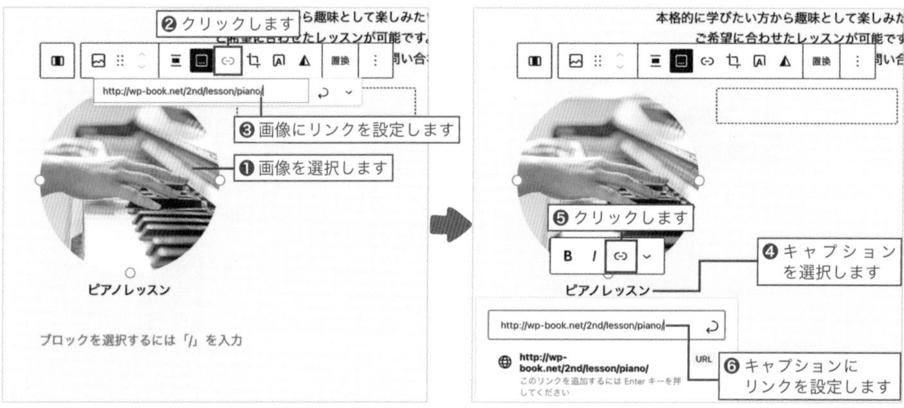

6 繰り返し追加する

❷～❺を繰り返し、以下のとおり「画像」ブロックを追加します。

画像	キャプション	配置	スタイル	リンク先
008.jpg	フルートレッスン	中央寄せ	角丸	フルートレッスンのページURL
009.jpg	バイオリンレッスン	中央寄せ	角丸	バイオリンレッスンのページURL

7 「カラム」ブロックの上に余白を設ける

PR文と「カラム」ブロックの間に余白を設けるため、「カラム」ブロックの上に「スペーサー」ブロックを追加します。画面右のサイドバーから高さを50pxに設定します。

MEMO

ブロックの前後に余白を設けたいときは、スペーサーブロックを使うと便利です。

❽ 更新する

「更新」をクリックして、変更を保存します。

投稿の新着を表示させる

「クエリーループ」ブロックを使って、お知らせ投稿の新着を表示させましょう。

1 見出しを追加する

「見出し」ブロックを追加して「News」と入力し、中央寄せに配置します。

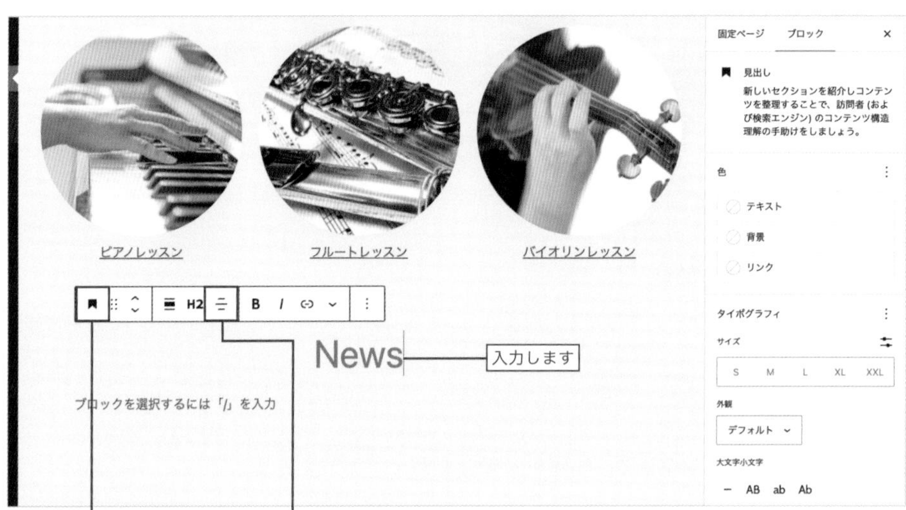

「見出し」ブロックを追加します　文字を中央寄せにします

2「クエリーループ」ブロックを追加する

「クエリーループ」ブロックを追加して配置から「幅広」を選択し、「新規」をクリックします。

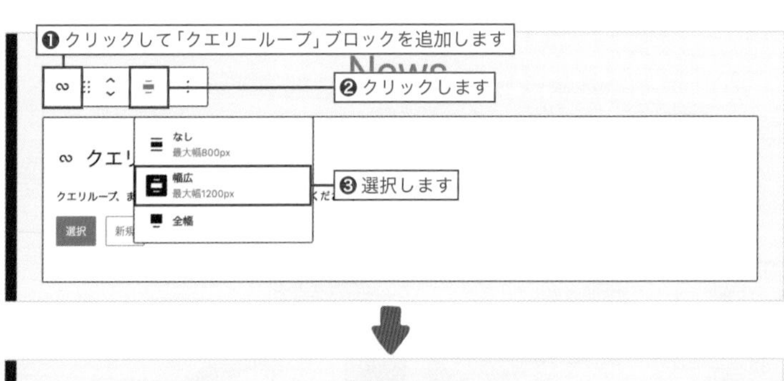

❸ パターンを選択する

「画像、日付、タイトル」を選択します。

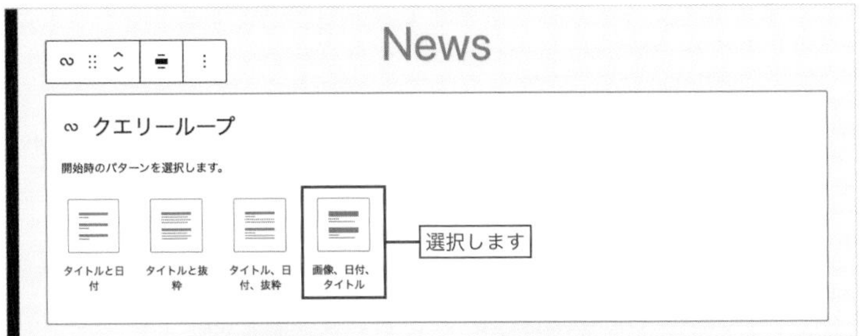

❹ グリッド表示を選択する

ツールバーから「グリッド表示」を選択します。

❺ アイキャッチ画像を設定する

アイキャッチ画像に投稿へのリンクを貼るため、アイキャッチ画像を選択し、画面右側の設定パネルで「投稿へのリンク」にチェックを入れます。

MEMO

クエリーループでは、ひとつの設定がほかの投稿にも反映されます。例えば、上記で行ったアイキャッチ画像へのリンク設定は、ほかのアイキャッチ画像にも自動で適用されます。

❻ 日付のスタイルを設定する

投稿日を選択し、テキストの配置を中央寄せにします。次に、画面右のサイドバーにある「スタイル」タブ◐を開き、テキストは「白」、背景は「メイン」を選択します。

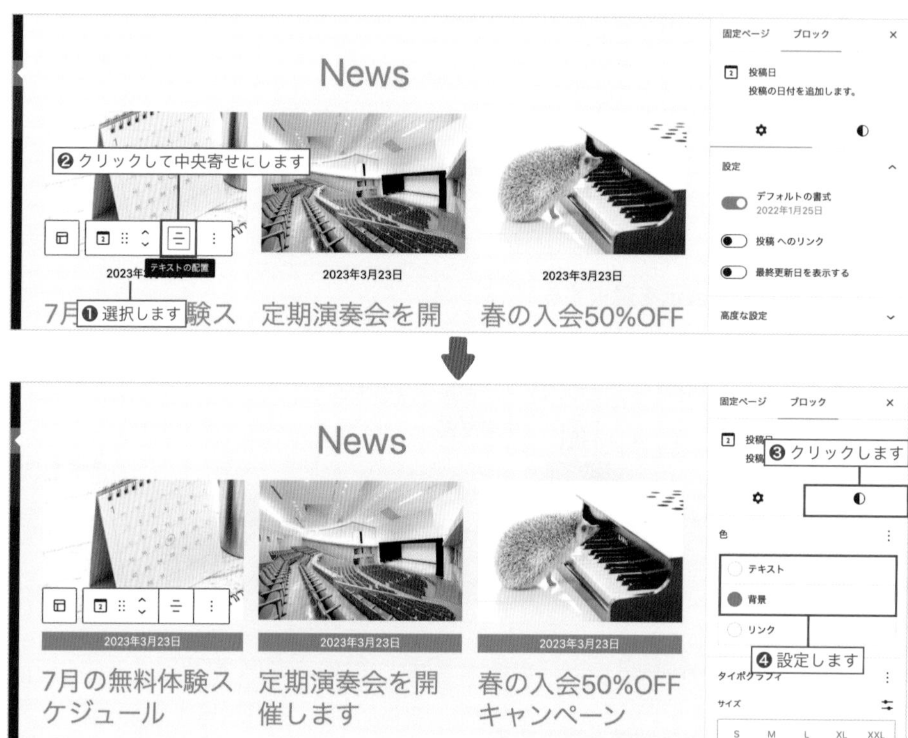

❼ 投稿タイトルのスタイルを設定する

投稿タイトルを選択し、見出しレベルを「H3」に設定します。次に、画面右のサイドバーにある「スタイル」タブ◐を開き、「タイポグラフィ」の「サイズプリセットを使用」アイコンをクリックし、サイズを「1.5rem」に設定します。

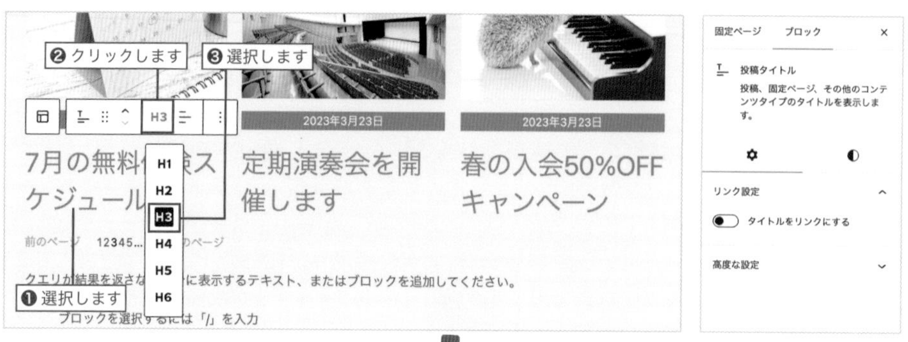

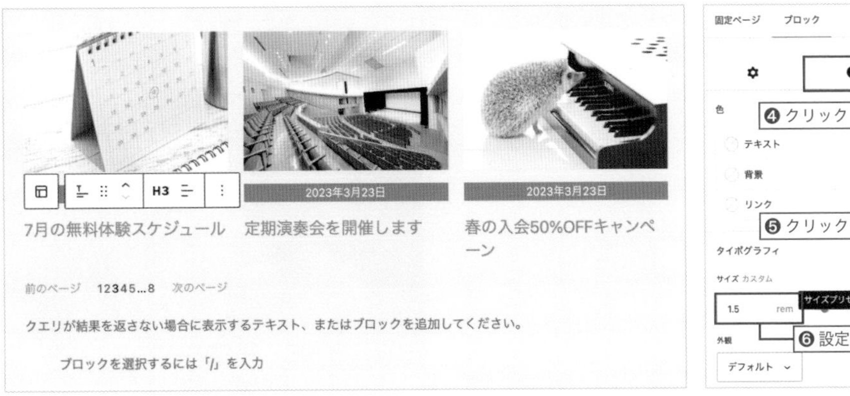

❽ ページ送りを削除する

ここではページ送りを表示させないため、ページ送りを選択してツールバーから ⋮ をクリックし、「ページ送りを削除」をクリックします。

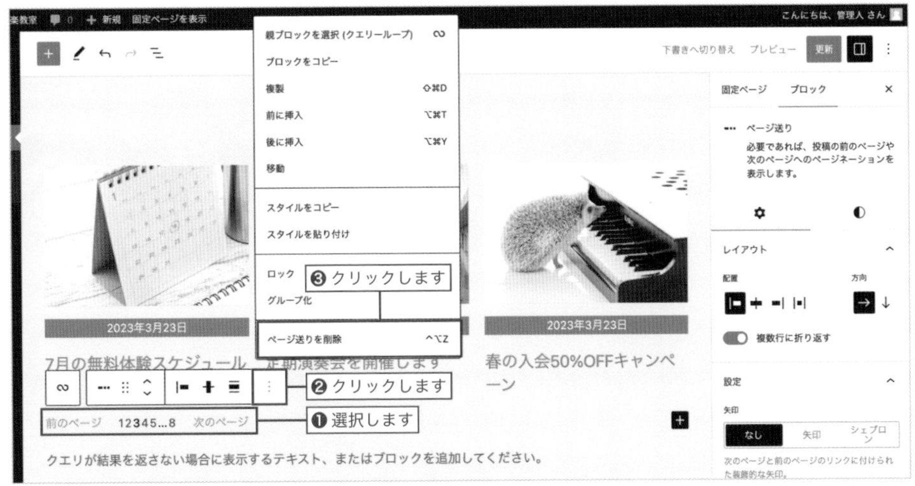

MEMO

ページ送りとは、投稿がたくさんある場合に古い投稿を表示させるためのナビゲーションリンクのことです。

❾ 更新して確認する

「更新」をクリックして、トップページを確認しましょう。

POINT 

「クエリーループ」ブロックはさまざまな表示設定が可能

詳しい解説は割愛しますが、「クエリーループ」ブロックを使うと、投稿の表示数を設定したり、特定のカテゴリーのみに絞り込んで表示させたりすることができます。

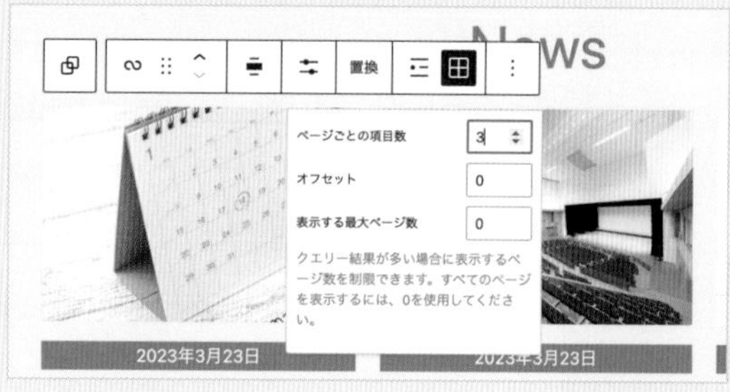

Chapter 8

サイトエディターでサイト全体を整えよう

サイトエディターを使って共通パーツやデザインを整え、サイト全体を仕上げていきましょう。

Lesson 8-1

サイトにとって重要なパーツ

ヘッダーにロゴやメニューを設定する

サイトの上部に表示される部分を「ヘッダー」といい、一般的にはサイト名やロゴ、ナビゲーションメニューが配置されています。ヘッダーはサイトの印象や使いやすさにも影響する重要なパーツです。本節では、テンプレートパーツを使ってヘッダーを設定しましょう。

ページの中身の編集方法はわかりましたが、サイトのロゴやメニューの並び順はどこで設定できるのですか?

サイトエディターのテンプレートパーツから設定可能です。ブロックエディターと同じように編集することができますよ。

テンプレートパーツとは

テンプレートパーツとは、サイトの上部である「ヘッダー」や下部である「フッター」のように、サイト全体または複数のページに共通表示させるパーツを管理するためのものです。テンプレートパーツを編集すると、そのパーツを使用しているすべてのページに変更が反映されるため、とても便利な機能です。

WordPress 5.8以前は、PHPやHTMLなどの知識がないとテンプレートパーツを編集するのは難しかったのですが、WordPress 5.9から実装された**フルサイト編集機能**では、テンプレートパーツもブロックエディターと同じように直感的に編集できるようになりました。

本節と次節でテンプレートパーツの仕組みを理解して、使いこなせるようになりましょう。

図8-1-1 「ヘッダー」や「フッター」はテンプレートパーツ

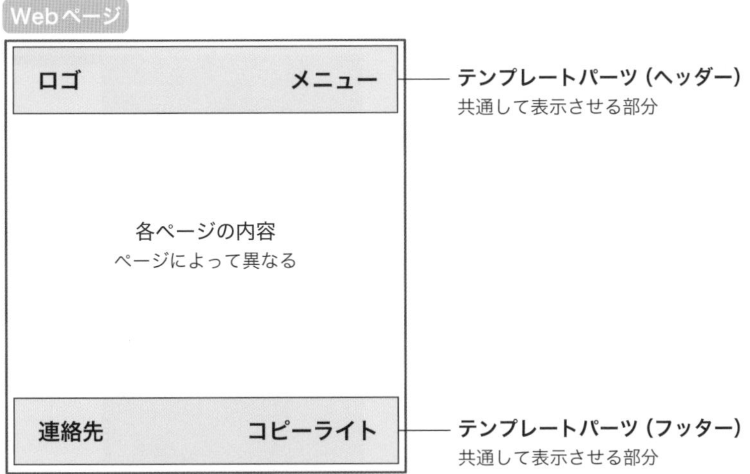

ヘッダーにロゴ画像を設定する

ヘッダーテンプレートパーツを編集して、ヘッダーのサイト名が表示されている部分をロゴ画像に変更します。

サイト名はテキストのままでも十分ですが、ロゴ画像のほうが印象に残りやすくブランディング効果が期待できます。

1 エディターを開く

管理画面の「外観」＞「エディター」を開きます。

2 ヘッダーテンプレートパーツを開く

「パターン」をクリックし、「ヘッダー」から「ヘッダー」をクリックします。

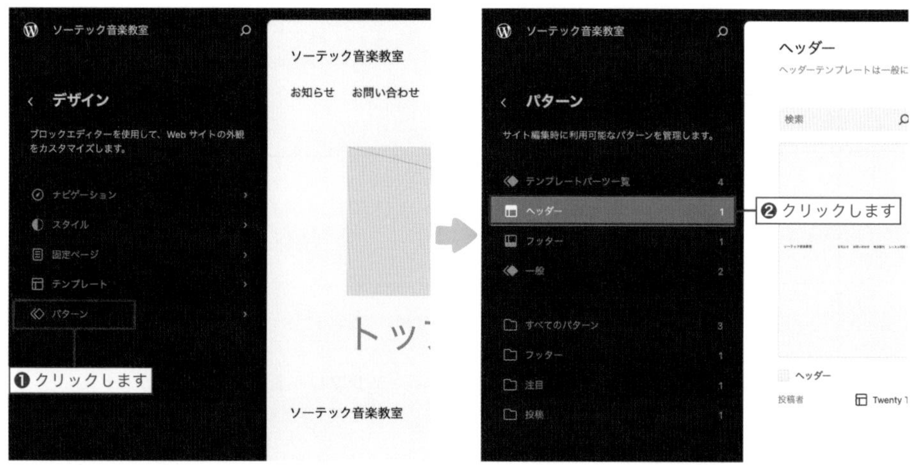

3 サイトのタイトルを選択する

サイトのタイトルをクリックして選択します。

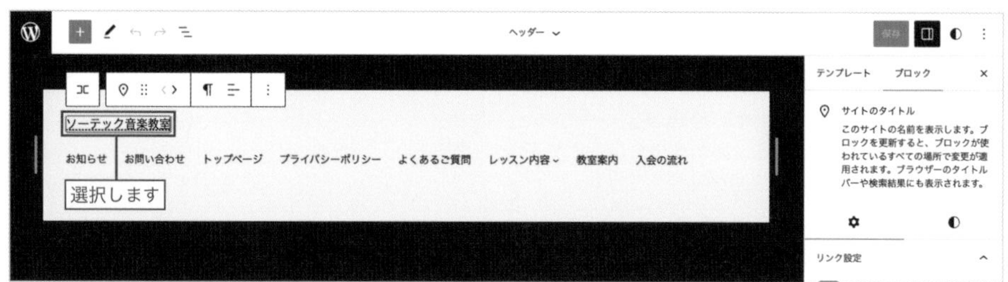

4 サイトロゴを選択する

ツールバーから「サイトのタイトル」アイコンをクリックして、「サイトロゴ」をクリックします。

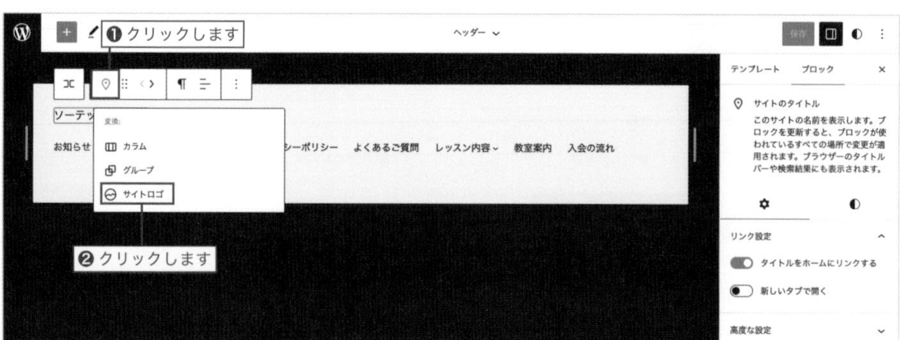

5 ロゴ画像を設定する

「サイトロゴを追加」ボタンをクリックして、「ファイルをアップロード」タブを選択し、画像素材の「logo.png」をアップロードして「選択」ボタンをクリックします。

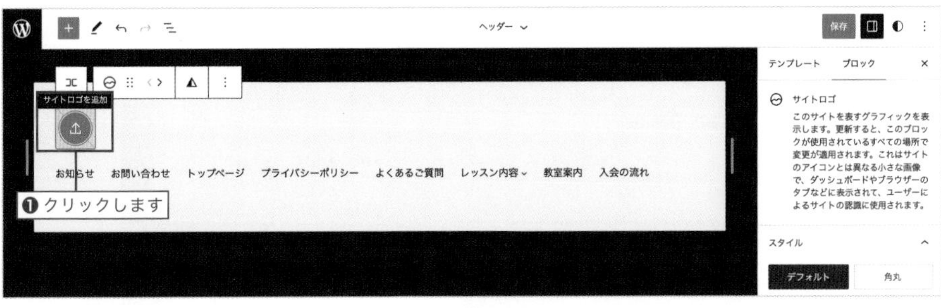

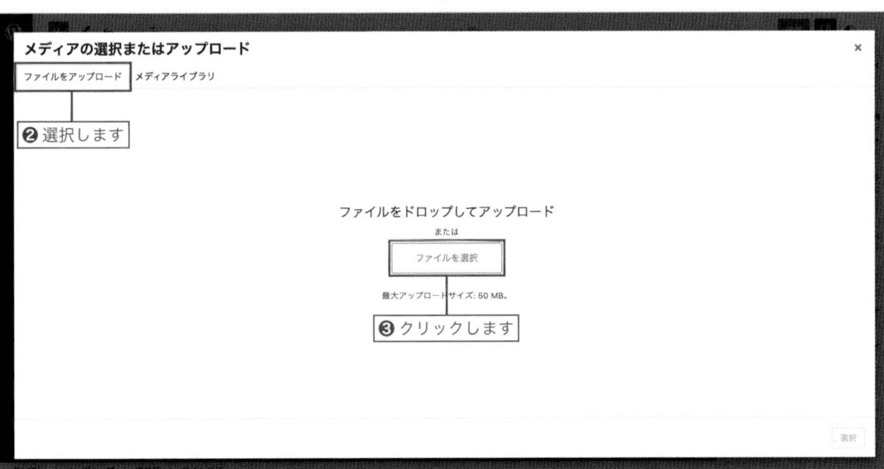

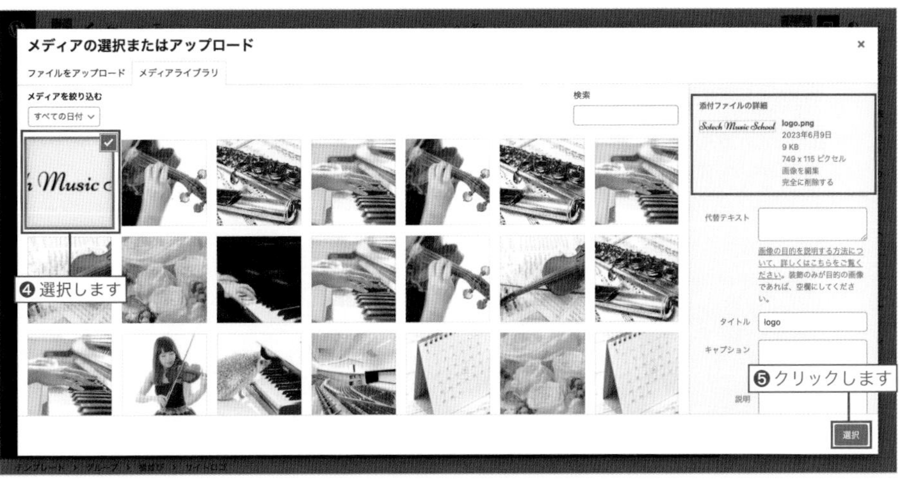

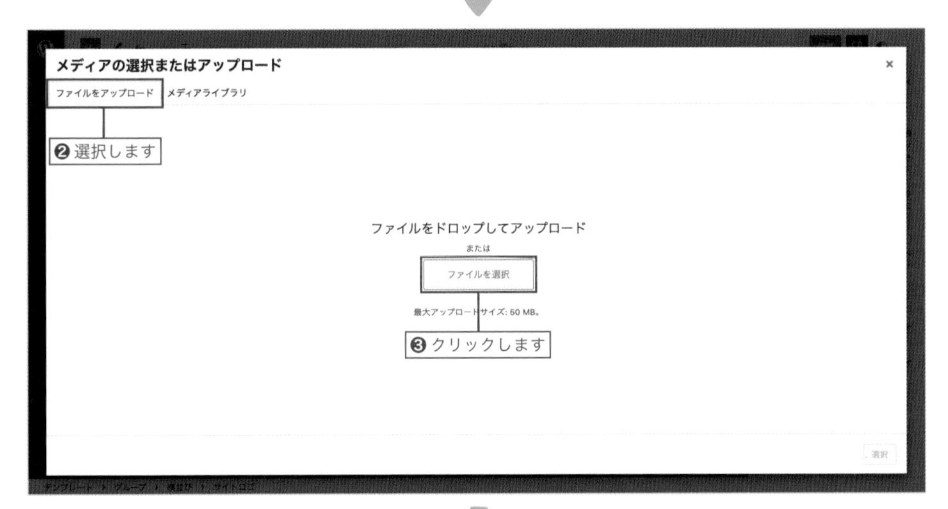

❻ サイズを調整する

ロゴ画像のサイズを調整するため、画面右の設定パネルにある「画像の幅」を「300」に設定します。

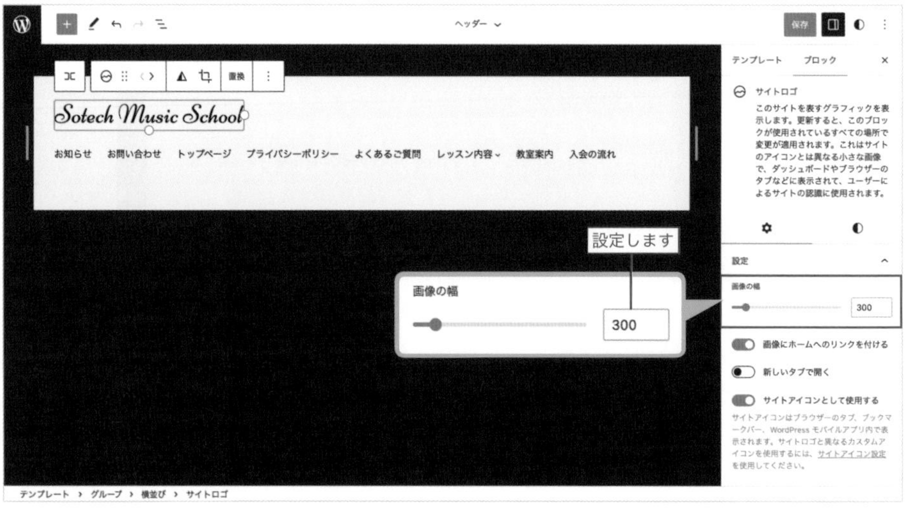

❼ 保存する

「保存」をクリックし、もう一度「保存」をクリックして設定を保存します。

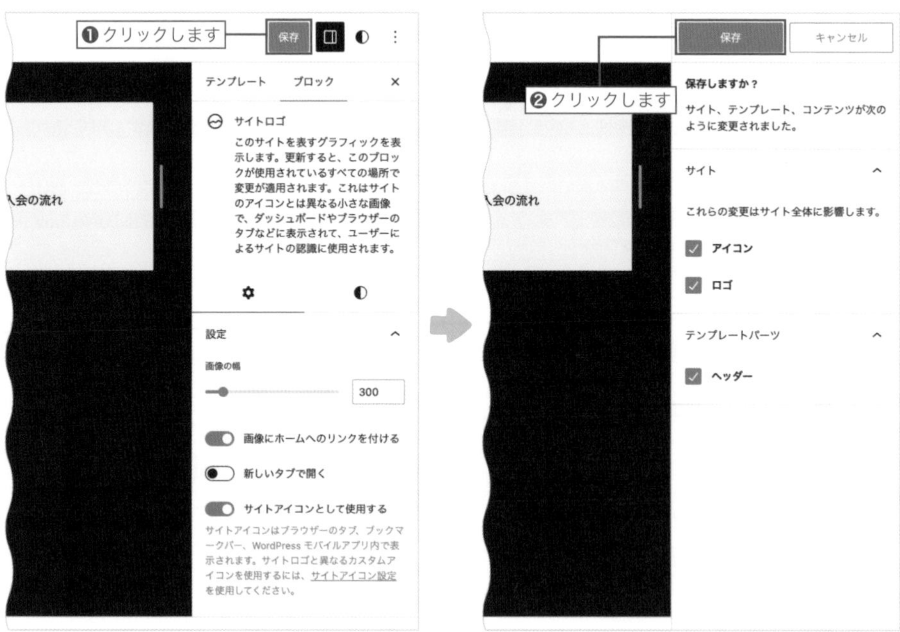

8 サイトを確認する

サイトを表示すると、すべてのページのヘッダーにロゴ画像が表示されていることがわかります。

サイトアイコンを設定する

「**サイトアイコン**」とは、**ファビコン**（favicon）とも呼ばれ、ブラウザのタブに表示されるアイコンのことです。WordPressの初期状態では、サイトアイコンがWordPressのロゴマークである「W」に設定されているため、オリジナルのアイコンに変更しましょう。

MEMO

サイトアイコンはブックマークや検索結果にも表示され、意外とサイトを見る人の目につきやすいものです。

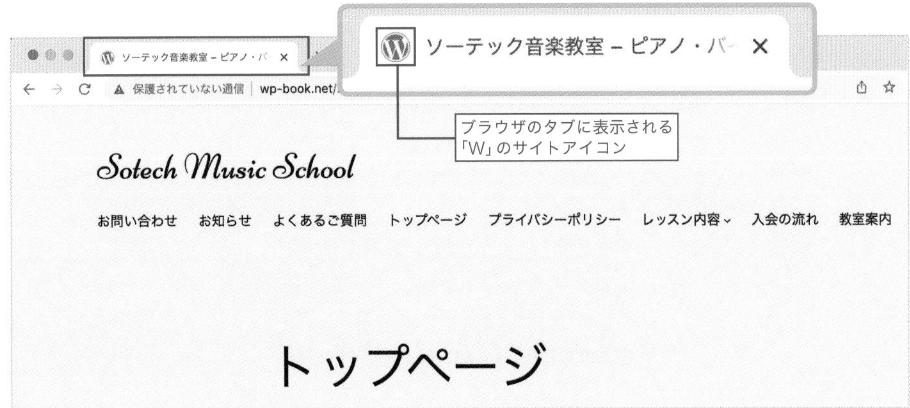

❶ サイトロゴを選択する

サイトのロゴ画像を設定した画面に戻り、サイトロゴを選択します。

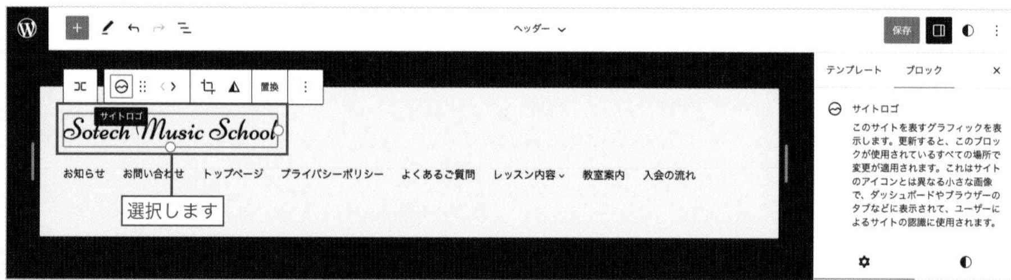

❷ サイトアイコンとして使用するチェックを外す

画面右の設定パネルにある「サイトアイコンとして使用する」のチェックを外します。

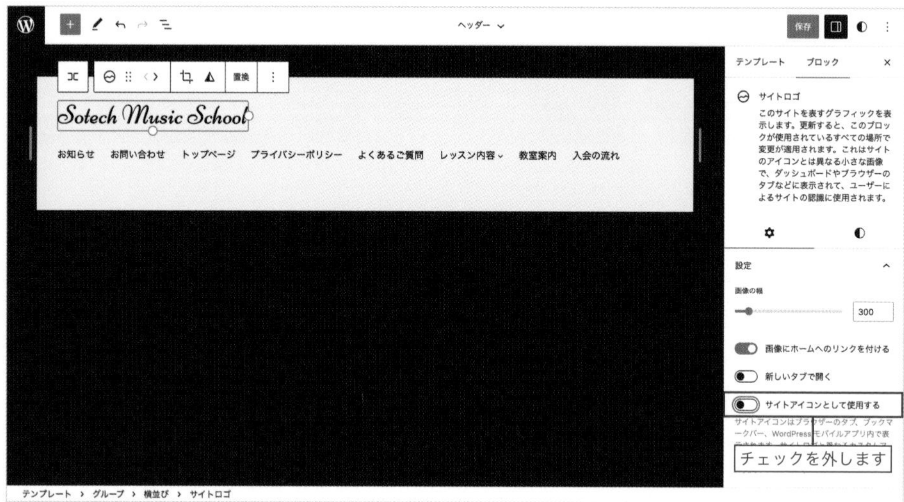

MEMO

サイトロゴを設定した場合は、サイトロゴが自動的にサイトアイコンとして設定されます。正方形に近いロゴ画像の場合はそのままでも問題ありませんが、サンプルサイトのように横長のロゴ画像の場合は、両サイドがトリミングされてサイトアイコンが生成されてしまうため、別途設定したほうがよいでしょう。

❸ サイトアイコン設定を開く

「サイトアイコン設定」をクリックして「サイトアイコンを選択」をクリックし、「画像を変更」をクリックします。

4 画像をアップロードする

「ファイルをアップロード」タブを選択して、画像素材の「favicon.png」をアップロードし、「選択」をクリックします。

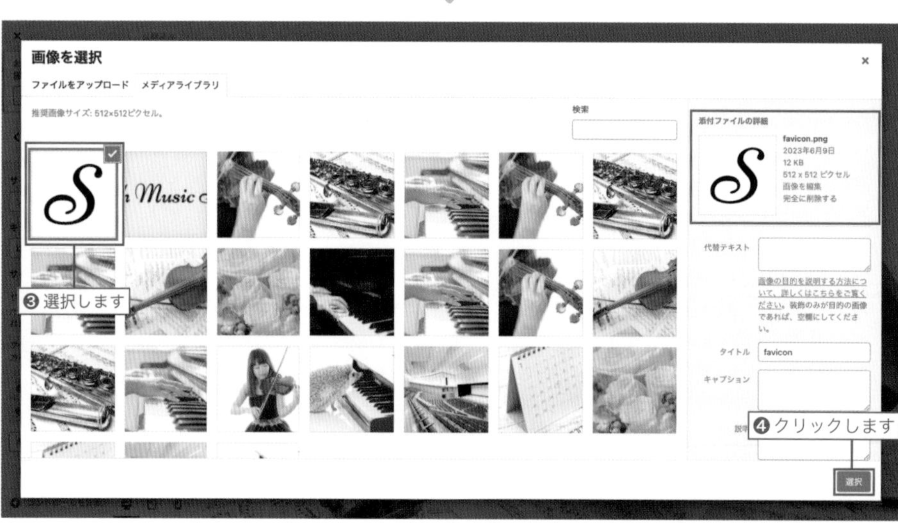

5 保存する

「公開」をクリックして保存します。

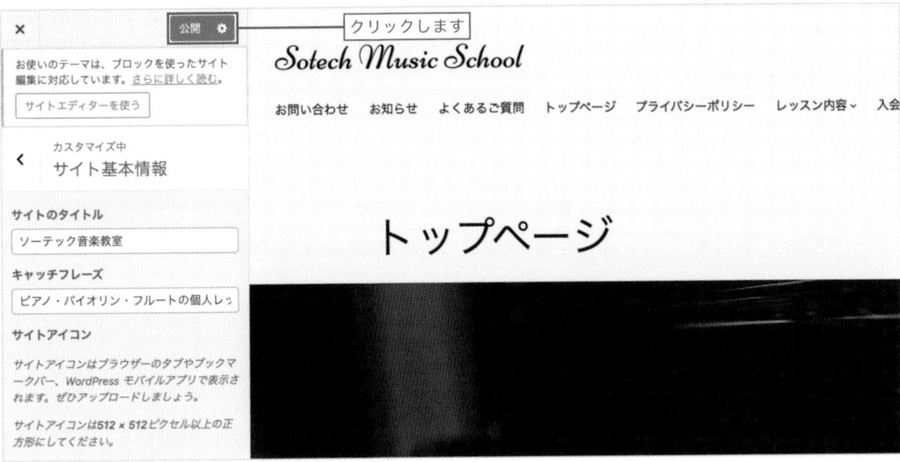

6 サイトを確認する

サイトを表示すると、ブラウザのタブに表示されるアイコンが変わっていることがわかります。

ヘッダーのナビゲーションメニューを設定する

「ナビゲーションメニュー」とは、Webサイトを訪れた人がスムーズに目的のページに移動できるように設置されたリンクメニューのことです。多くの場合、サイトの主要なページ（＝見てもらいたいページ）をメニューとして設定します。

Twenty Twenty-Threeでは、固定ページを公開すると自動的にヘッダーのナビゲーションメニューに追加される仕組みになっているため、不要なメニューは削除します。また、並び順が「アルファベット→かな→漢字」の順で表示される仕様になっているため、任意の順に並び替えましょう。

1 ナビゲーションメニューを選択する

テンプレートパーツのヘッダーを開き、ナビゲーションメニューを選択します。

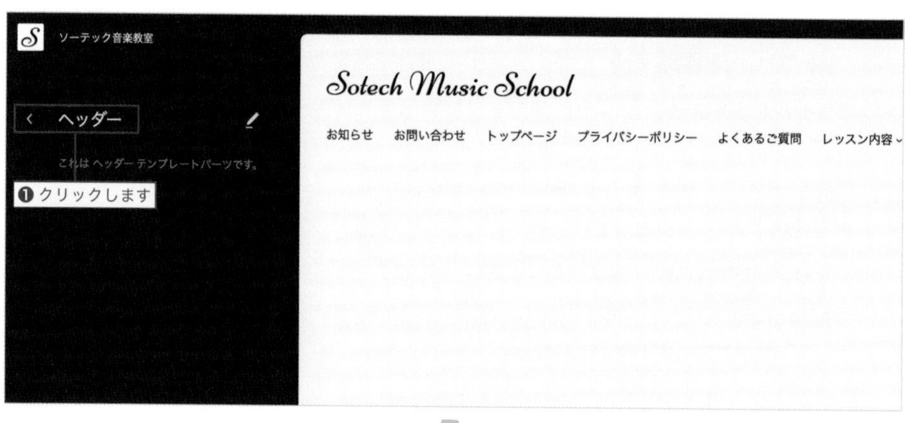

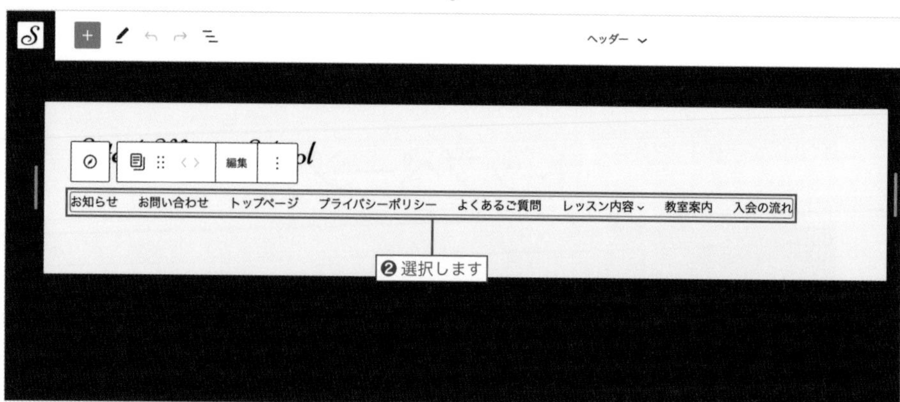

Chapter 8 サイトエディターでサイト全体を整えよう

❷ プライバシーポリシーを削除する

プライバシーポリシーは主要なページではないため、ナビゲーションメニューから削除しましょう。
画面右の設定パネルにある「編集」をクリックして、「プライバシーポリシー」にカーソルを合わせて⋮をクリックし、「プライバシーポリシーを削除」をクリックします。

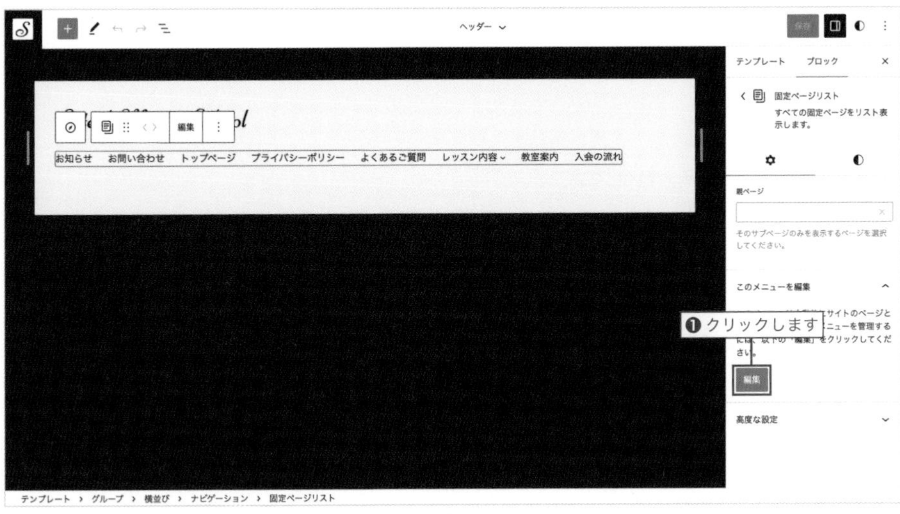

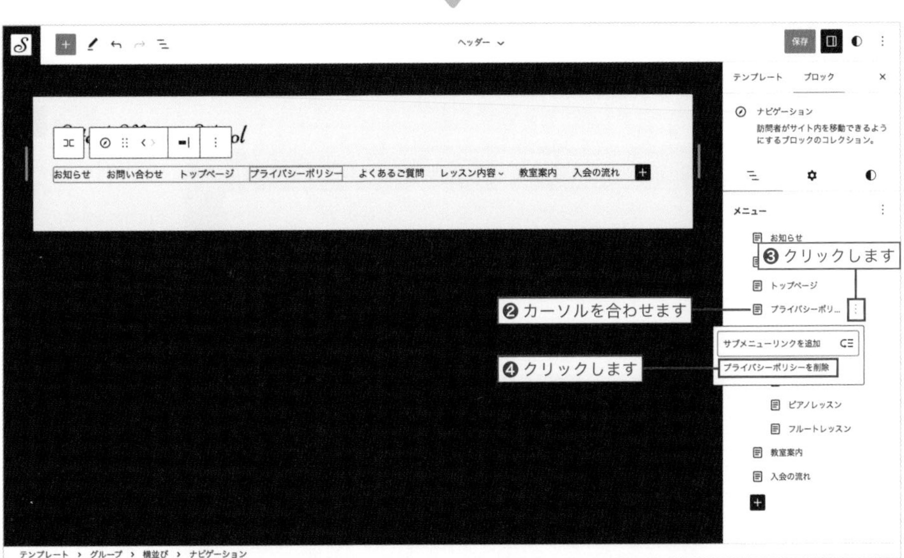

③ メニューの順番を並び替える

メニューをドラッグ＆ドロップで以下の順に並び替えます。

メニュー

トップページ
お知らせ
教室案内
レッスン内容
　　ピアノレッスン
　　フルートレッスン
　　バイオリンレッスン
入会の流れ
よくあるご質問
お問い合わせ

MEMO

ドラッグ＆ドロップの際に右側に寄せてマウスを離すと、メニューが入れ子となり、サブメニューとなります。意図せずサブメニューとなってしまった場合は、再度ドラッグ＆ドロップで左側に寄せてマウスを離してください。

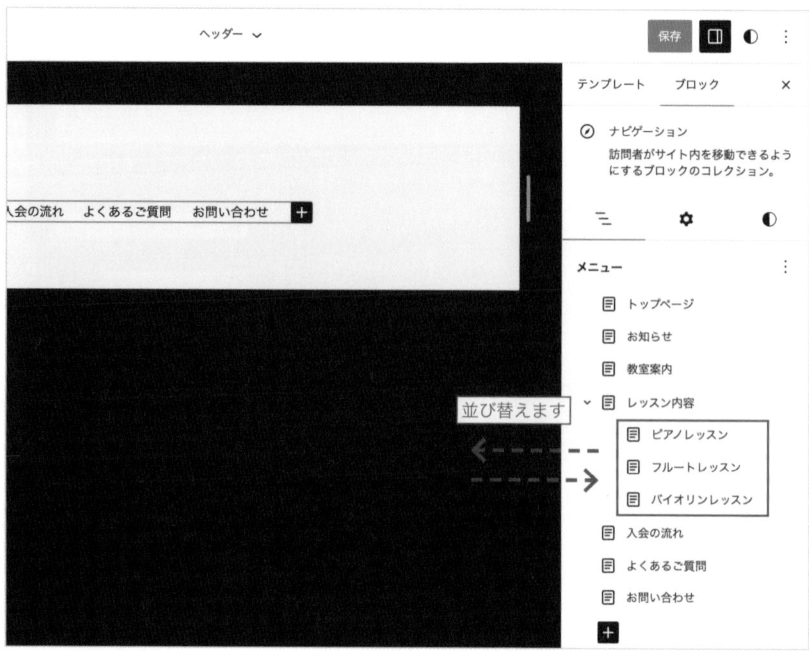

④ 保存する

「保存」をクリックし、もう一度「保存」をクリックして設定を保存します。

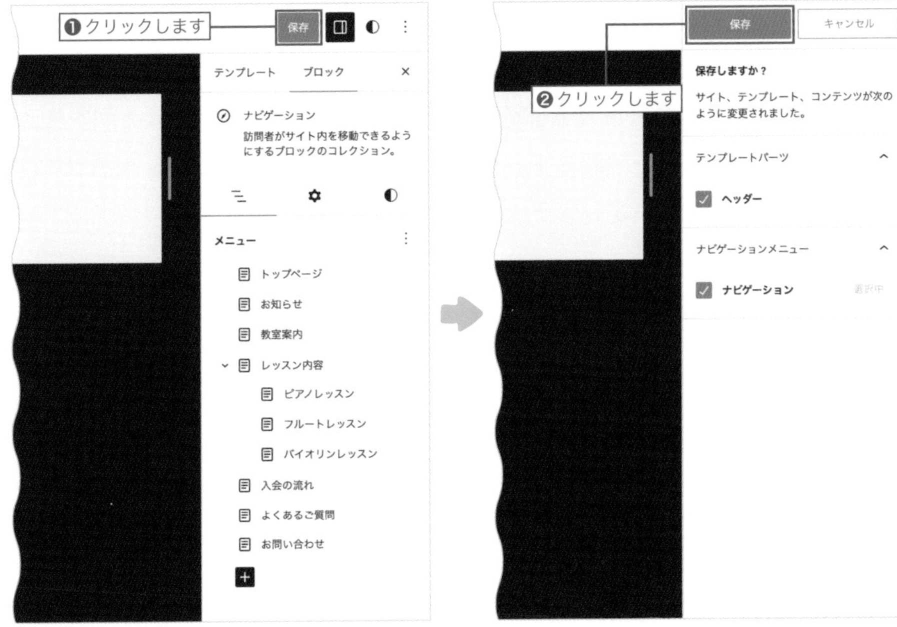

⑤ サイトを確認する

サイトを表示すると、メニューの表示が変わっていることがわかります。

Lesson 8-2

閲覧者の利便性を向上させる

フッターに連絡先やナビゲーションを設定する

サイトの下部に表示される部分を「フッター」といい、サイトの副次的な要素を配置するのが一般的です。ヘッダー同様に、テンプレートパーツを使ってフッターを設定しましょう。

フッターにはどんな内容を配置したら閲覧者の利便性が増しますか？

サイトの内容にもよりますが、連絡先やアクセス情報は共通して表示されているとありがたいですね。

フッターにナビゲーションメニューを設定する

ページを下までスクロールした後、他ページへ遷移しやすいようフッターにもナビゲーションメニューを配置しましょう。フッターには、ヘッダーに入り切らなかったメニューも入れるとよいでしょう。

1 エディターを開く

管理画面の「外観」＞「エディター」を開きます。

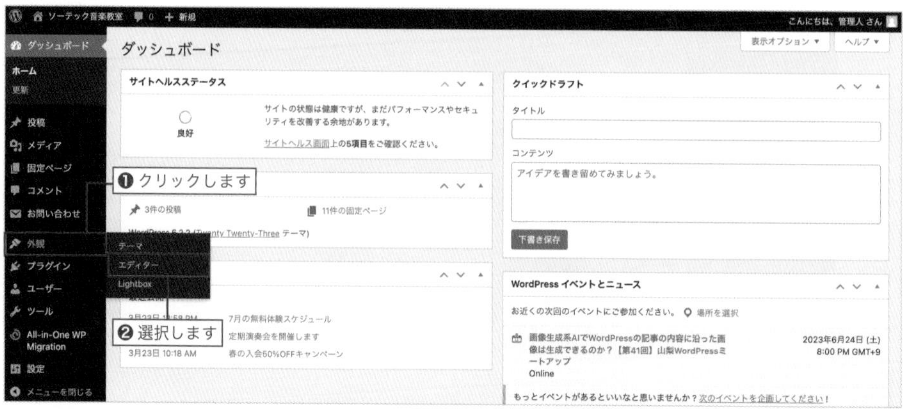

② ヘッダーテンプレートパーツを開く

「パターン」をクリックし、「フッター」から「フッター」をクリックします。

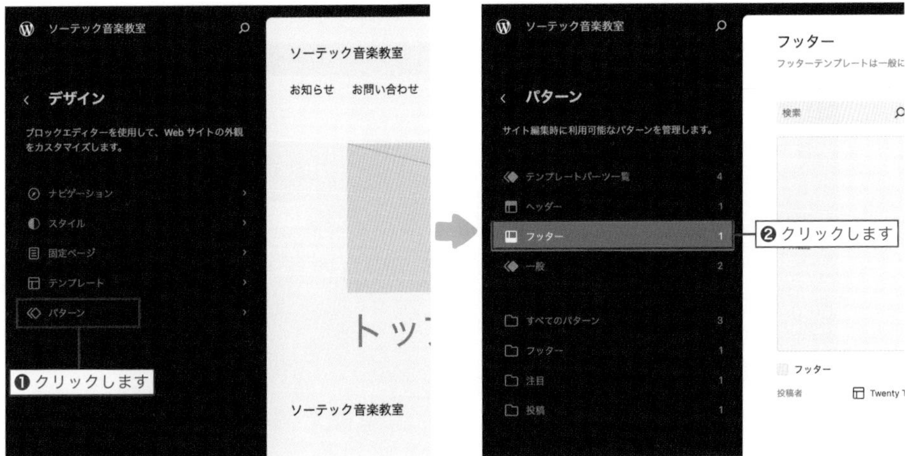

③ すべて削除する

あらかじめ設定されている内容をすべて削除します。
フッター全体を選択し、⋮をクリックして「グループを削除」(Windowsは shift + Alt + Z キー、Macは control + option + Z キー)をクリックします。

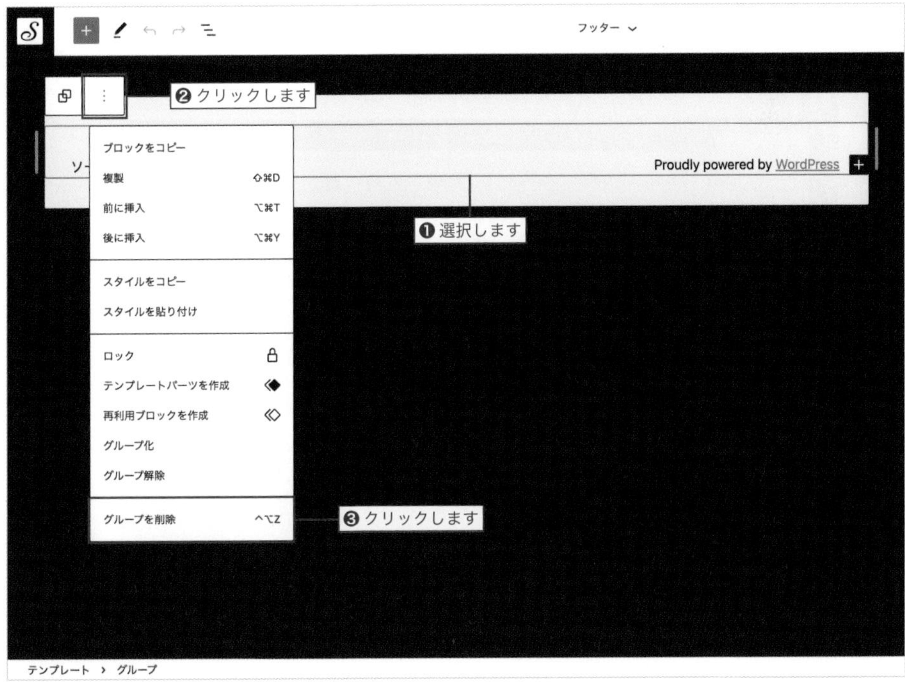

❹「ナビゲーション」ブロックを追加する

＋をクリックして、「ナビゲーション」ブロックを選択します。

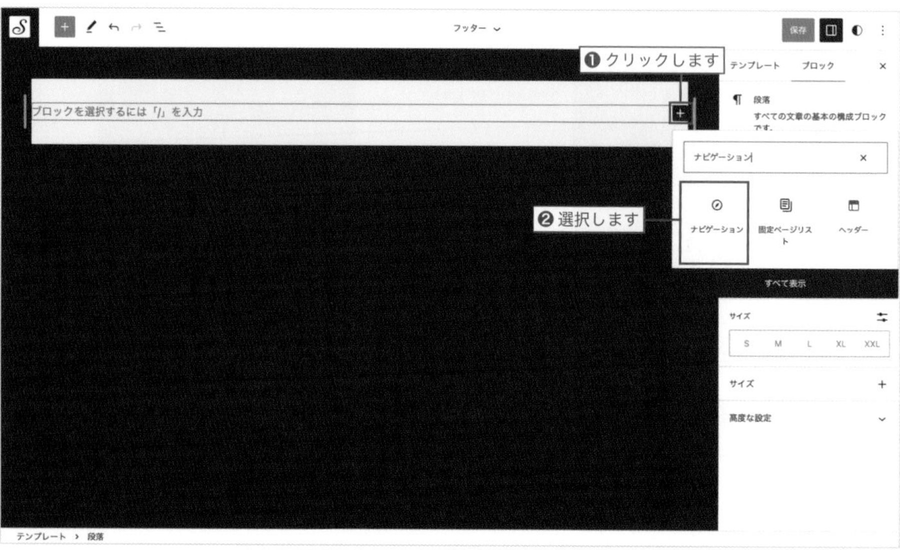

❺新規メニューを作成する

「ナビゲーション」ブロックを追加して表示されたメニューは、ヘッダーで設定したメニューのためフッター用のメニューを作成します。
画面右の設定パネルにある⋮をクリックして、「新規メニュー作成」をクリックします。

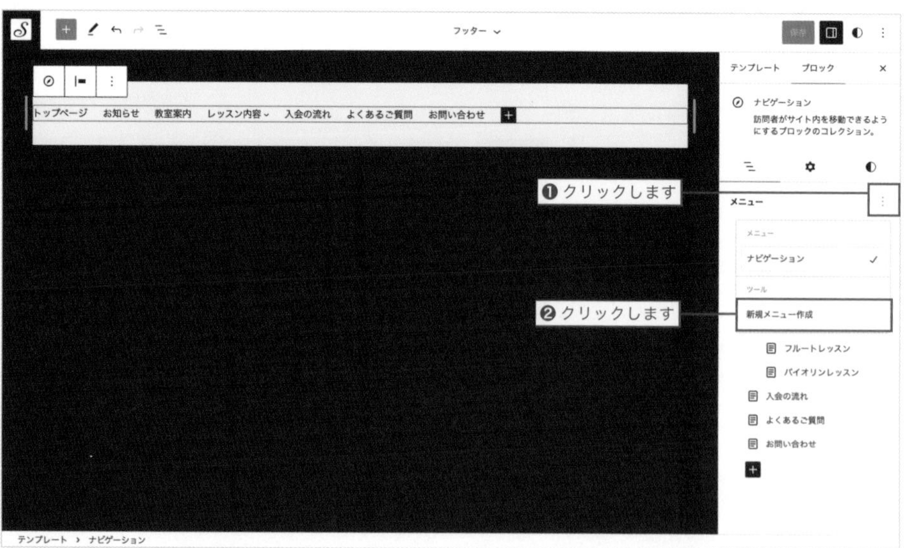

6 「固定ページリスト」ブロックを追加する

+をクリックして、「固定ページリスト」ブロックを選択します。

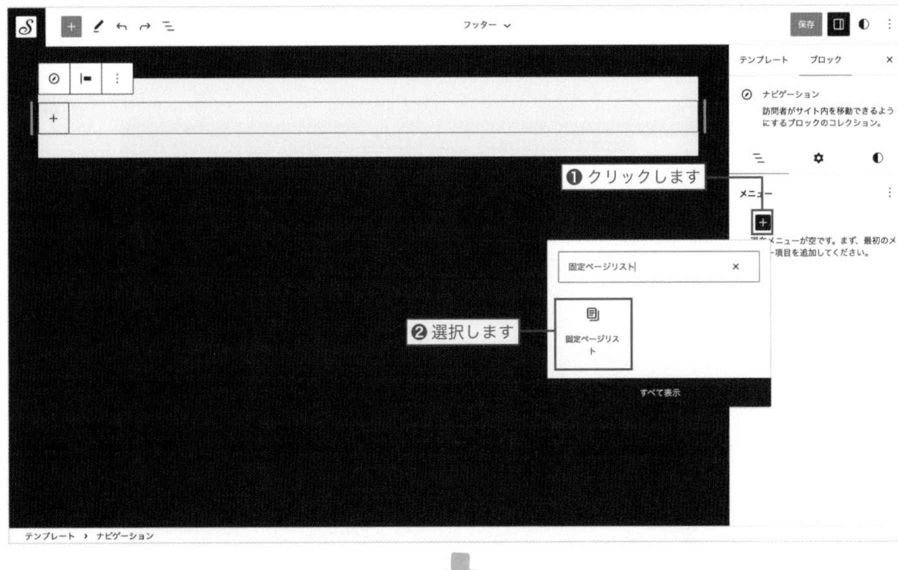

7 メニューの順番を並び替える

メニューの並び順を変更するため、一度ナビゲーションメニューをクリックして画面右の設定パネルにある「編集」をクリックします。
メニューをドラッグ＆ドロップして、以下の順に並び替えます。

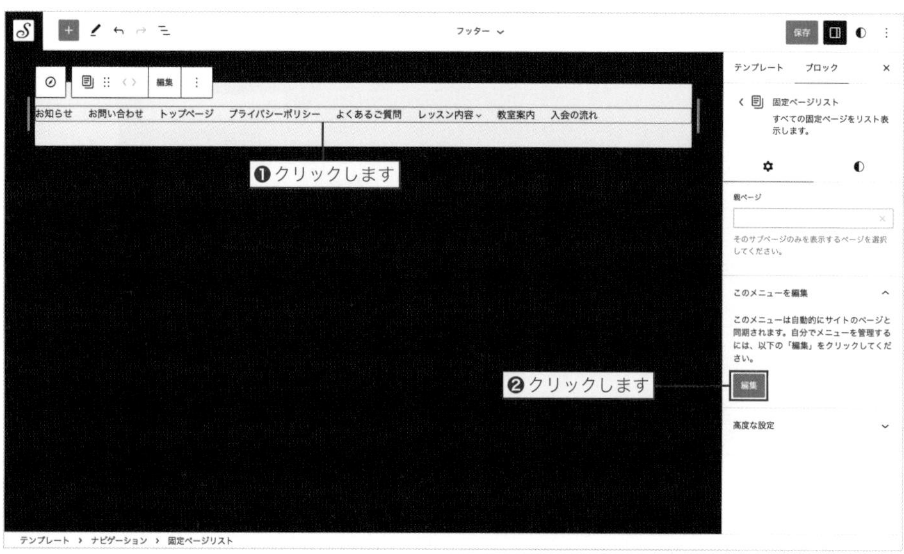

メニュー

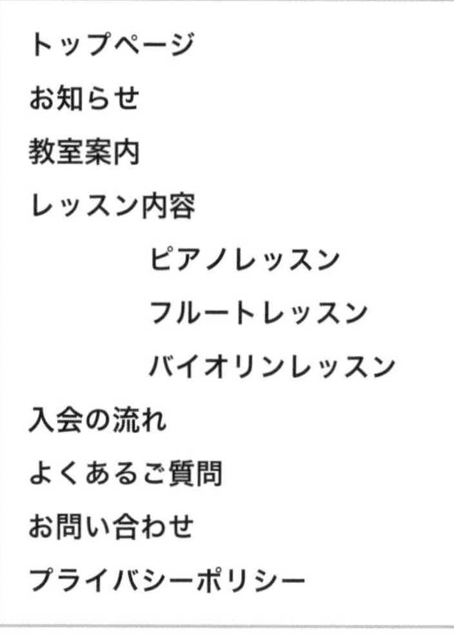

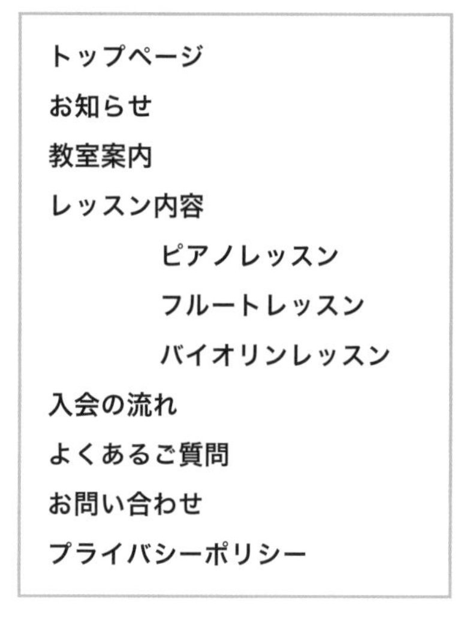

トップページ
お知らせ
教室案内
レッスン内容
　　ピアノレッスン
　　フルートレッスン
　　バイオリンレッスン
入会の流れ
よくあるご質問
お問い合わせ
プライバシーポリシー

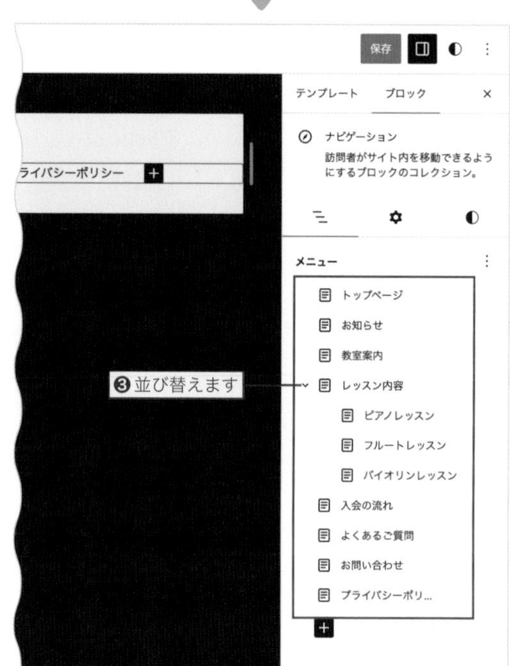

❽ レイアウトを中央揃えにする

ナビゲーションメニュー全体を中央揃えにするため、ツールバーの項目の揃え位置から「中央揃え」をクリックします。

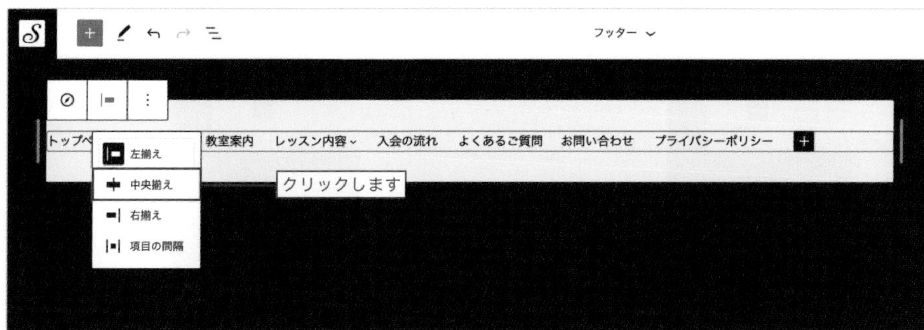

❾ モバイル表示を設定する

ナビゲーションメニューのモバイル表示は、初期状態では開閉メニューとなっているため、これを無効にして常にメニューが表示されるようにします。

画面右の設定パネルから歯車アイコンをクリックし、オーバーレイメニューを「オフ」にします。

開閉メニューの閉じた状態

開閉メニューの開いた状態

⑩ 保存する

「保存」をクリックし、もう一度「保存」をクリックして設定を保存します。

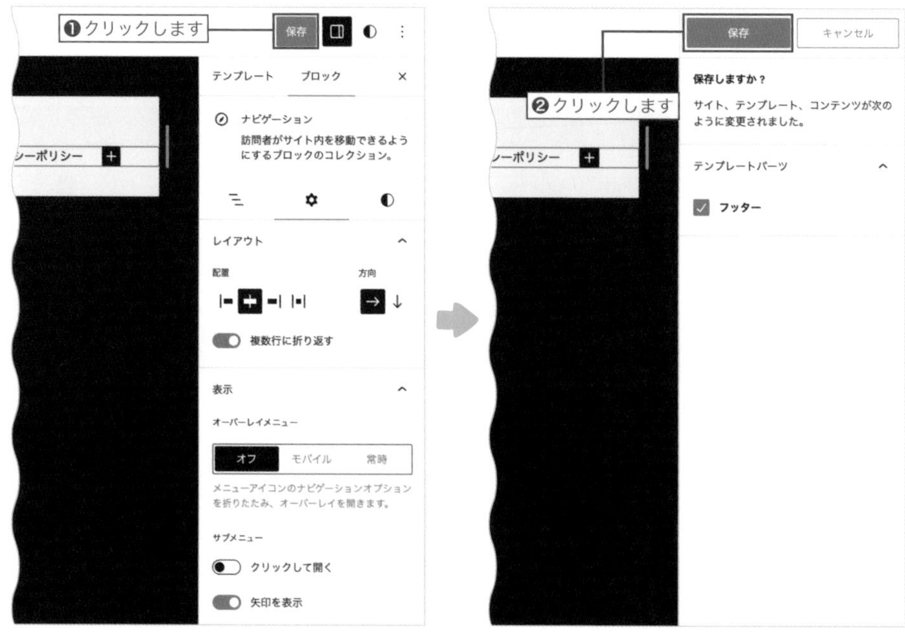

⑪ サイトを確認する

サイトを表示すると、フッター部分にナビゲーションメニューが表示されているのがわかります。

デスクトップでの表示

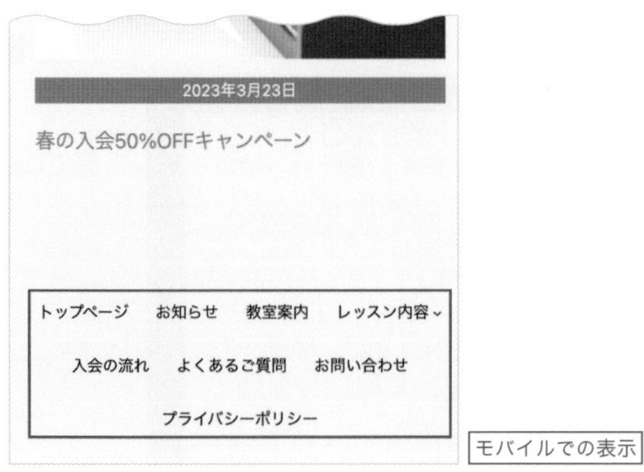

モバイルでの表示

連絡先、Googleマップ、SNSアイコンを設置する

どのページを開いていても連絡先やアクセス情報がわかるよう、フッターに連絡先、Googleマップ、SNSアイコンを設置しましょう。

① 「カラム」ブロックを追加する

連絡先、Googleマップ、SNSメニューを横並びでレイアウトするため、「カラム」ブロックを使用します。

画面左上の+をクリックして、「カラム」ブロックを追加します。

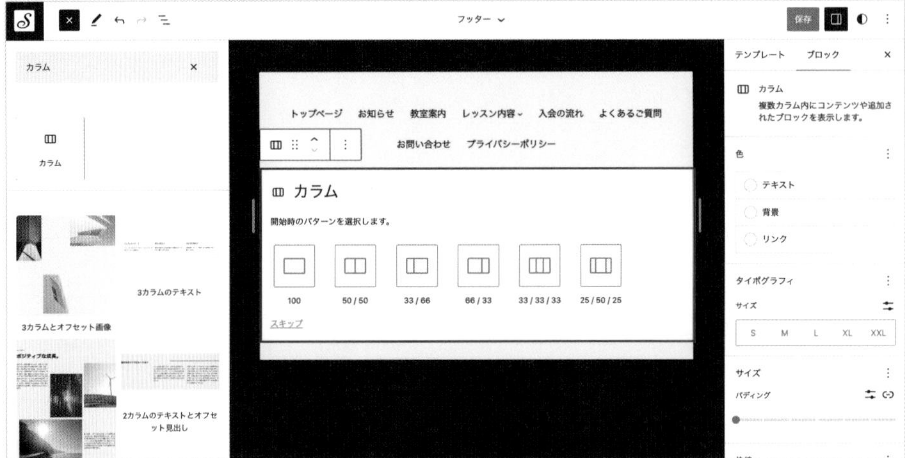

❷ 3カラムを選択する

「3カラム：均等割 (33 / 33 / 33)」を選択します。

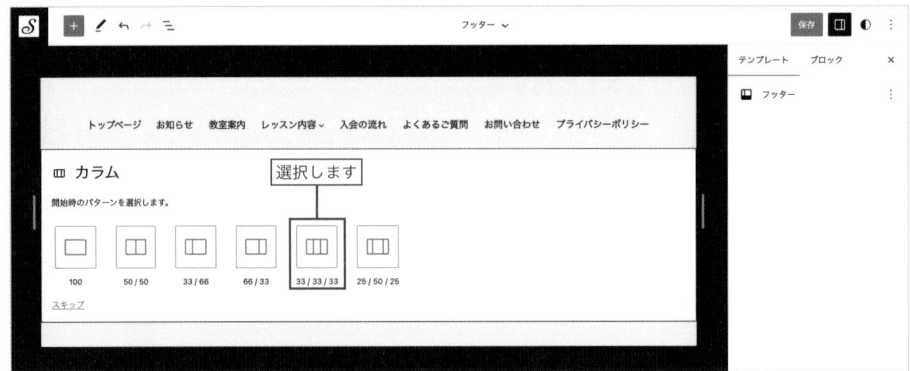

❸ 「サイトロゴ」ブロックを追加する

左のカラムにある＋をクリックして、「サイトロゴ」ブロックを追加します。

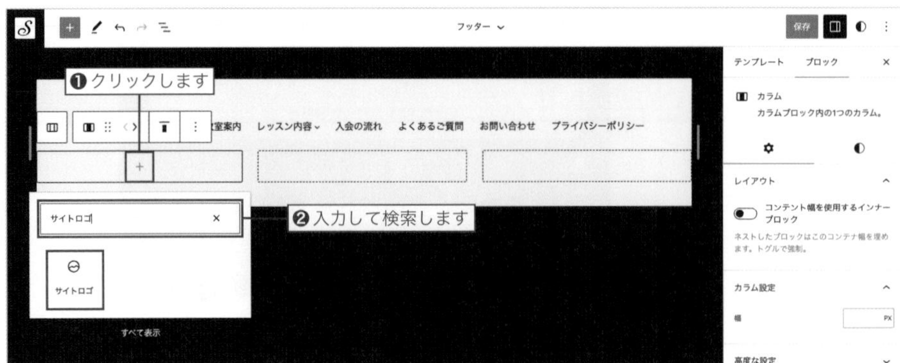

4 サイズを調整する

ロゴ画像のサイズを調整するため、画面右の設定パネルにある「画像の幅」を「300」に設定します。

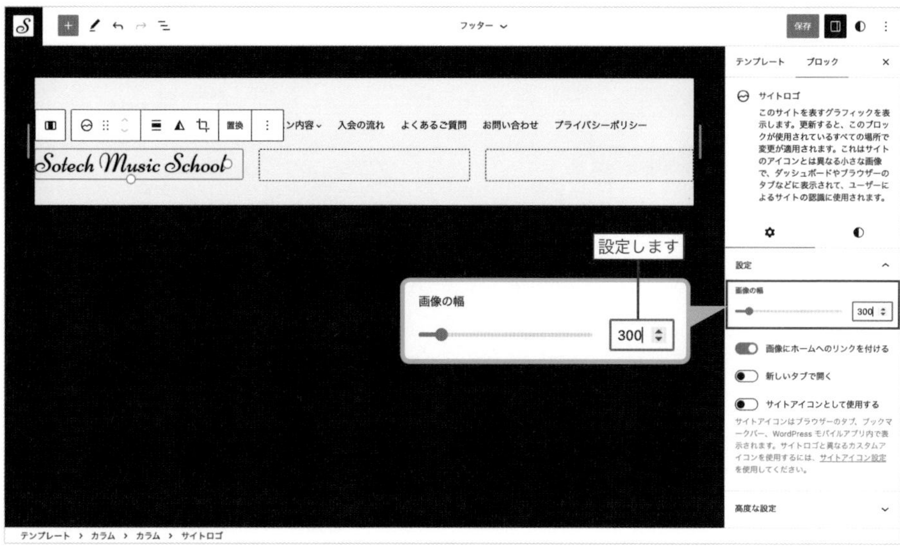

5 「段落」ブロックを追加する

サイトロゴの下に「段落」ブロックを追加し、住所、定休日、営業時間、電話番号の情報を入力します。

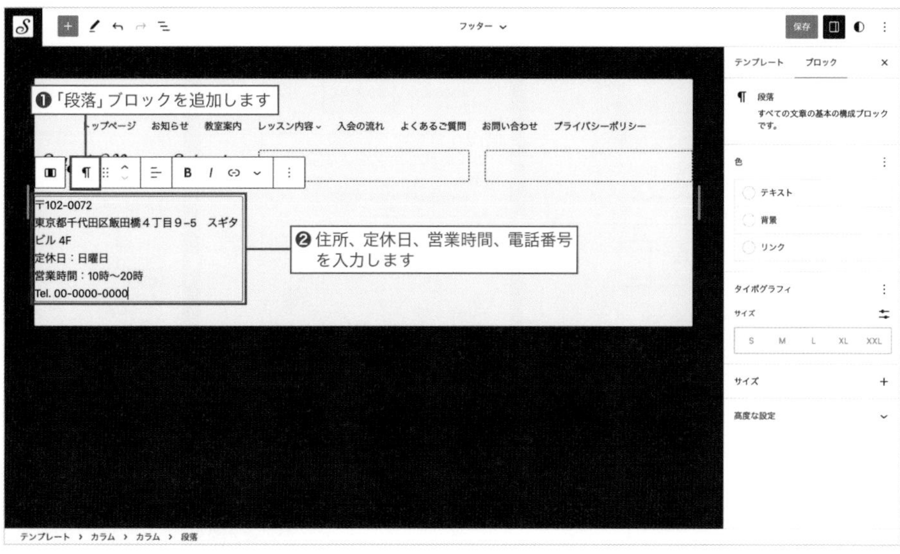

6 Googleマップを開く

中央のカラムにGoogleマップを設置するため、Googleマップの埋め込みコードを取得します。ブラウザの別ウインドウでGoogleマップを開き、表示させたい場所を検索します。

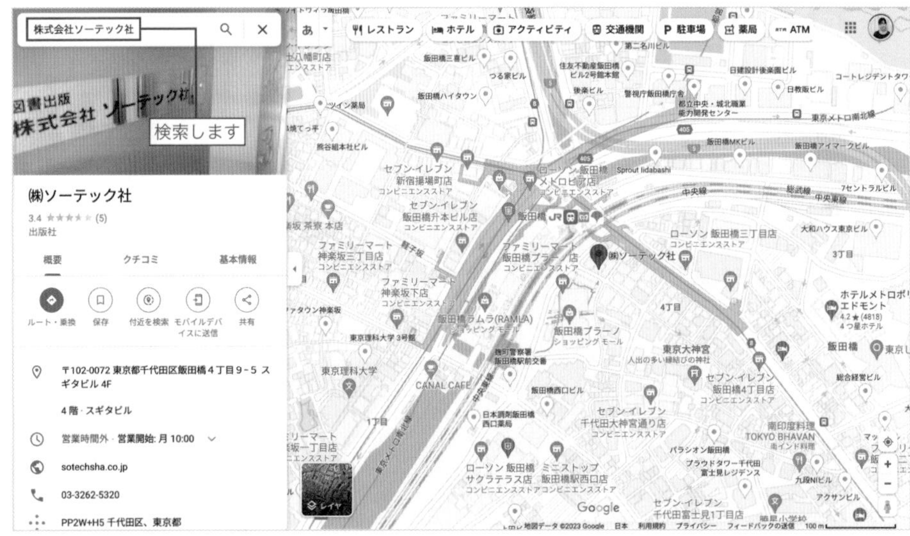

7 埋め込みコードをコピーする

「共有」をクリックしてポップアップが表示されたら、「地図を埋め込む」を選択します。
「中」をクリックして、「カスタムサイズ」を選択します。
「300」×「200」と入力して、「HTMLをコピー」をクリックします。

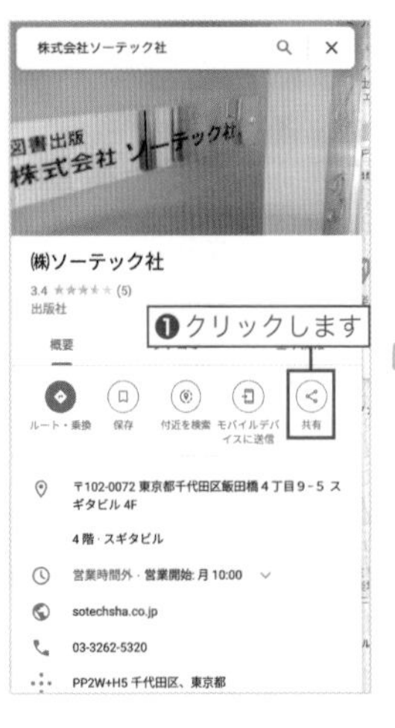

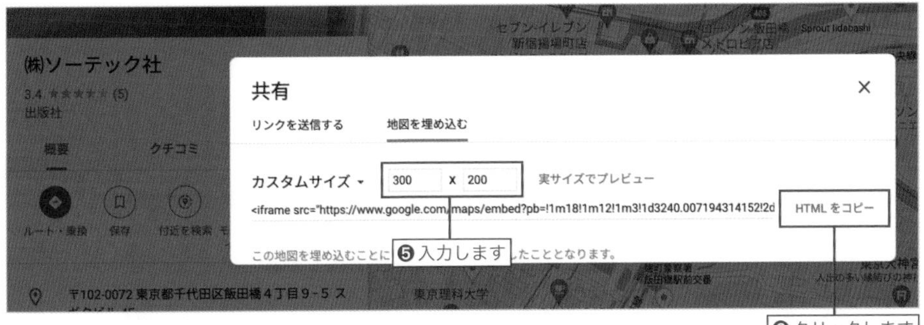

❽「カスタムHTML」ブロックを追加する

WordPressの編集画面に戻り、中央のカラムに「カスタムHTML」ブロックを追加します。

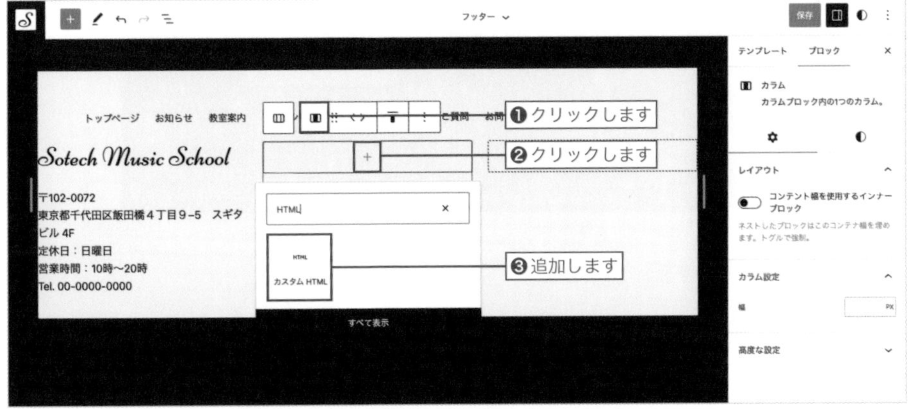

❾コードを貼り付ける

手順❼でコピーしたHTMLコードをペーストします。

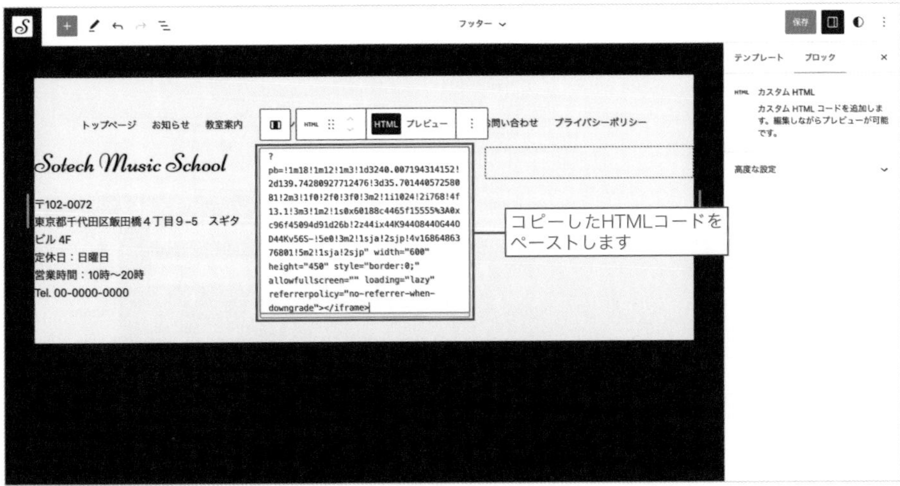

⑩「ソーシャルアイコン」ブロックを追加する

SNSのアイコンリンクを設置するため、右のカラムの＋をクリックして「ソーシャルアイコン」ブロックを追加します。

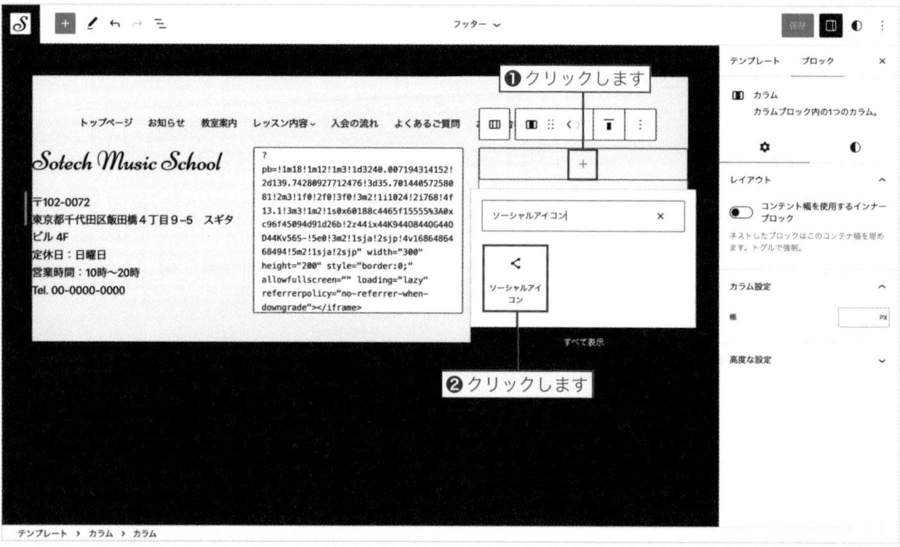

⑪ SNSアイコンを追加する

＋をクリックして、設置したいSNS名を検索してアイコンを追加します。
ここでは、Facebook、Twitter、Instagramを追加します。

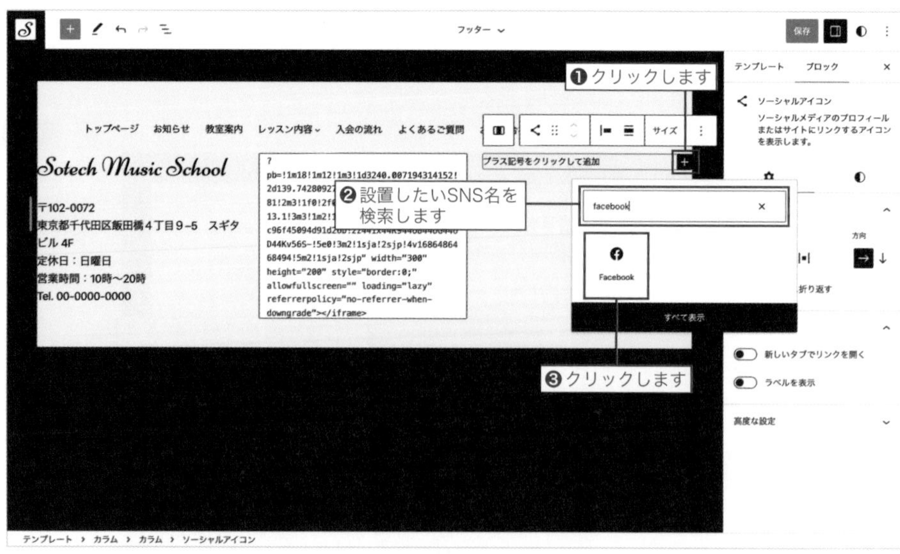

⑫ SNSのリンクを設定する

各SNSのアイコンをクリックし、アカウントのURLを入力して ⏎ をクリックします。

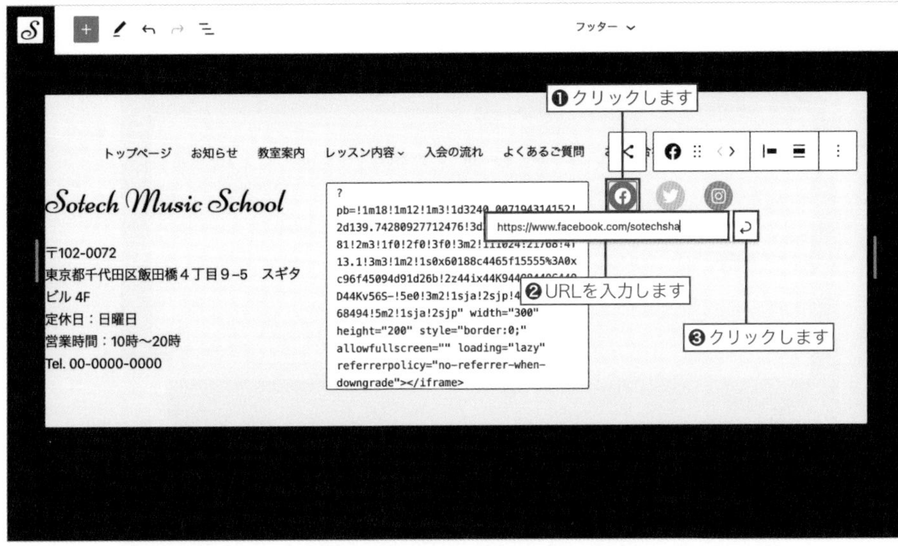

⑬ 右揃えにする

SNSアイコンを右揃えにレイアウトするため、ツールバーの項目の揃え位置から「右揃え」を選択します。

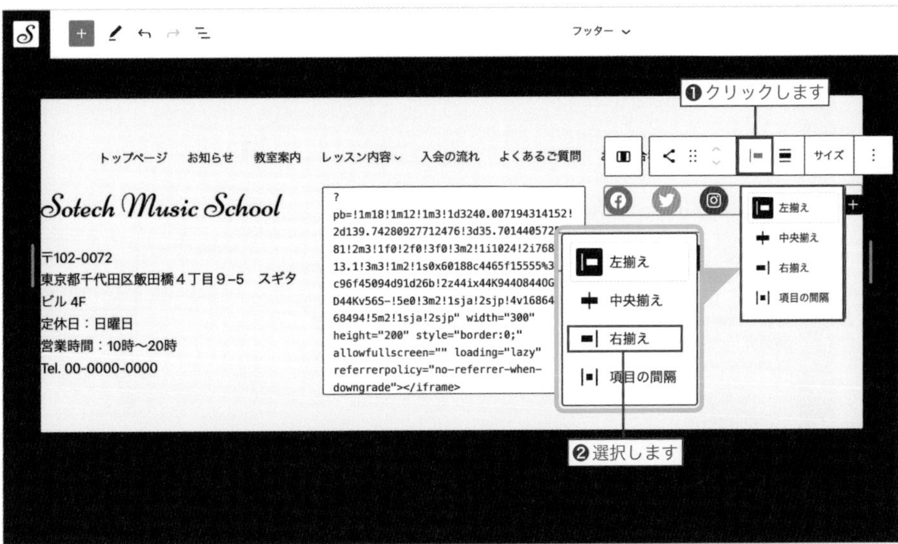

⑭ 「段落」ブロックを追加する

最後に、サイトの著作権を示すコピーライトを掲載するため、ソーシャルアイコンの下に「段落」ブロックを追加します。

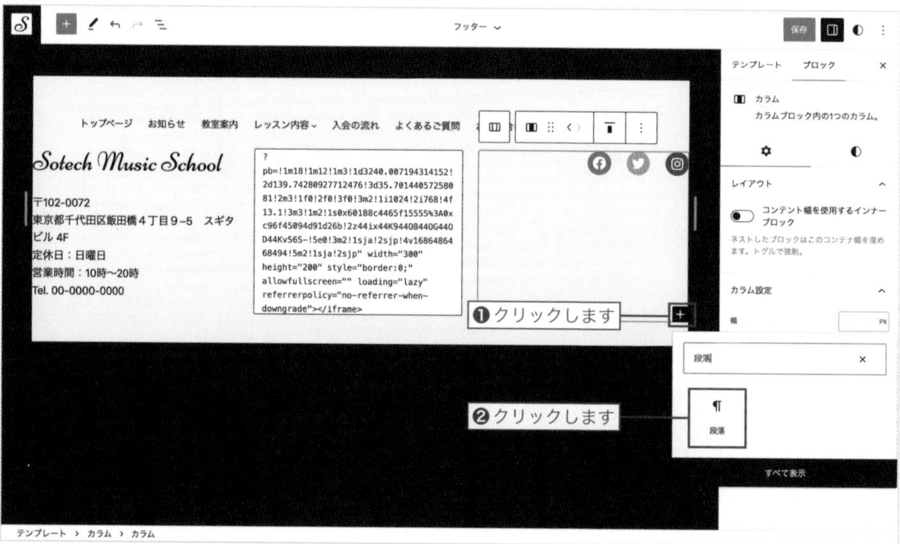

⑮ 入力して右寄せにする

コピーライトを入力して、テキストの配置を右寄せにします。

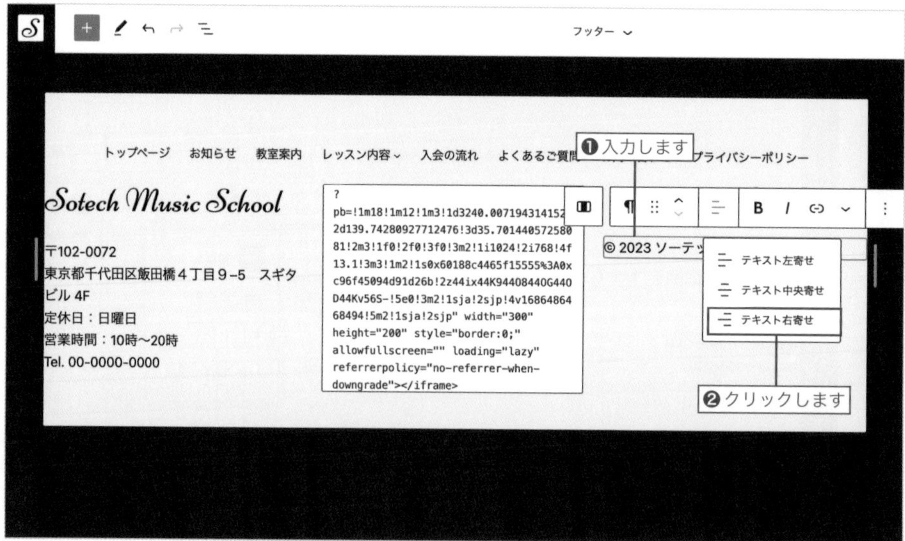

16 保存する

「保存」をクリックし、もう一度「保存」をクリックして設定を保存します。

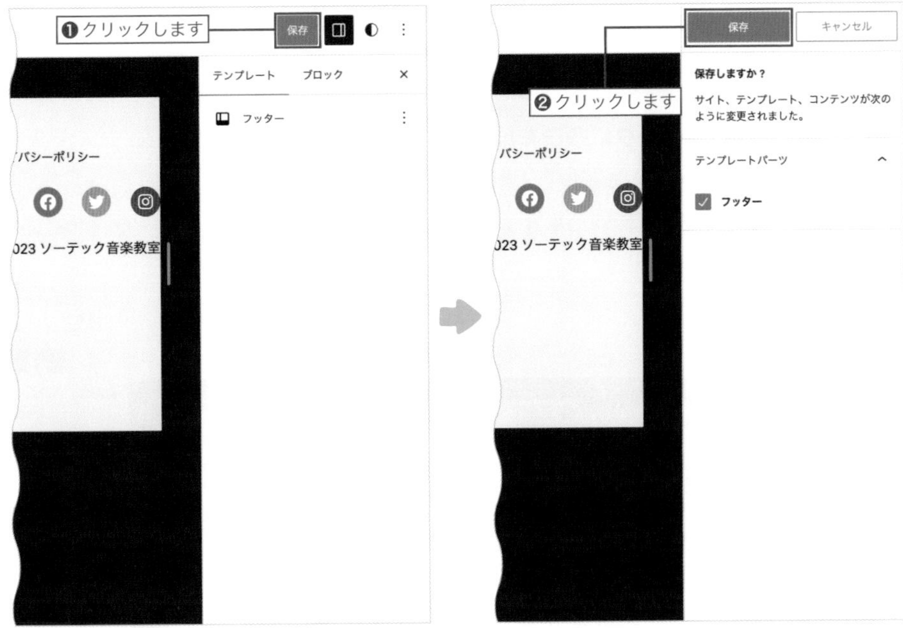

17 サイトを確認する

サイトを表示すると、フッター部分に連絡先、Googleマップ、SNSアイコンが表示されているのがわかります。

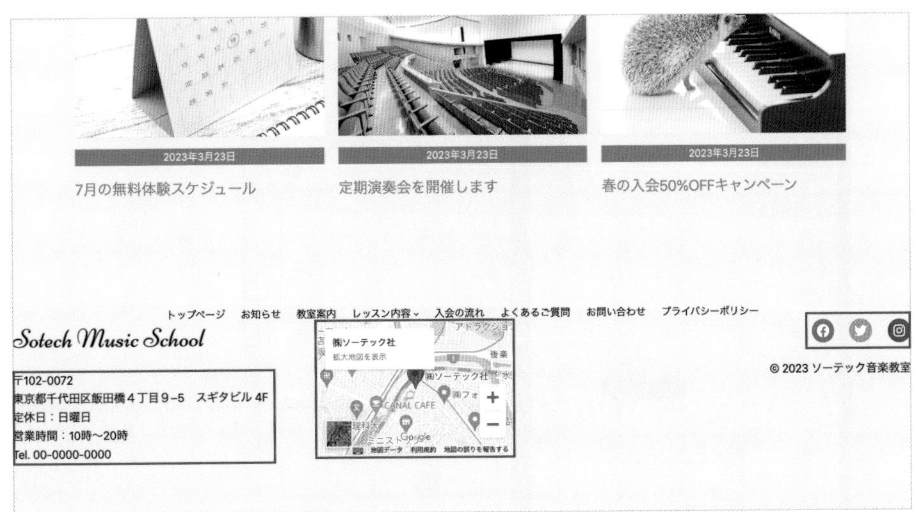

フッター全体のレイアウトを整える

このままでは余白などのバランスが良くないため、フッター全体のレイアウトを整えていきましょう。

①「カラム」ブロックに余白を設ける

「カラム」ブロック全体を選択し、画面右の設定パネルからスタイルアイコン◐をクリックします。パディングの「個別に指定する」をクリックして、上、右、左をそれぞれ「2」に設定します。

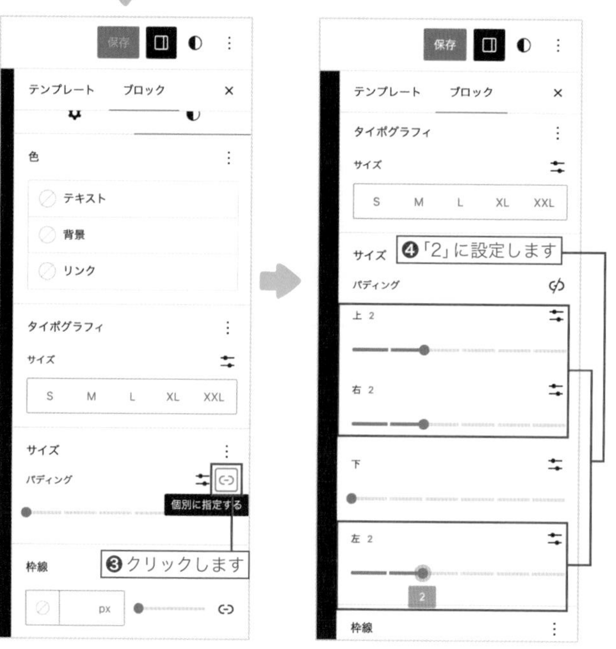

MEMO

パディングとは、要素の内側に設ける余白のことです。

❷「カラム」ブロックを下揃えにする

コピーライトやSNSアイコンは下に配置されていたほうが見栄えが良いため、下揃えにします。
「カラム」ブロック全体を選択し、ツールバーの垂直配置から「下揃え」を選択します。

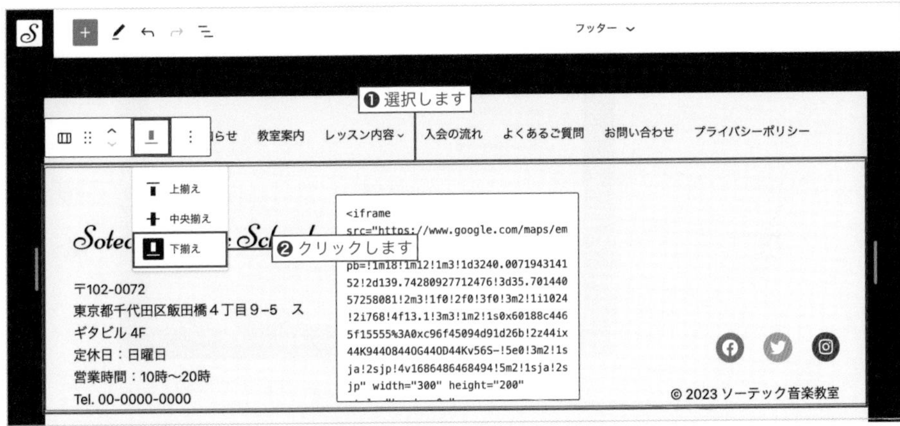

❸フッター全体をグループ化する

フッターの要素が整ったら、フッター全体をグループ化します。
フッターに配置したすべてのブロックを選択するため、画面左上の（リスト表示）をクリックし、shiftキーを押しながら「ナビゲーション」と「カラム」を選択します。
ツールバーから「グループ化」をクリックします。

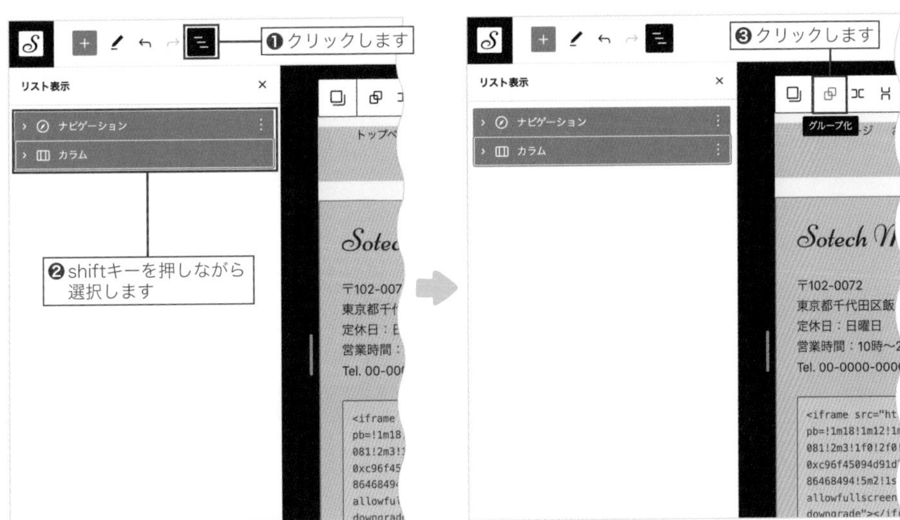

❹ レイアウトを設定する

フッター内部のコンテンツ幅を設定するため、画面右の設定パネルにある「コンテンツ」を1200pxに設定します。

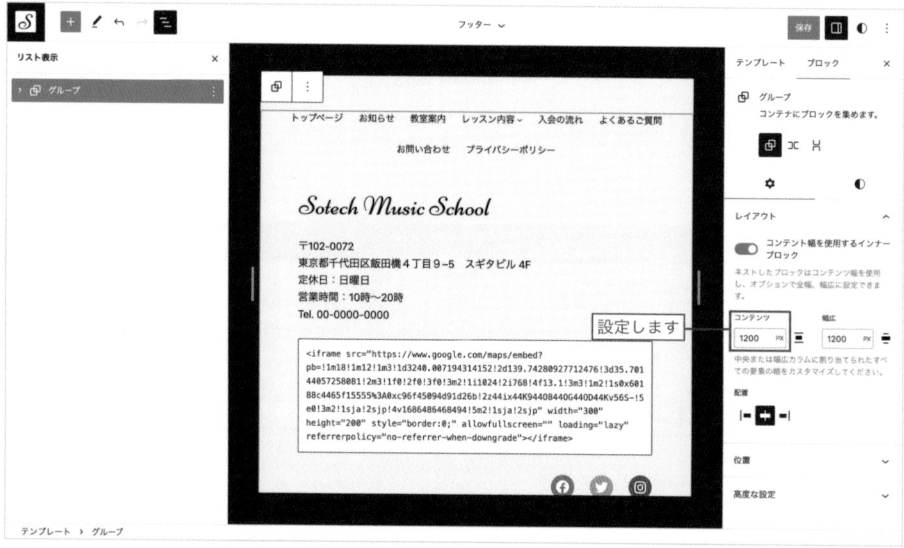

❺ フッター全体に背景色をつける

画面右の設定パネルからスタイルアイコン◐をクリックします。
色の「背景」をクリックし、「コントラスト」カラーを選択します。

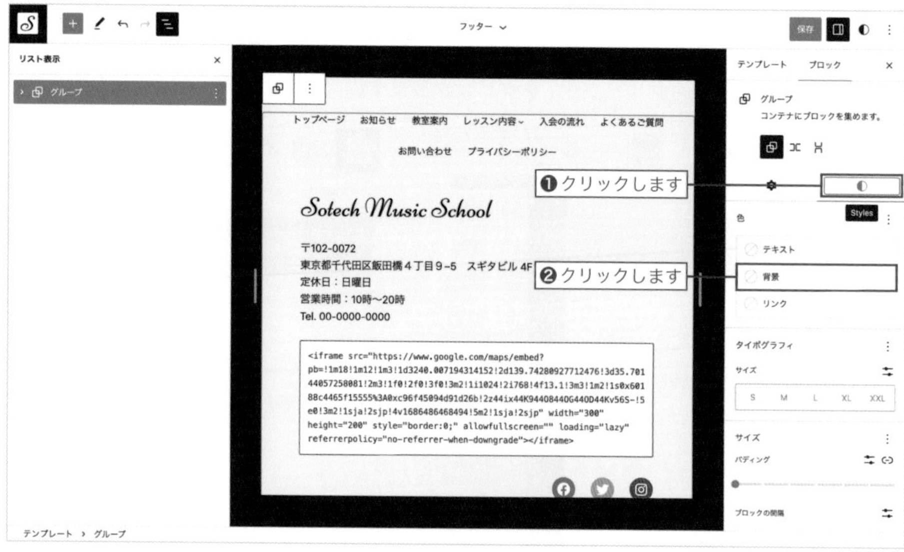

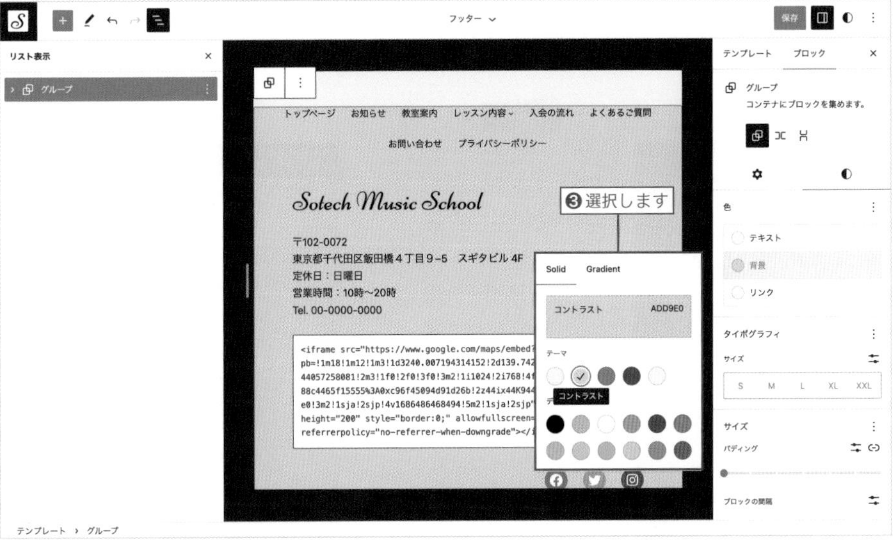

❻ フッター全体に余白を設ける

手順❶と同じ要領で、パディングの「個別に指定する」をクリックします。上と下それぞれ「3」に設定します。

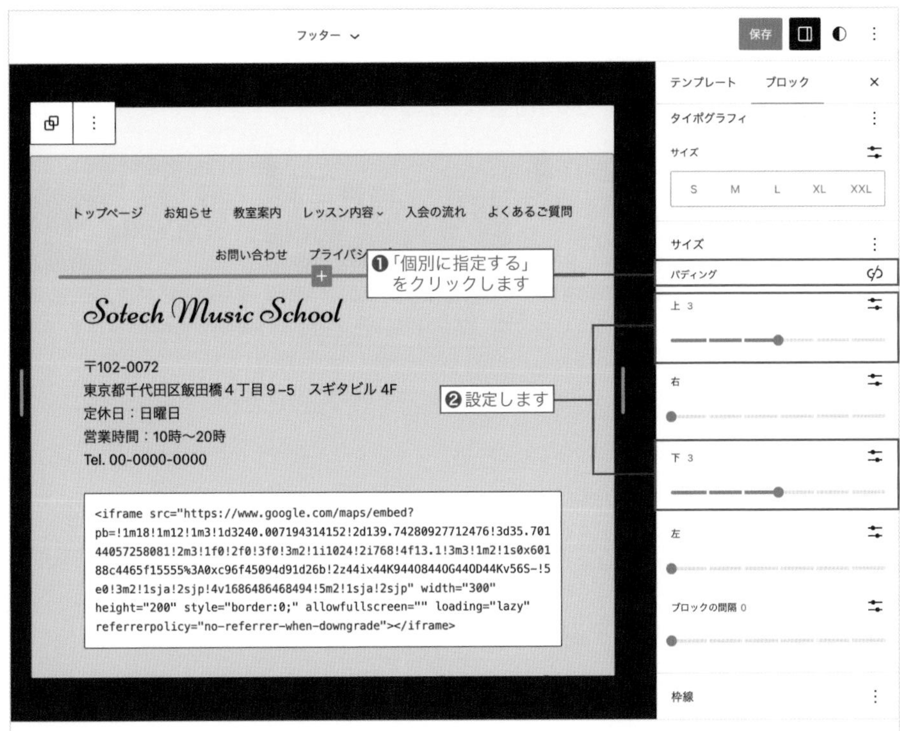

7 保存する

「保存」をクリックし、もう一度「保存」をクリックして設定を保存します。

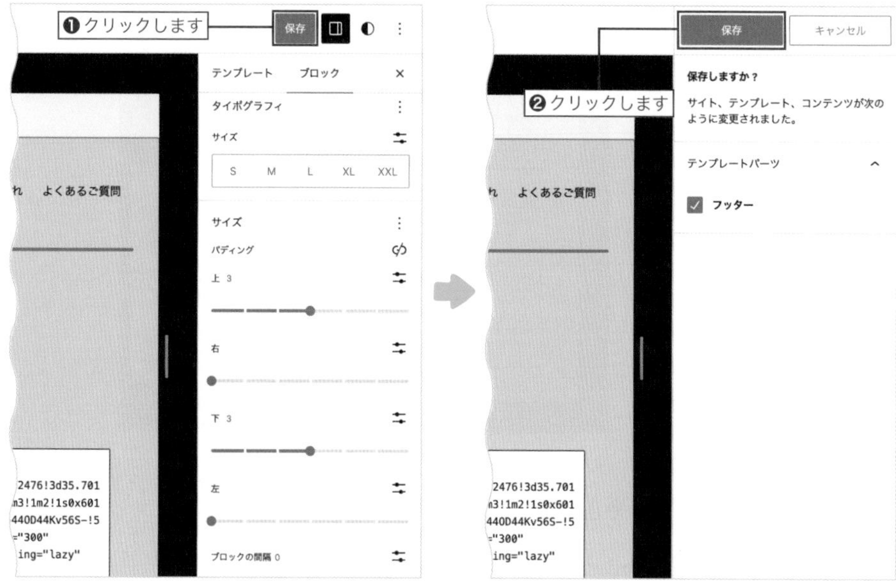

8 サイトを確認する

サイトを表示すると、フッターがきれいに整ってレイアウトされているのがわかります。

Lesson 8-3

サイト全体に反映できて便利

ブロックのスタイルをカスタマイズする

フルサイト編集機能では、ブロックごとの初期スタイル（見た目）をカスタマイズすることができます。本節では「見出し」ブロックのスタイルをカスタマイズしましょう。

見出しの文字サイズが大きくて気になるのですが、ページごとにサイズを設定するのは大変です…。なにか良い方法はありますか？

安心してください。ブロックのスタイルをカスタマイズすれば、サイト全体にまとめて反映されます！

「見出し」ブロックをカスタマイズする

Twenty Twenty-Threeは基本的に欧文向けに作られているため、「見出し」ブロックの文字サイズが大きく、日本語での表示にはあまり向いていません。また、初期状態では上下に余白がなく、全体的に窮屈な印象になってしまいます。

ここでは、「見出し」ブロックのスタイルをカスタマイズして、見た目をより良く整えていきましょう。

図8-3-1 見出しの文字サイズが大きすぎる

❶ エディターを開く

管理画面の「外観」>「エディター」を開き、「トップページ」と表示されている画面上をクリックします。

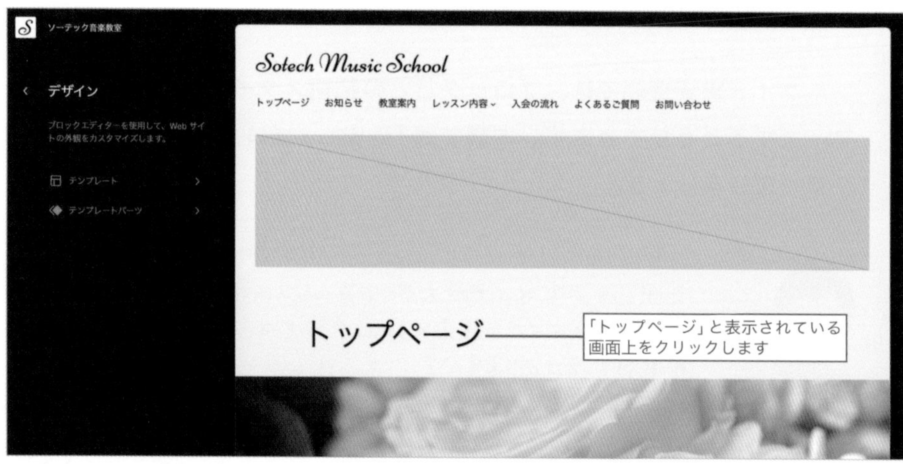

❷ スタイル編集パネルを開く

画面右上にあるスタイルボタン◐をクリックします。

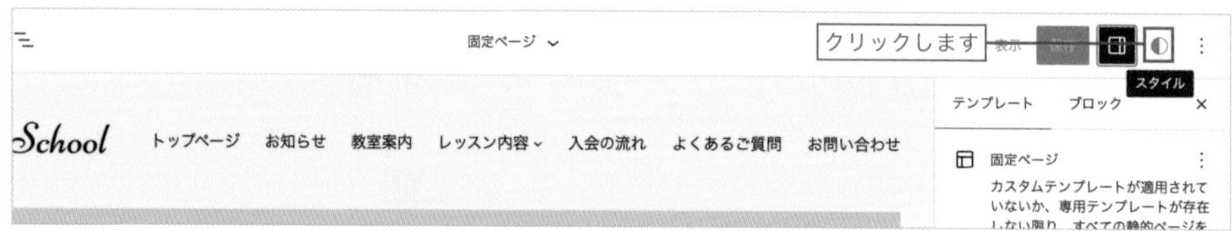

❸ ブロック一覧を開く

設定パネルにある「ブロック」をクリックします。

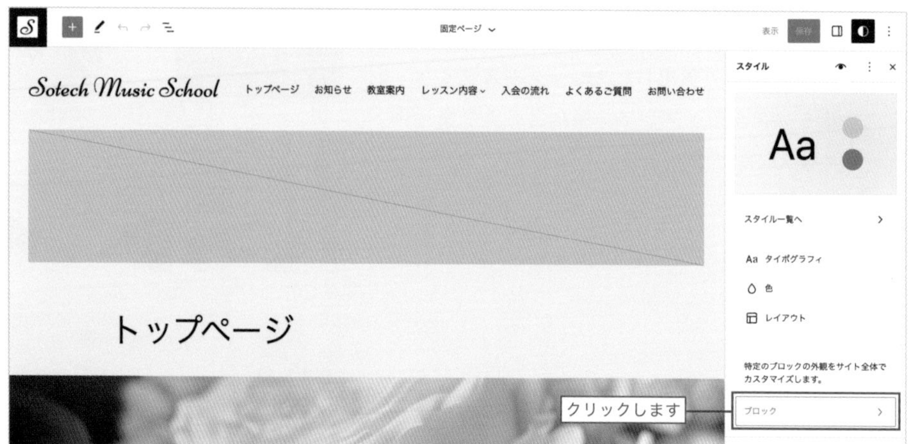

④「見出し」ブロックの設定を開く

「見出し」ブロックのスタイルを設定するため、「見出し」をクリックします。

⑤ タイポグラフィを設定する

「タイポグラフィ」をクリックして設定画面を開き、サイズを「L」にします。

6 レイアウト設定を開く

次に余白を設定するため、「< タイポグラフィ」をクリックして「レイアウト」をクリックします。

❼ パディングを設定する

パディングの「個別に指定する」アイコンをクリックして、上を「3」にします。

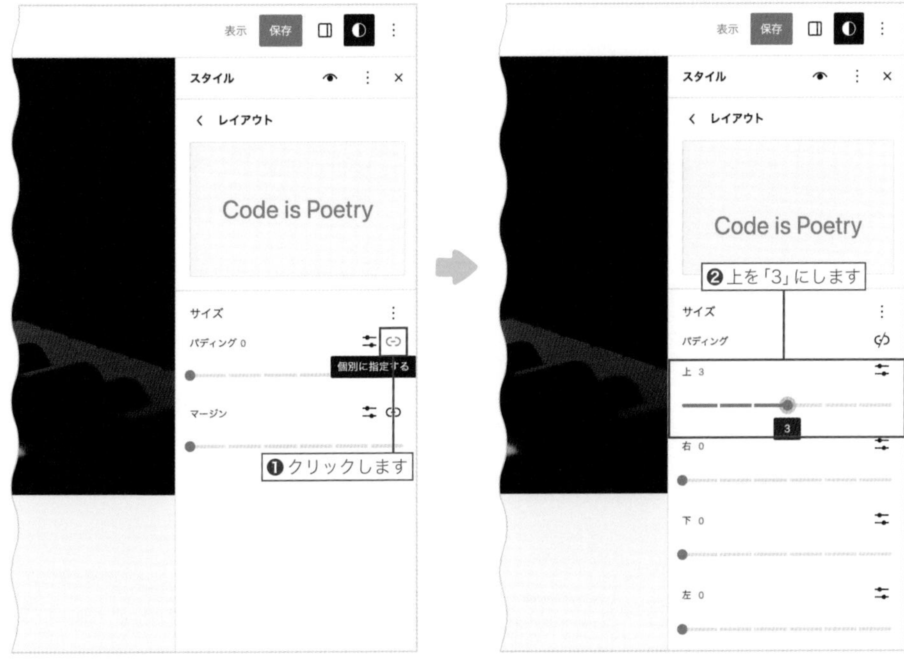

❽ 保存する

「保存」をクリックし、もう一度「保存」をクリックして設定を保存します。

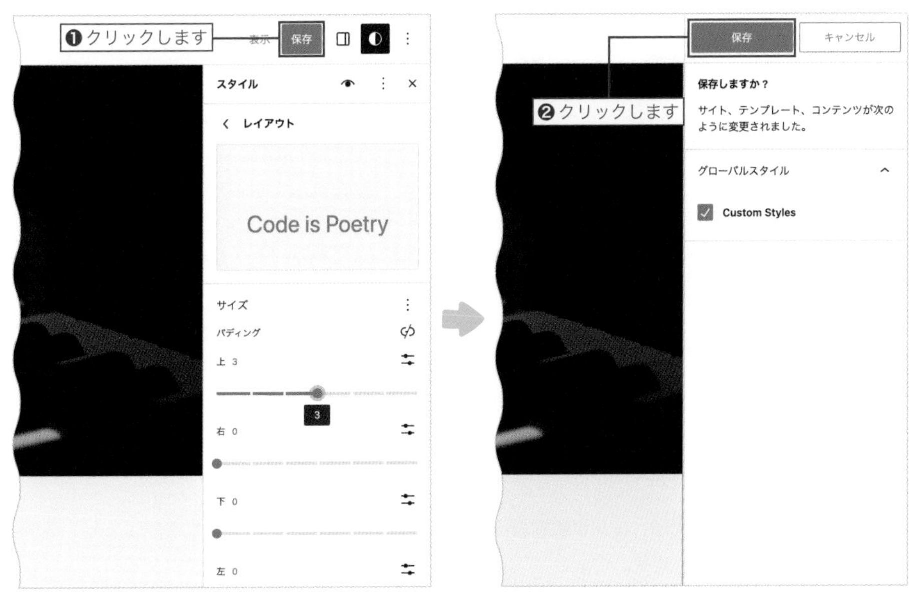

9 サイトを確認する

サイトを表示すると、「見出し」ブロックのサイズと上余白が変わっていることがわかります。

MEMO

投稿や固定ページの編集画面で個別にスタイルを設定している場合は、そちらが優先的に反映されます。

Lesson 8-4

テンプレートの仕組みを理解して

各ページのテンプレートを設定しよう

WordPressでは、ページの種類によって適用されるテンプレートが決まっています。この仕組みを理解しながら、テンプレートの編集方法を身につけましょう。

それぞれのページを生成しているテンプレートを編集して、より良いサイトに磨き上げましょう。

手順が多くて大変そうですが、これを乗り切れば完成ですね。頑張ります！

テンプレートとは

フルサイト編集機能にある**「テンプレート」**とは、ページの種類ごとに表示させる要素やレイアウトなどを定義するためのものです。

例えば、固定ページで作成したページは固定ページ用のテンプレートで、投稿で作成したページは個別投稿用のテンプレートで表示されます。

どのページにどのテンプレートが適用されるかは、以下の表のとおりです。

表8-4-1 テンプレート対応表

テンプレート名	ページの種類
404	ページが見つからない場合のエラーページ用のテンプレート
アーカイブ	日付別やカテゴリー別などの投稿一覧ページ用のテンプレート
空白	投稿や固定ページに手動で適用できるカスタム用のテンプレート
ブログ（代替）	固定ページに手動で適用できる投稿一覧表示用のテンプレート
ブログホーム	トップページまたは投稿一覧ページ用のテンプレート
インデックス	投稿一覧ページ用のテンプレート
固定ページ	固定ページ用のテンプレート

検索	検索結果一覧ページ用のテンプレート
個別投稿	投稿ページ用のテンプレート
フロントページ	トップページ用のテンプレート※1

※1 Twenty Twenty-Threeの初期状態では存在しないテンプレートです。

この表を見て、「トップページや投稿一覧にどのテンプレートが適用されるのかイマイチわからない…」と思われた方も多いのではないでしょうか。WordPressを使い慣れている人でも混乱しがちなポイントなので、ここでしっかりと理解しておきましょう。

まず、Lesson 5-1で設定した「トップページと投稿一覧ページの設定」によって、トップページに適用されるテンプレートが変わります。

ホームページの表示設定で「最新の投稿」にチェックが入っている場合は、「ホーム」のテンプレートが適用されます。

「固定ページ」にチェックが入っている場合は、基本的に「固定ページ」のテンプレートが適用されます。

図8-4-1 ホームページの表示設定画面

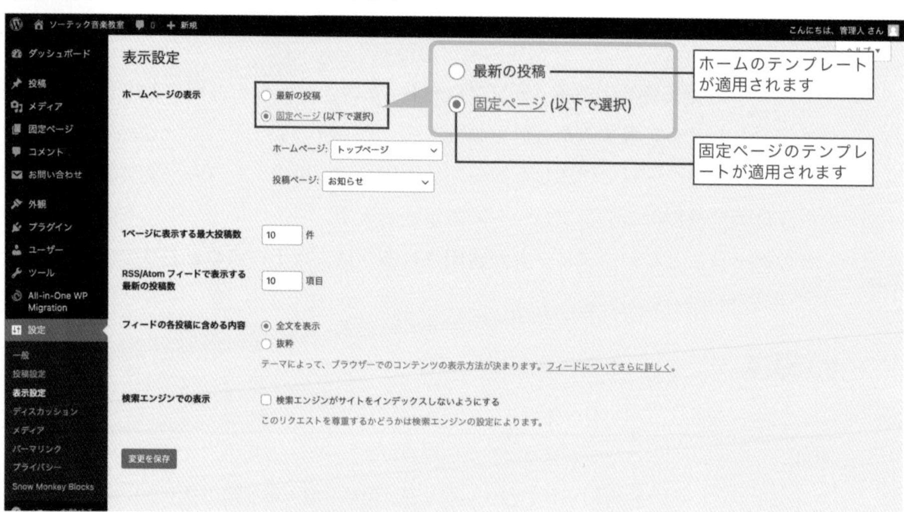

次に、テンプレートには優先順位のルールがあります。テーマの中に「フロントページ」というテンプレートが存在する場合は、「トップページと投稿一覧ページの設定」がどちらであっても、最優先で「フロントページ」のテンプレートが適用されます。

図8-4-2 デフォルトテンプレートと優先順位

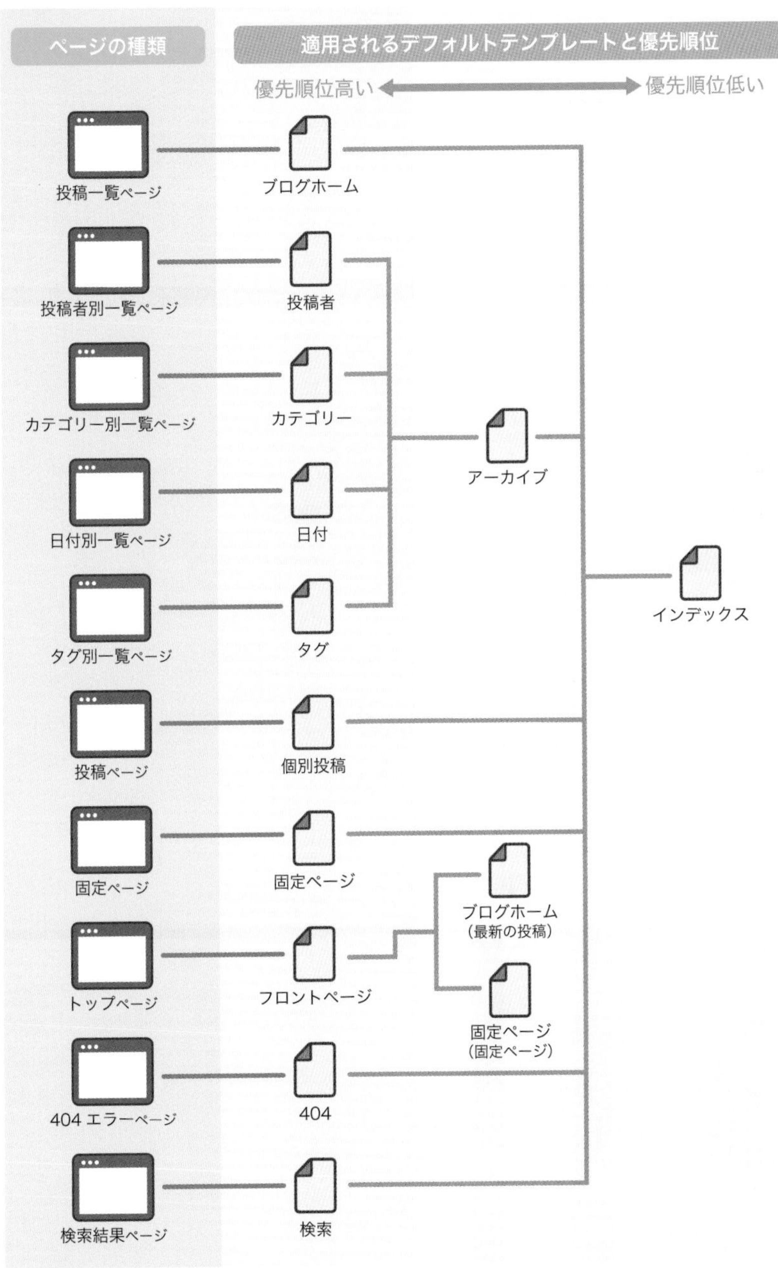

優先順位で上位のテンプレートが存在しない場合は、下位のテンプレートが適用される仕組みです。

この仕組みを理解していれば、サイト全体を思い通りにカスタマイズすることができるでしょう。

固定ページのテンプレートを編集する

固定ページを表示させるためのテンプレートを編集して、不要な要素の削除や、投稿タイトルのスタイルを設定しましょう。

1 エディターを開く

管理画面の「外観」>「エディター」を開きます。

2 固定ページのテンプレートを開く

「テンプレート」をクリックし、「固定ページ」をクリックします。

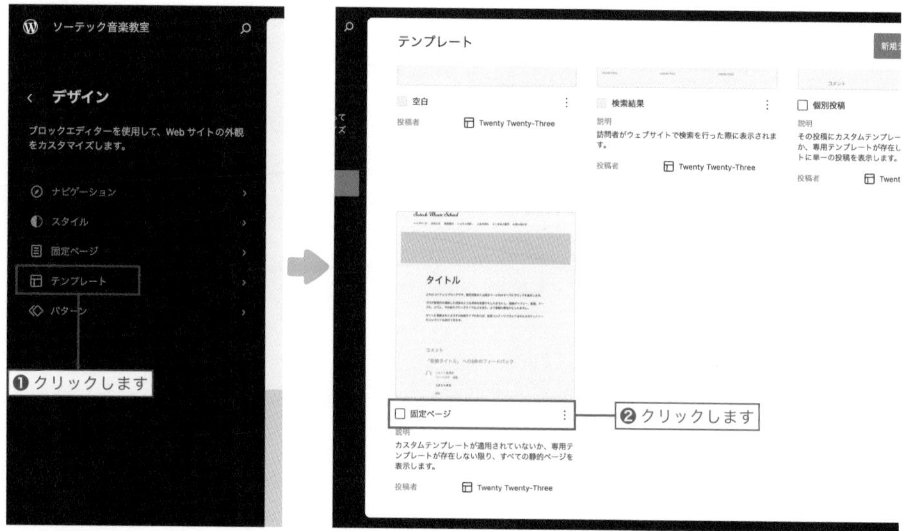

③ テンプレートを確認する

固定ページ用のテンプレートを確認すると、上から順に「ヘッダーテンプレートパーツ」「アイキャッチ画像」「投稿タイトル」「投稿コンテンツ」「コメント」「フッターテンプレートパーツ」で構成されていることがわかります。

図8-4-3 固定ページテンプレートの構成

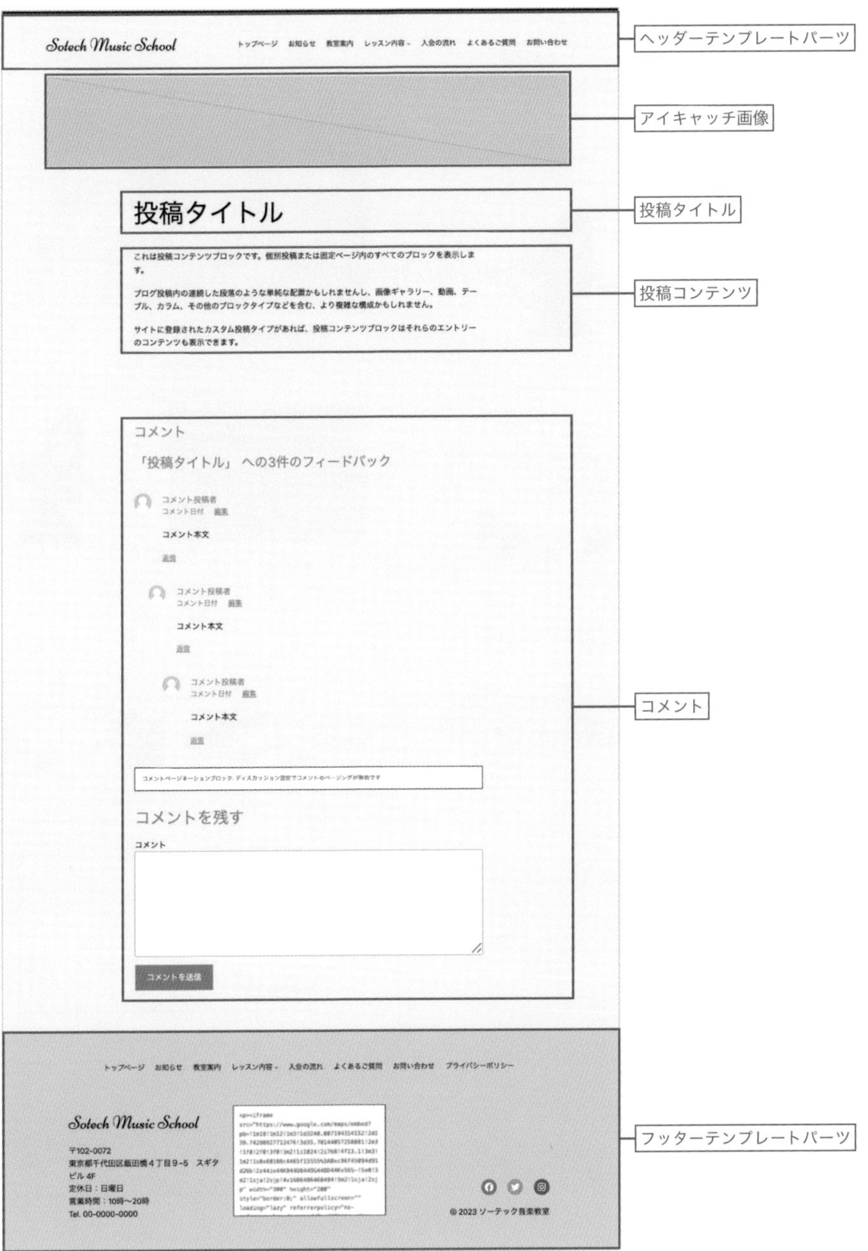

実際の固定ページを確認してみると、アイキャッチ画像とコメントが表示されていないことがわかります。アイキャッチ画像は設定していないため、コメントはLesson 3-5でコメント機能をオフにしているため表示されません。
このように、テンプレート上に存在していても、設定していない項目は表示されない仕組みとなっています。

設定していない項目は表示されない

アイキャッチ画像とコメントを設定していた場合の表示

④ 不要な要素を削除する

設定していなければ表示されませんが、わかりやすくするため不要な要素はテンプレートから削除しましょう。

アイキャッチ画像のブロックをクリックして選択し、⋮をクリックして「投稿のアイキャッチ画像を削除」(Windowsは shift + Alt + Z キー、Macは control + option + Z キー) をクリックします。

同様に、コメントブロック全体を選択して「コメントを削除」をクリックします。

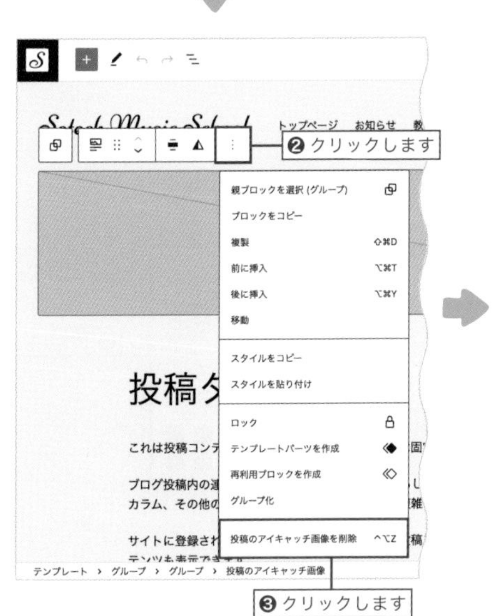

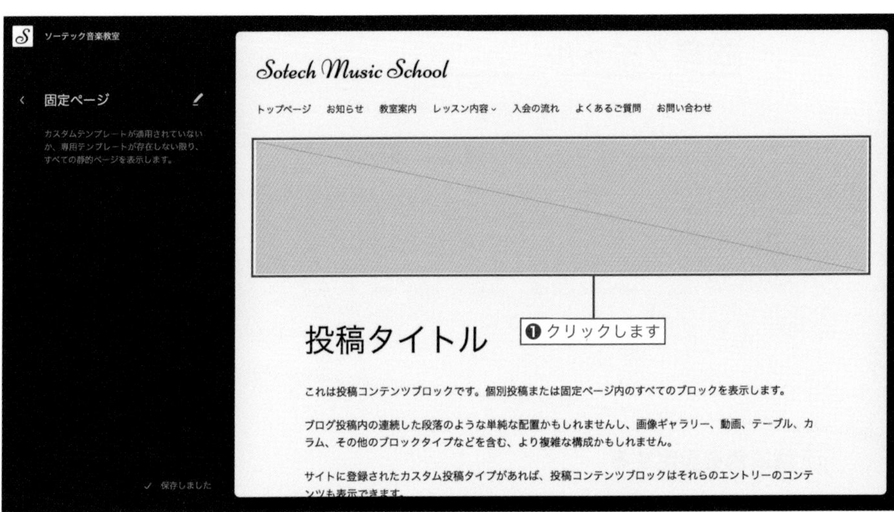

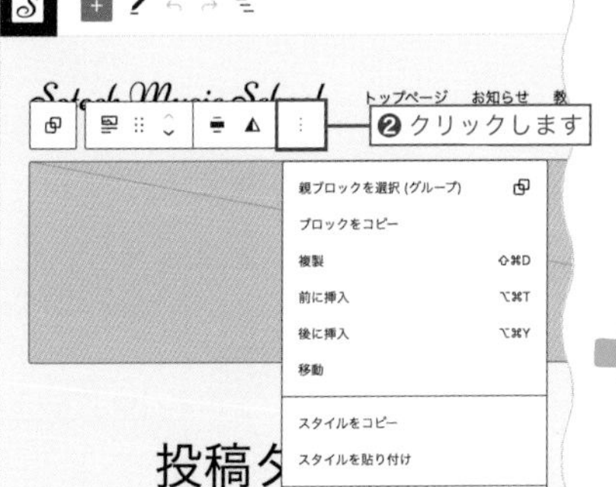

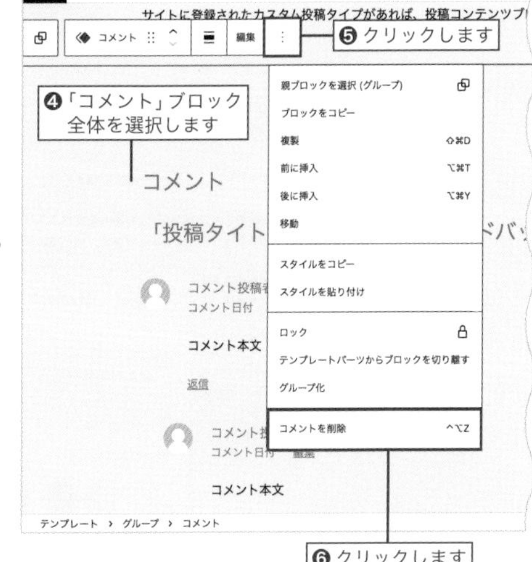

5 投稿タイトルのスタイル設定を開く

投稿タイトルのスタイルを設定するため、「投稿タイトル」を選択し、画面右の設定パネルからスタイルアイコン◐をクリックします。

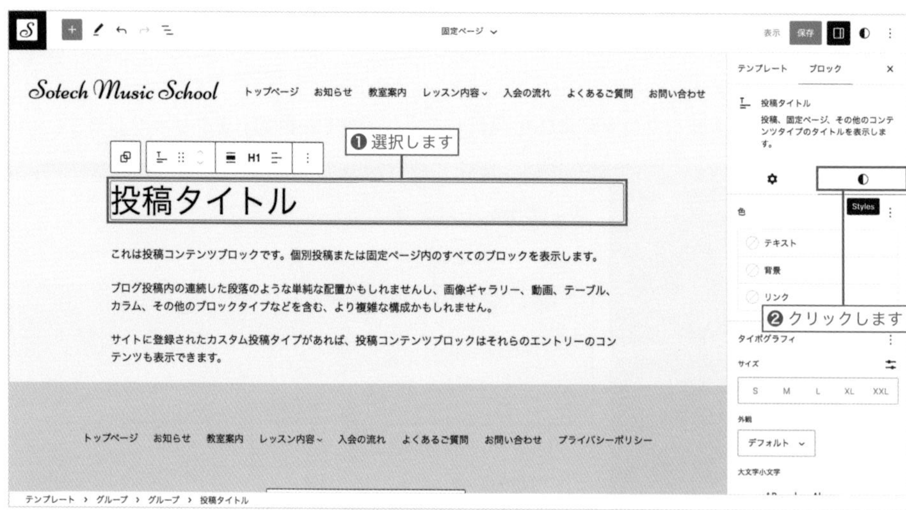

6 背景色を設定する

色の背景から「コントラスト」カラーを選択します。

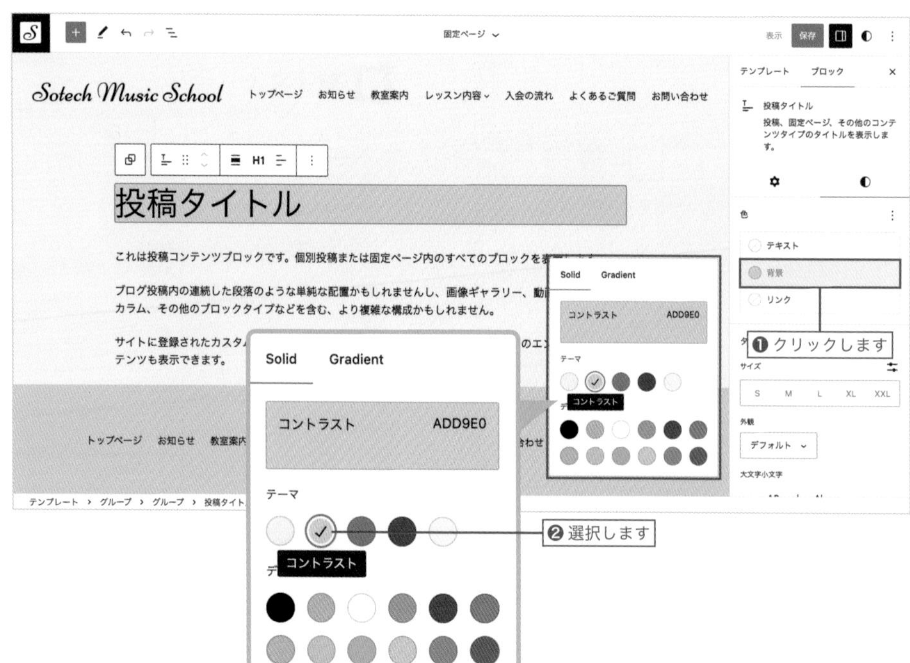

⑦ 文字サイズを設定する

タイポグラフィから「XL」を選択します。

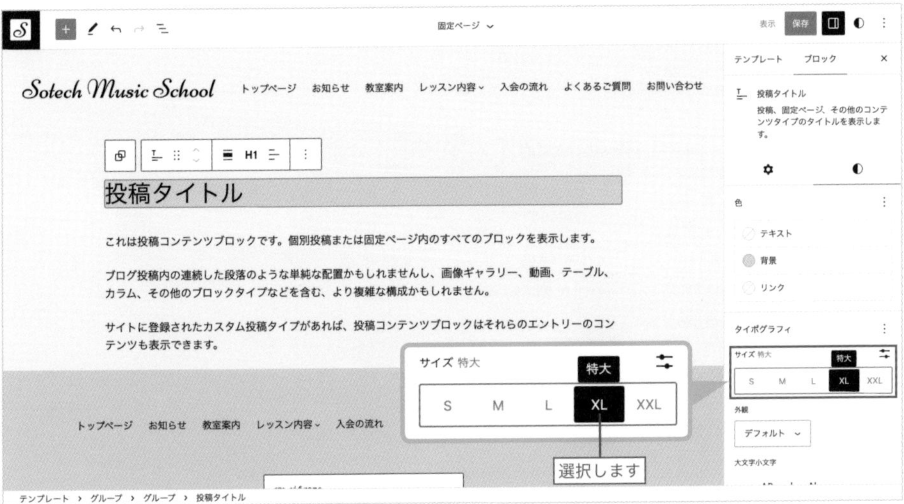

⑧ 余白を設定する

パディングを「2」に設定します。

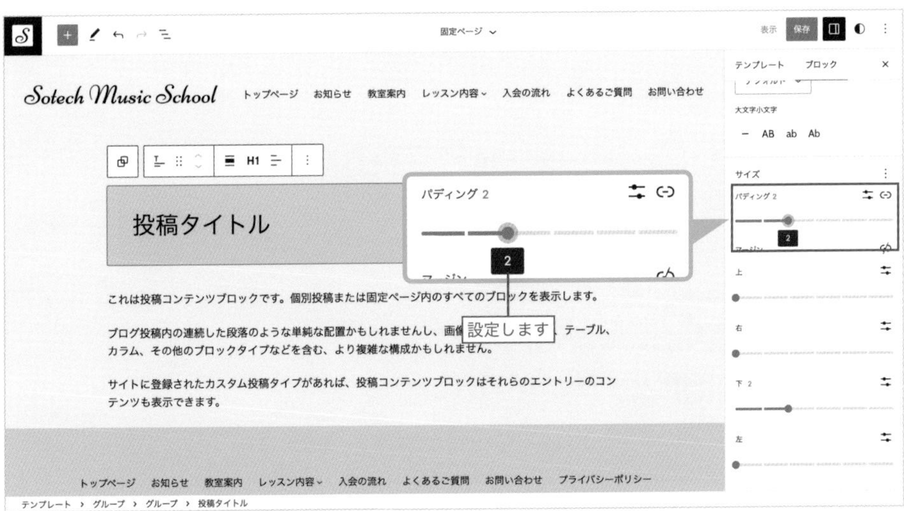

⑨ 全幅にする

ツールバーの配置から「全幅」を選択します。

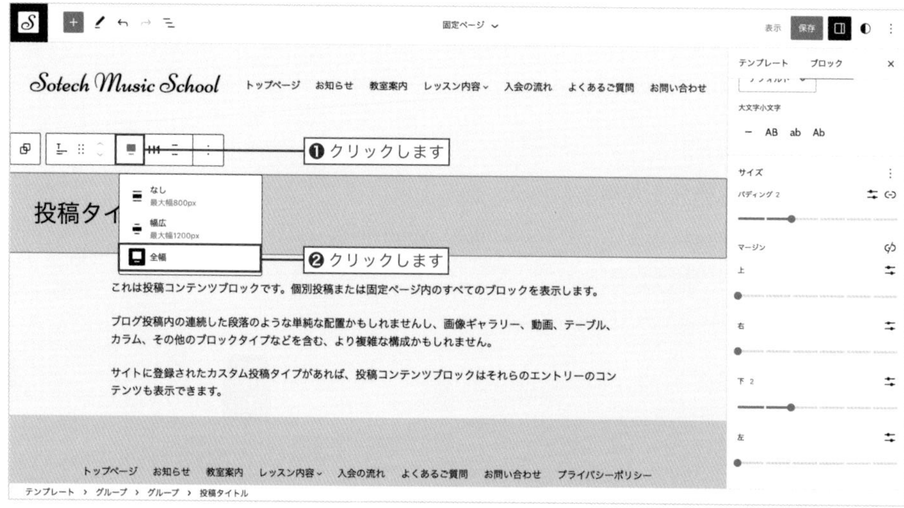

⑩ テキストを中央寄せにする

ツールバーのテキストの配置から「テキスト中央寄せ」を選択します。

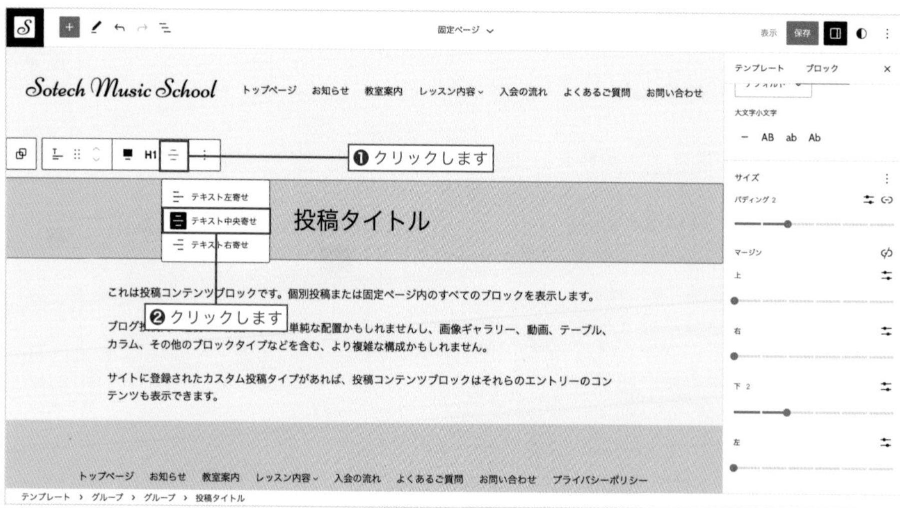

⑪ 余白を調整する

ヘッダーと投稿タイトルの間の余白を詰め、コンテンツの下に余白を設けるため、画面左上の☰（リスト表示）をクリックし、「グループ」を選択します。
画面右の設定パネルからスタイルアイコン◐をクリックし、マージンの上を「0」、下を「5」に設定します。

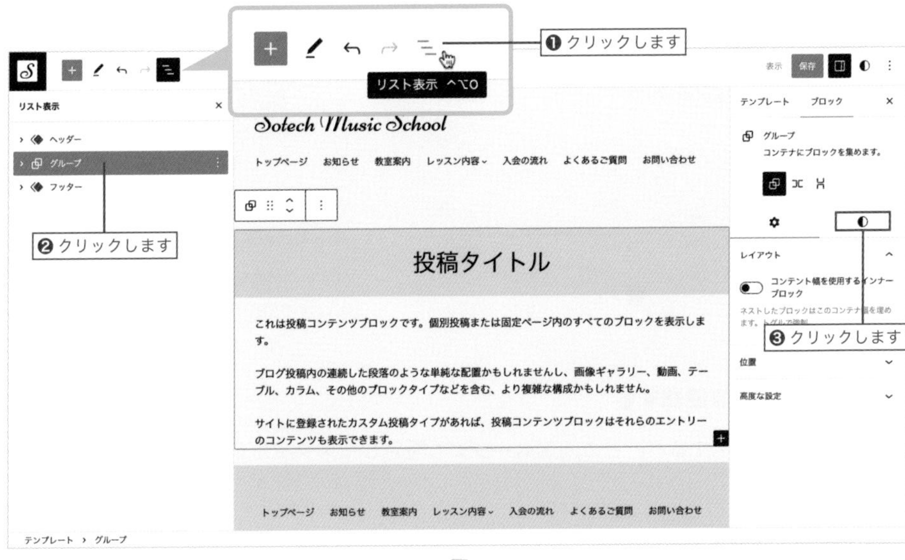

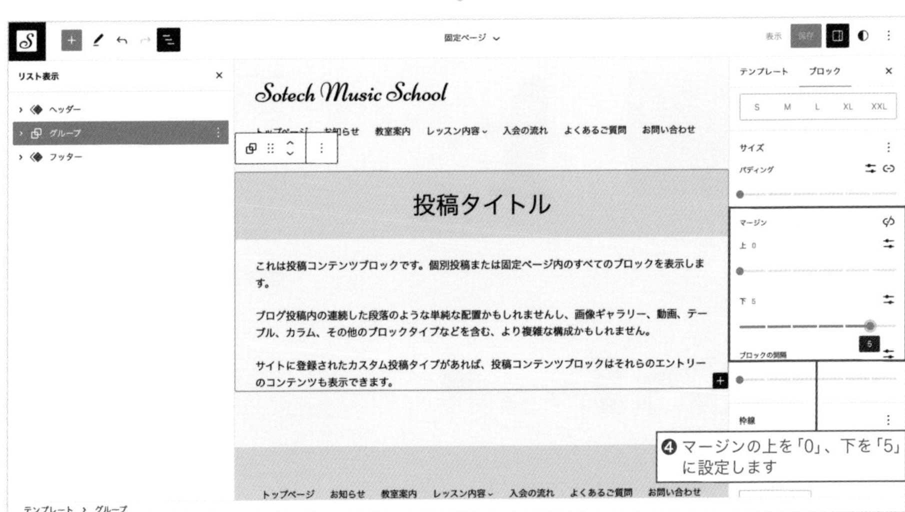

MEMO

マージンとは、要素の外側に設ける余白のことです。

⑫ 保存する

「保存」をクリックし、もう一度「保存」をクリックして設定を保存します。

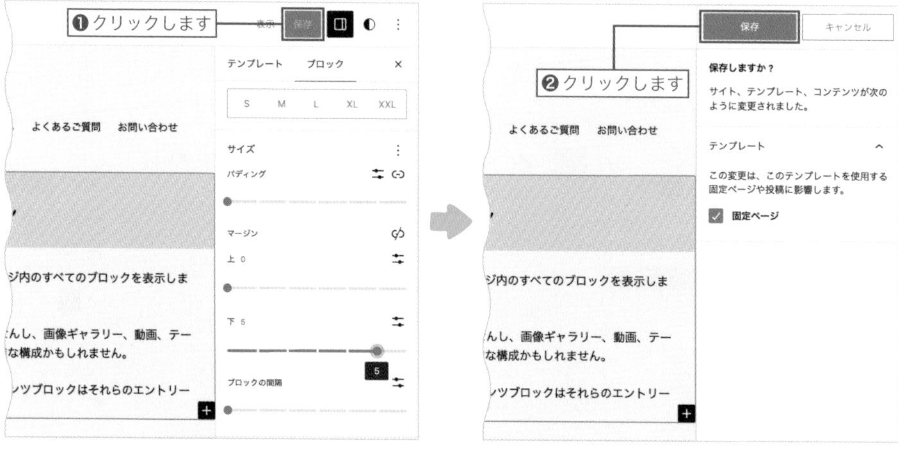

⑬ サイトを確認する

サイトを表示すると、どの固定ページにも設定したスタイルが反映されていることがわかります。

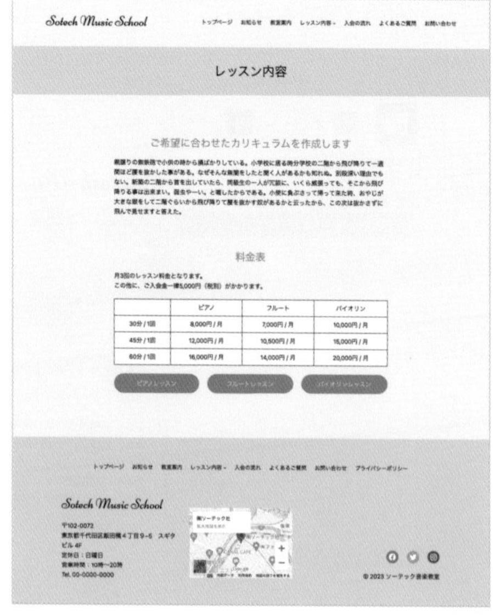

個別投稿のテンプレートを設定する

投稿ページを表示させるためのテンプレートを編集して、不要な要素の削除や、アイキャッチ画像のスタイルを設定しましょう。

1 コメントを削除し、投稿タイトルのスタイルを設定する

固定ページのテンプレート編集と同様に「個別投稿」の編集画面を開き、コメントブロックの削除と、投稿タイトルのスタイル設定をしましょう。

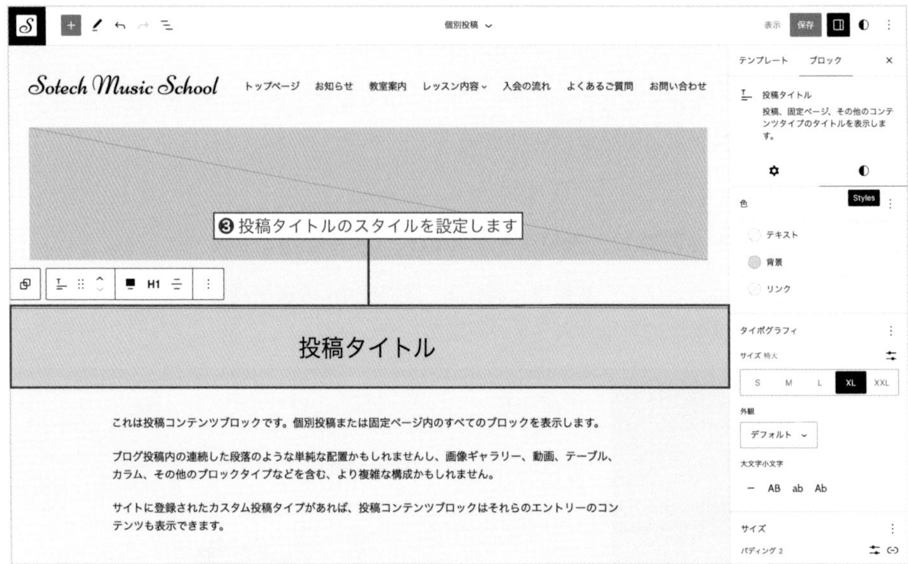

② アイキャッチ画像のスタイルを設定する

初期状態では、アイキャッチ画像のサイズが大きく、オーバーレイ加工でぼんやりした印象になってしまうため、スタイルを設定します。

図8-4-4 アイキャッチ画像の初期スタイル

「アイキャッチ画像」ブロックを選択して、ツールバーの配置から「なし」を選択します。次に、画面右の設定パネルから「オーバーレイの不透明度」を「0」にします。

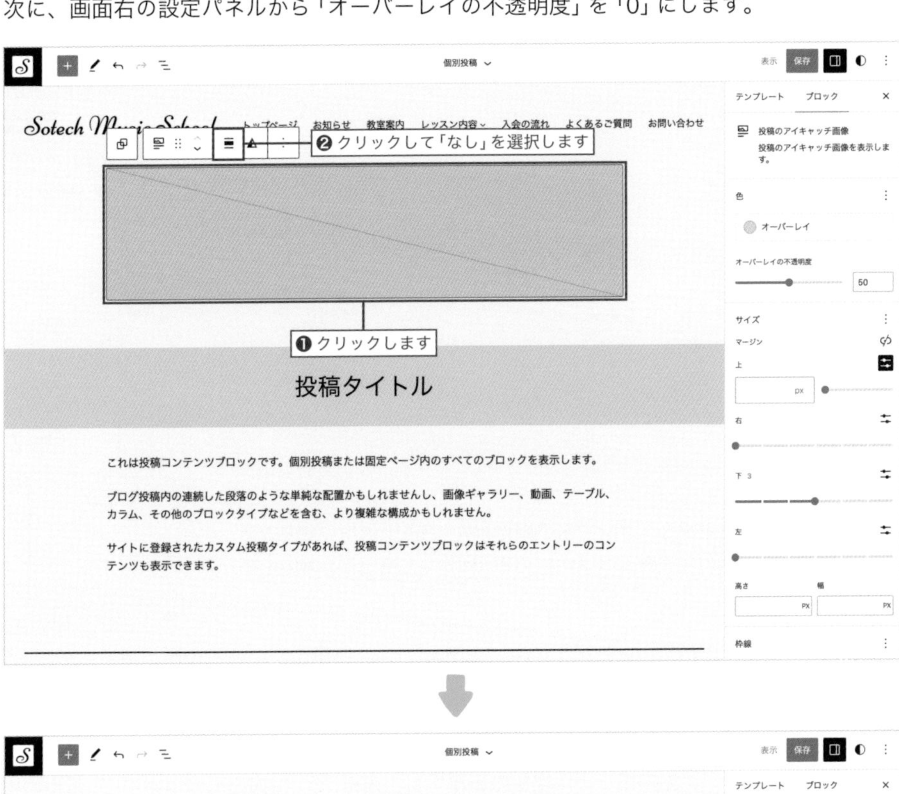

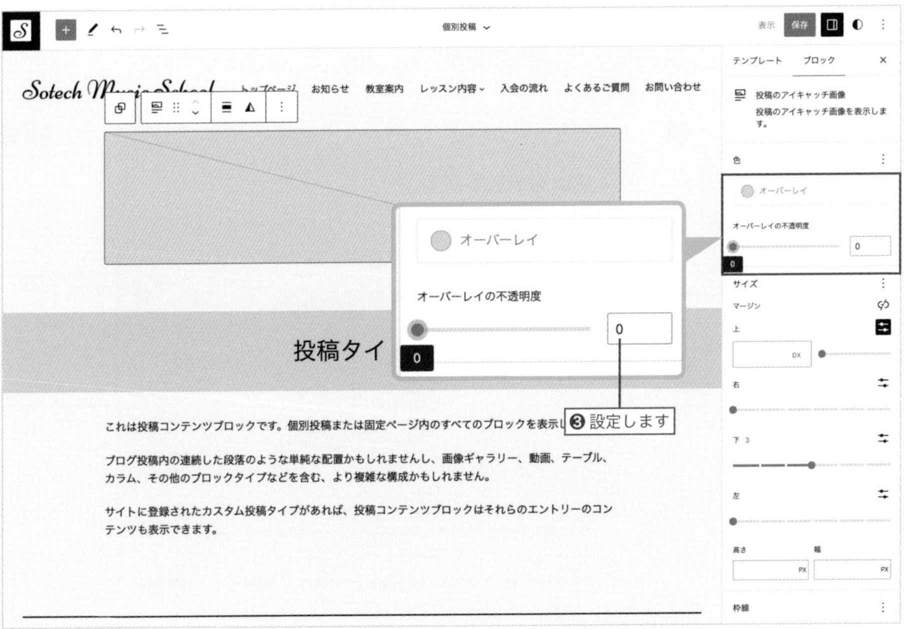

③ アイキャッチ画像をタイトルの下に配置する

アイキャッチ画像の表示位置をタイトルの下にするため、ドラッグしてタイトルの下に移動します。画面右の設定パネルからマージンの上を「0」に設定します。

④ 余白を調整する

固定ページと同様にコンテンツのグループを選択し、画面右の設定パネルからスタイルアイコン◐をクリックして、マージンの上を「0」、下を「5」に設定します。

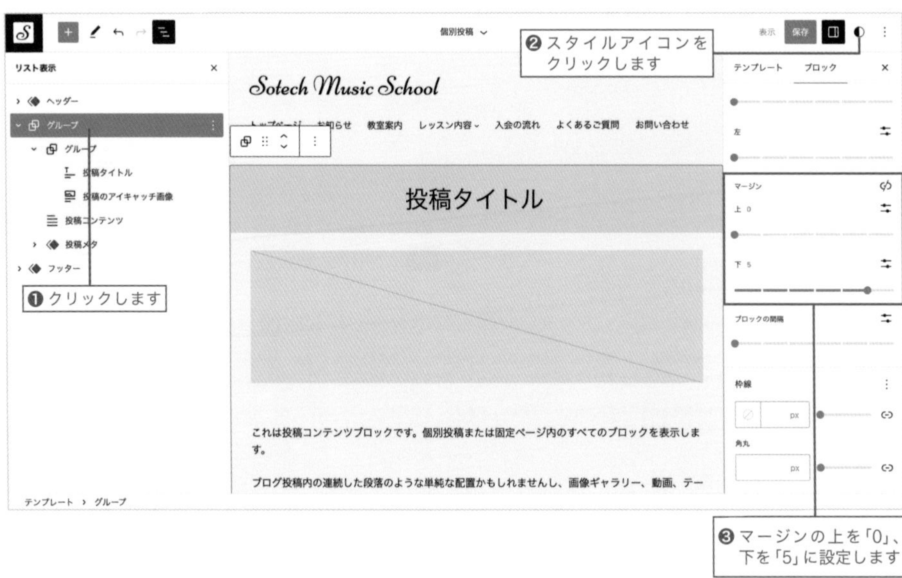

5 保存する

「保存」をクリックし、もう一度「保存」をクリックして設定を保存します。

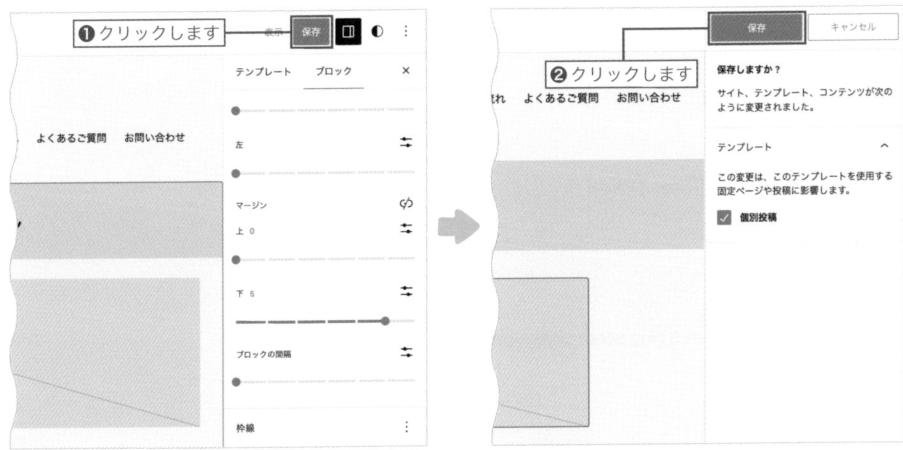

6 サイトを確認する

サイトを表示すると、投稿のアイキャッチ画像が見やすくレイアウトされているのが確認できます。

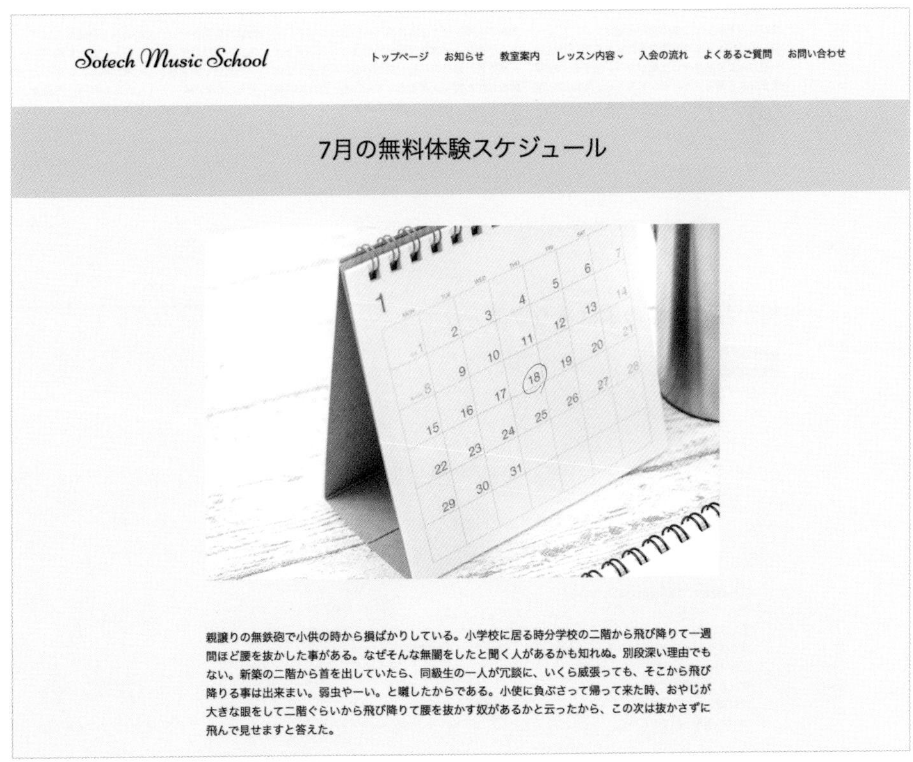

ホームのテンプレートを編集する

お知らせページを表示させるためのホーム用テンプレートには、テーマにもともと設定されている文言が表示されているので、不要な要素の削除やスタイルを設定しましょう。

図8-4-5 お知らせページの初期表示

Sotech Music School　トップページ　お知らせ　教室案内　レッスン内容⌄　入会の流れ　よくあるご質問　お問い合わせ

Mindblown: a blog about philosophy.

7月の無料体験スケジュール

親譲りの無鉄砲で小供の時から損ばかりしている。小学校に居る時分学校の二階から飛び降りて一週間ほど腰を抜かした事がある。なぜそんな無闇をしたと聞く人があるかも知れぬ。別段深い理由でもない。新築の二階から首を出していたら、同 [...]

2023年3月23日

定期演奏会を開催します

親譲りの無鉄砲で小供の時から損ばかりしている。小学校に居る時分学校の二階から飛び降りて一週間ほど腰を抜かした事がある。なぜそんな無闇をしたと聞く人があるかも知れぬ。別段深い理由でもない。新築の二階から首を出していたら、同 [...]

2023年3月23日

春の入会50%OFFキャンペーン

親譲りの無鉄砲で小供の時から損ばかりしている。小学校に居る時分学校の二階から飛び降りて一週間ほど腰を抜かした事がある。なぜそんな無闇をしたと聞く人があるかも知れぬ。別段深い理由でもない。新築の二階から首を出していたら、同 [...]

2023年3月23日

何かおすすめの本はありますか？

お問い合わせ

トップページ　お知らせ　教室案内　レッスン内容⌄　入会の流れ　よくあるご質問　お問い合わせ　プライバシーポリシー

Sotech Music School

〒102-0072
東京都千代田区飯田橋４丁目9-5　スギタビル 4F
定休日：日曜日
営業時間：10時〜20時
Tel. 00-0000-0000

© 2023 ソーテック音楽教室

❶ 不要な要素を削除する

固定ページのテンプレート編集と同様に「ブログホーム」の編集画面を開き、ページ下部にある「何かおすすめの本はありますか？」の「カラム」ブロックを選択して削除します。

② タイトルを編集する

ページ上部にあるタイトル「Mindblown: a blog about philosophy.」を「お知らせ」に書き換え、固定ページと同様にスタイルを設定します。

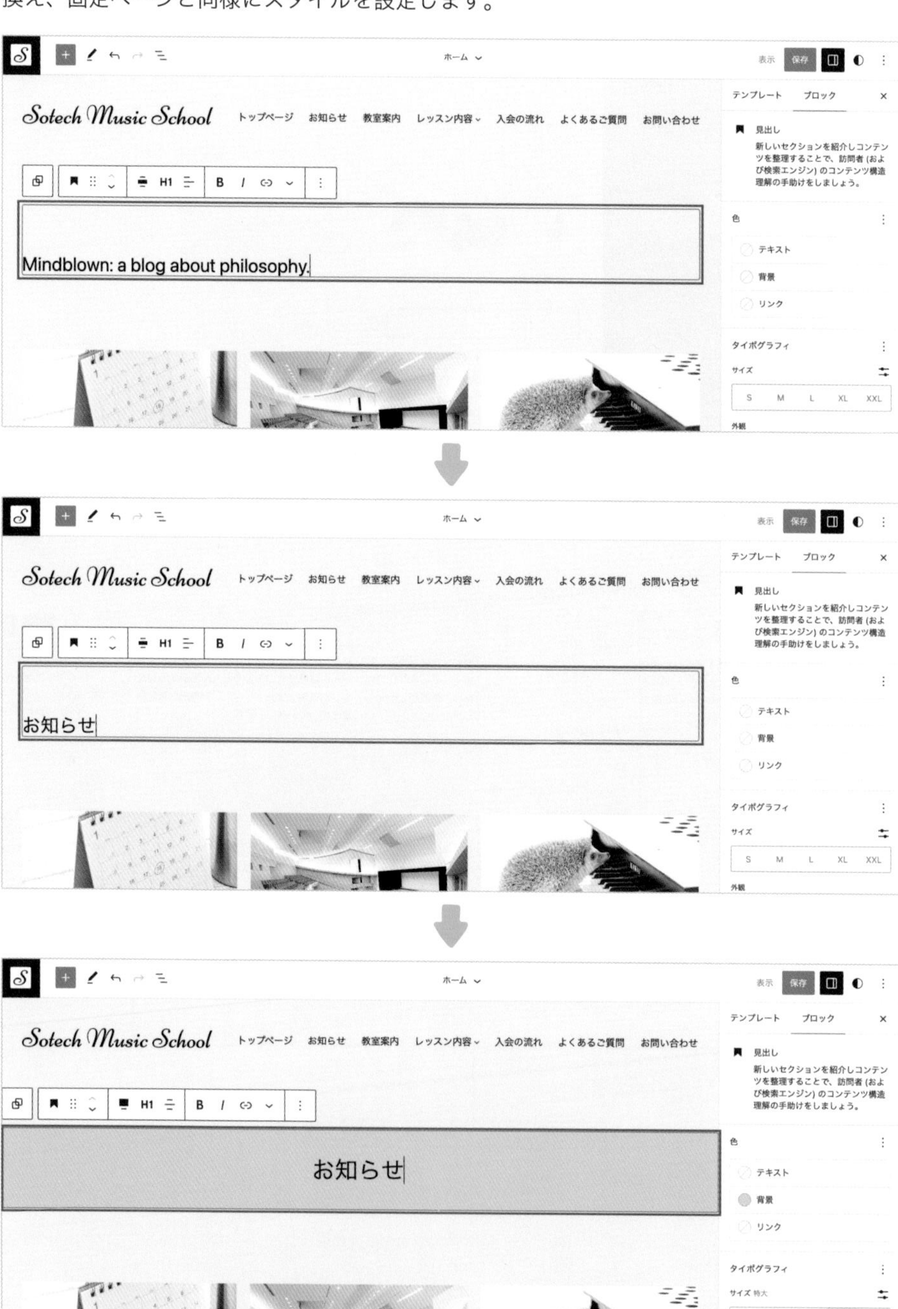

POINT

パディングの設定が見つからないときは…

画面右の設定パネルにある「サイズ」の右にある⋮をクリックして、「パディング」をクリックすると表示されます。

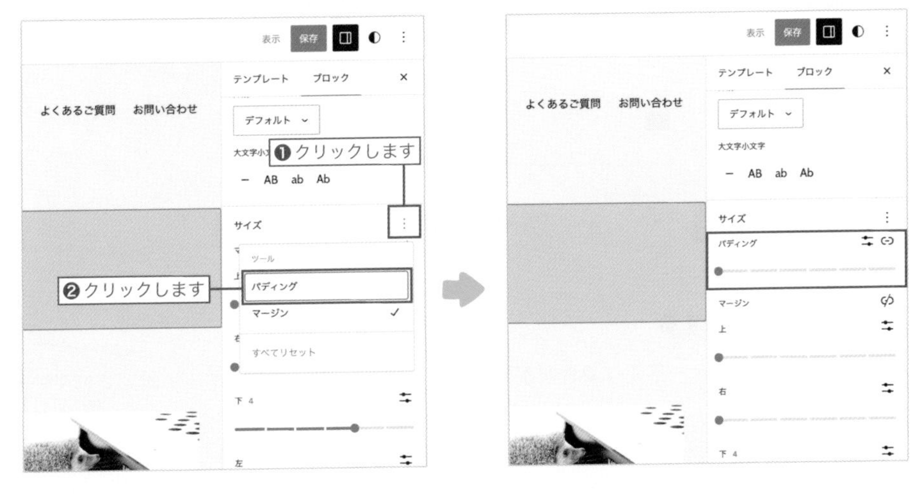

③ 余白を調整する

固定ページと同様にコンテンツのグループを選択し、画面右の設定パネルからスタイルアイコンをクリックして、マージンの上を「0」、下を「5」に設定します。

4 保存する

「保存」をクリックし、もう一度「保存」をクリックして設定を保存します。

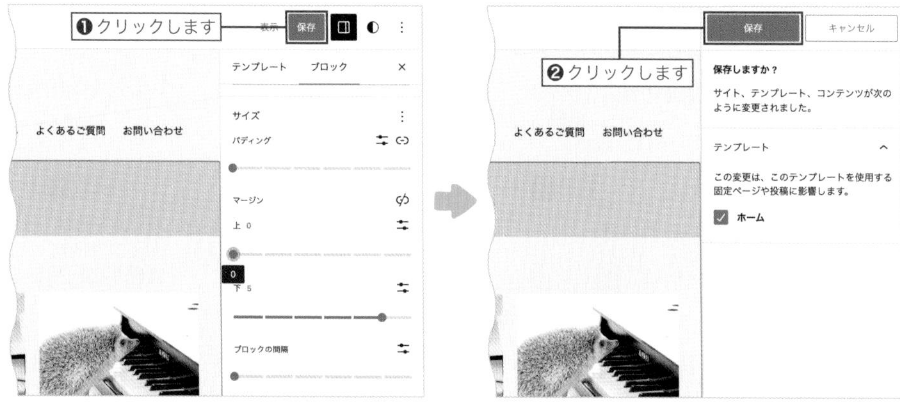

5 サイトを確認する

サイトを表示すると、不要な要素が削除されて、「お知らせ」にスタイルが設定されているのが確認できます。

MEMO

アーカイブやその他のテンプレートも、必要に応じて編集しましょう。

トップページ用のテンプレートを作成する

トップページを表示すると、固定ページ用のテンプレートが適用されているため、ページ上部に投稿タイトルである「トップページ」という文言が表示されています。トップページには投稿タイトルを表示したくないため、トップページ専用のテンプレートである「フロントページ」のテンプレートを作成しましょう。

1 テンプレートを追加する

テンプレートを選択する画面を開き、「新規テンプレートを追加」をクリックし、「フロントページ」をクリックします。

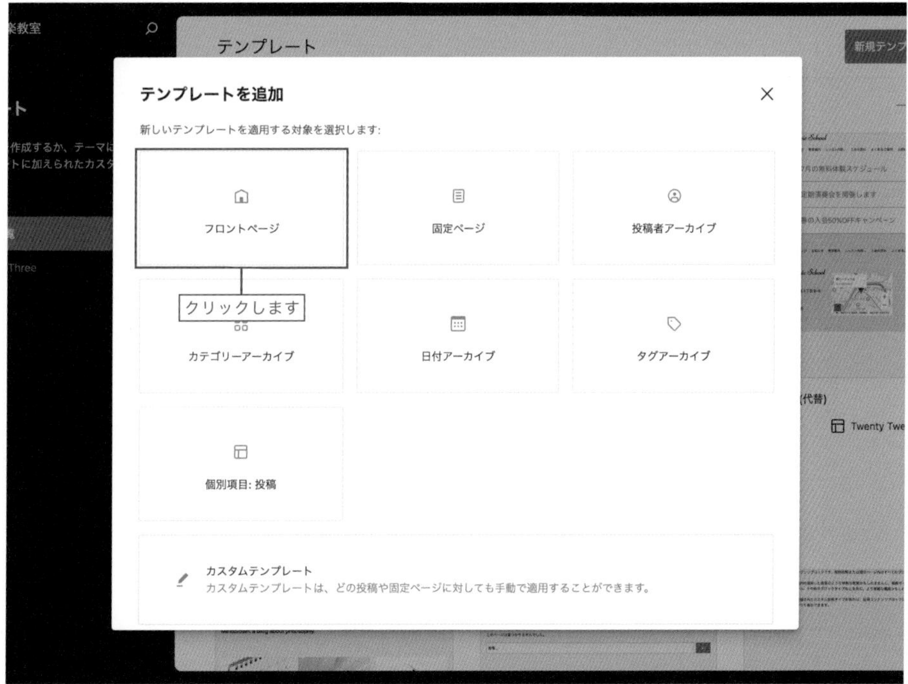

② パターンを選択する

フロントページテンプレートを追加すると、パターンを選択する画面が表示されます。ここでは表示されたパターンをクリックします。試しに、この状態でトップページを確認してみると、先ほどまでとまったく違うページになっていることがわかります。

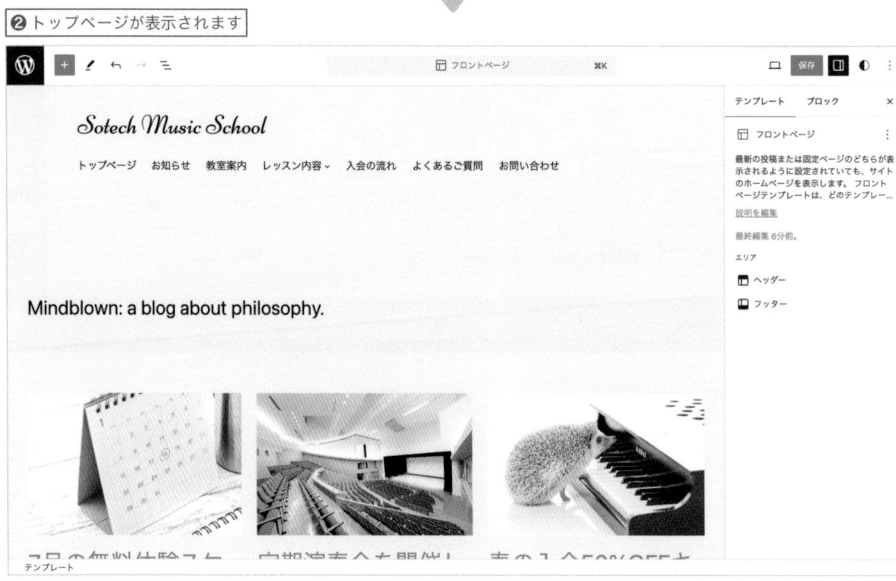

③ コンテンツをすべて削除する

まず、不要な要素を削除するために、グループブロックの中にあるブロックをすべて削除します。

④ コンテンツブロックを追加する

グループの中にある＋をクリックして、「コンテンツ」ブロックを追加します。

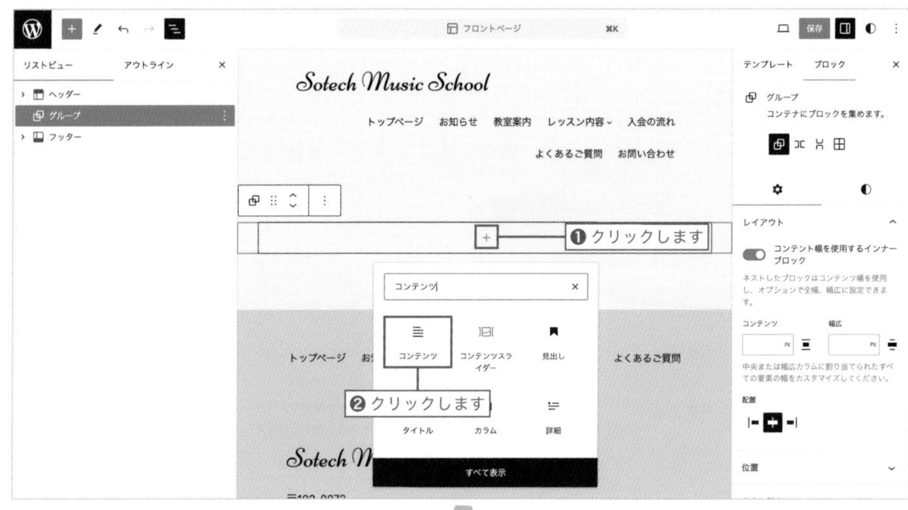

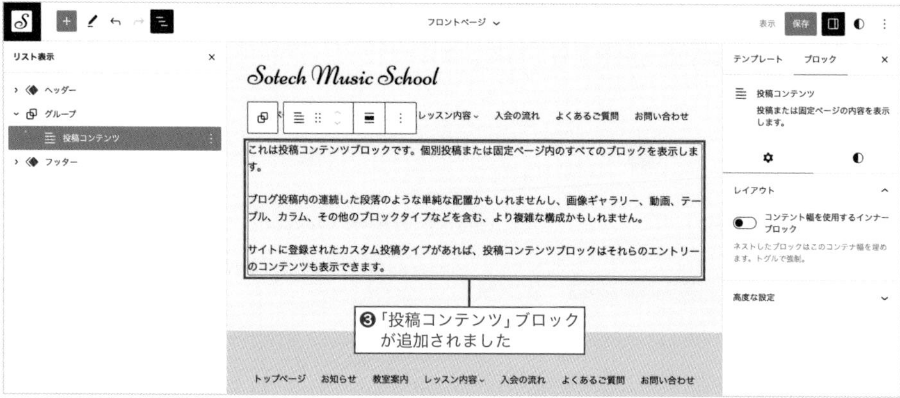

5 全幅にする

ツールバーの配置から「全幅」を選択します。

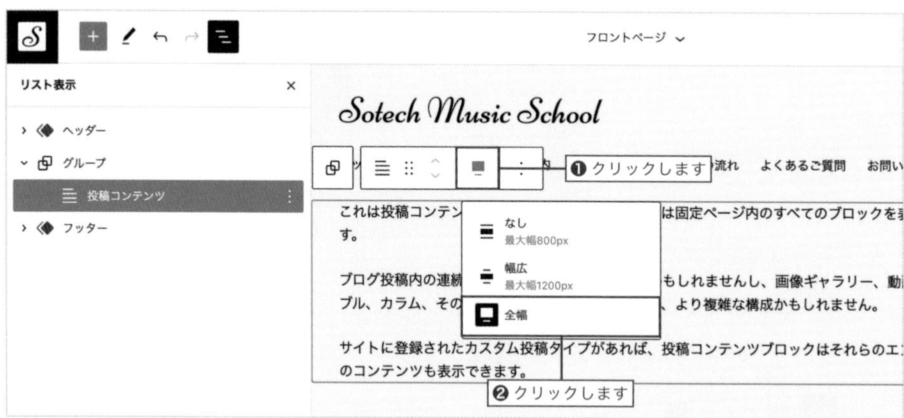

6 保存する

「保存」をクリックし、もう一度「保存」をクリックして設定を保存します。

7 サイトを確認する

サイトを表示すると、ヘッダー・フッターの間に固定ページの「トップページ」で作成した内容のみ表示されていることがわかります。

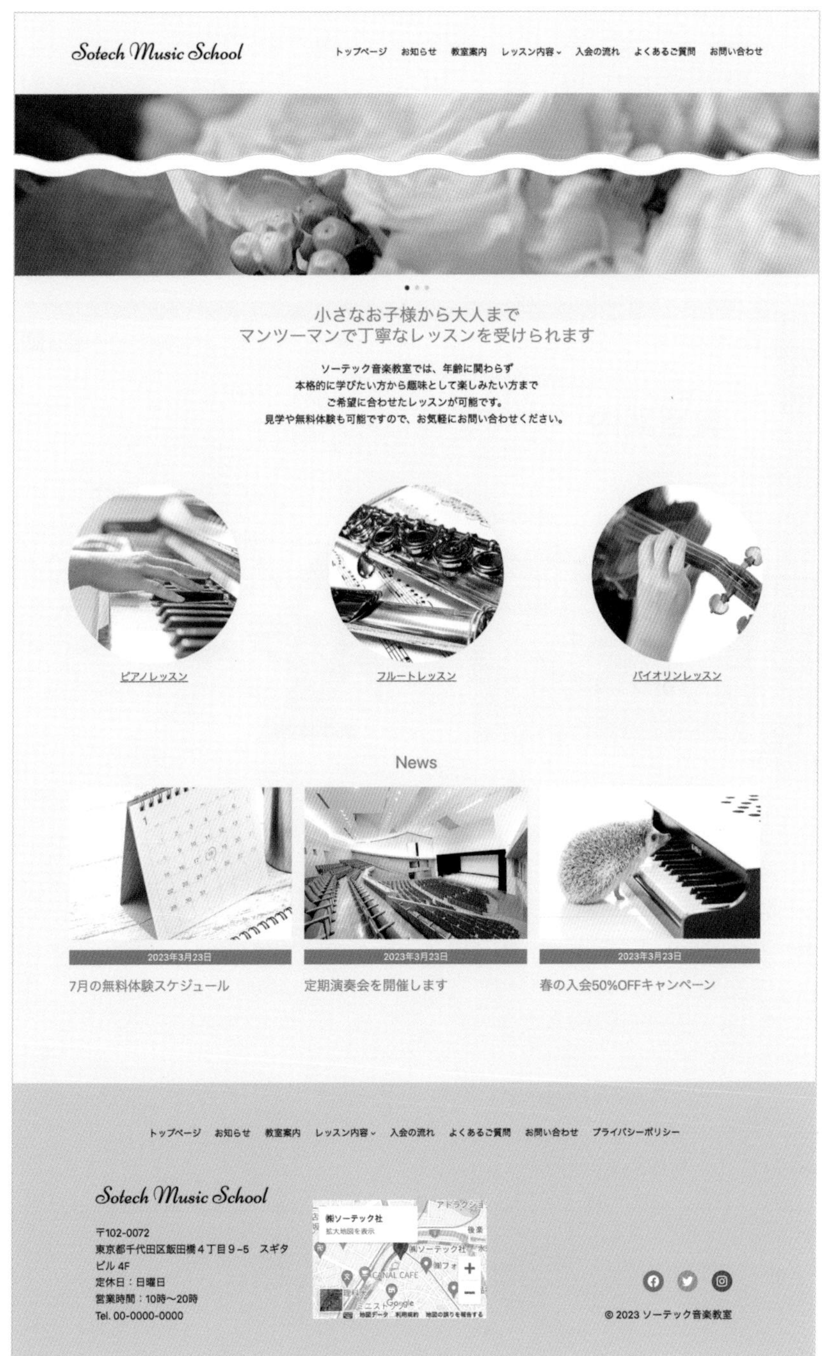

COLUMN

「空白」テンプレートや「ブログ（代替）」テンプレートの使い方

テンプレートの中にある「空白」テンプレートや「ブログ（代替）」テンプレートは、任意のページのみに適用させるためのテンプレートです。ページによってレイアウトや表示させる内容を変えたい場合に使うと便利です。

これらのテンプレートの適用方法は、適用させたいページの編集画面を開き、画面右の設定画面にあるテンプレート名をクリックします。使用したいテンプレートを選択したら、「更新」をクリックします。

試しに「ブログ（代替）」を選択してページを確認すると、表示がテンプレートどおりに変わっていることがわかります。

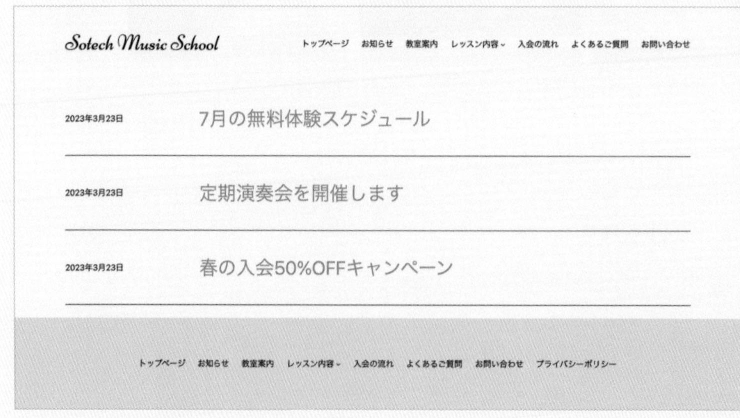

Chapter 9

Webサイト運用の知識を身につけよう

Webサイトが完成したら、安全に運用するための設定と、訪問者を増やすための設定を行いましょう。

Lesson 9-1

安全なWebサイトの証明

SSLを設定しよう

訪問者が安心してWebサイトを閲覧できるよう、Webサイトを常時SSL化しましょう。

Webサイトは完成してからの運用がとても大切です。まずは、SSLの重要性と設定方法を解説しますね。

SSLってなんとなく聞いたことがある程度だったので、なぜ必要なのかを教えてもらえると嬉しいです！

SSLの重要性

「**SSL**」とは、Webサイト（Webサーバー）と閲覧ユーザーのコンピューター間でやりとりされる通信データを暗号化し、第三者に盗み見されることを防ぐためのしくみです。

以前は、ショッピングサイトのカートなど個人情報を送信するページではSSL化が必須でしたが、2018年の中頃からはGoogleがすべてのWebサイトの常時SSL化を推奨し始め、Web全体のSSL化が進みました。

SSL化されているページはURLが「**https://**」から始まり、ブラウザのアドレスバーに安全を意味する鍵マークが表示されます。一方、SSL化されていないページはURLが「**http://**」から始まり、多くのWebブラウザでは警告が表示されるようになっています。

このため、訪問者に安心してWebサイトを閲覧してもらえるよう、SSL化をしておいたほうが望ましいのです。

また、SSL化されているWebサイトはGoogleから信頼できるWebサイトとして評価されるため、検索順位にも影響する要素のひとつとなります。

SSL化されたWebサイト

SSL化されていないWebサイト

SSL化の前に確認すること

SSL化を行う前に、独自ドメインでSSLが利用可能な状態になっているか、必ず確認をしましょう。

確認方法は、Webブラウザで「https://ドメイン名」を開き、Webサイトが正常に表示されればSSLが利用できる状態にあります。

「このサイトは安全に接続できません」などの警告メッセージが表示される場合は、SSLが利用できない状態にあります。レンタルサーバーのSSL設定を確認し、使用するドメインにSSLが設定されているか確認しましょう。

プラグインを使ってWordPressサイトをSSL化する

SSLを正しく利用するためには、Webサーバー側の設定だけでなくWordPressにもSSLの設定を行う必要があります。

本来SSLの設定には専門的な知識が必要ですが、『**Really Simple SSL**』というプラグインを使うことで簡単に行うことができます。

① Really Simple SSLをインストールする

「プラグイン」>「新規追加」を開き、「Really Simple SSL」を検索して「今すぐインストール」をクリックします。

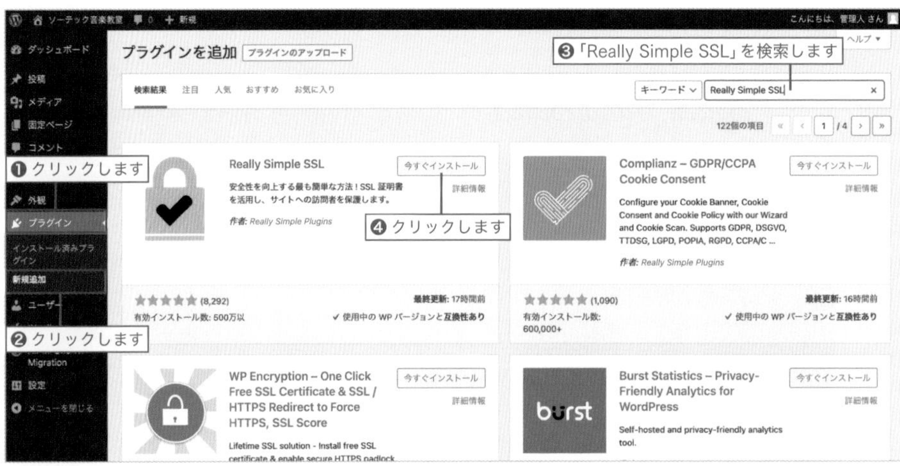

② 有効化する

インストールが完了したら、「有効化」をクリックします。

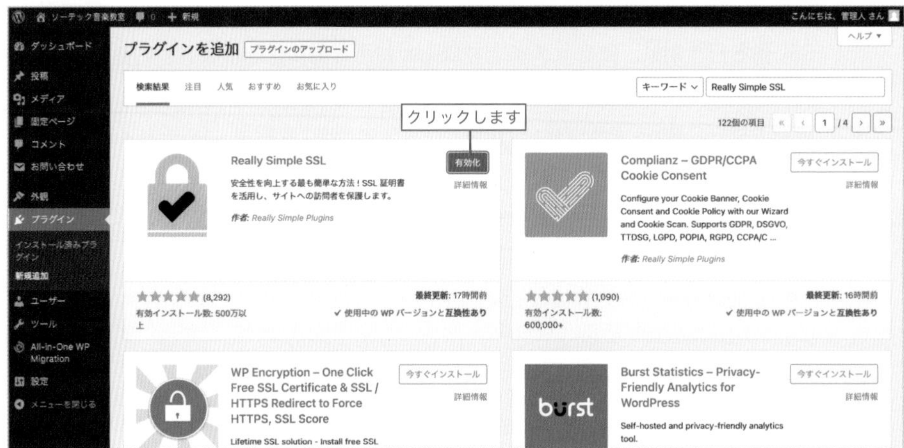

③ SSLを有効化する

「SSLに移行する準備がほぼ完了しました。」というメッセージが表示されたら、「Activate SSL」をクリックします。

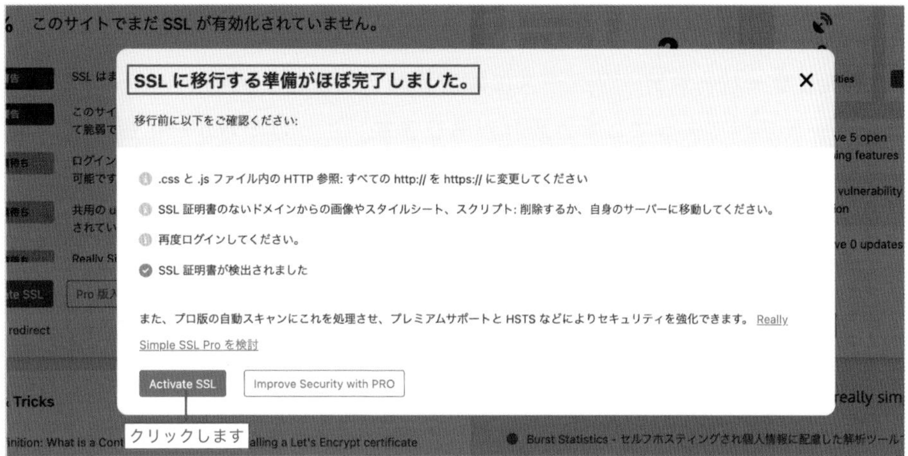

④ 再度ログインする

WordPressへのログイン画面が表示されたら、再度ログインします。
これで、WordPressサイトのSSL化は完了です。

Lesson 9-2

もしものときの備えが大事

Webサイトのバックアップを取ろう

Webサーバーやデータベースに障害が起きた場合、大切なWebサイトのデータをすべて失ってしまう恐れがあります。こうした万が一に備えて、定期的にバックアップを取りましょう。

せっかく作ったWebサイトがすべて消えてしまうなんて、考えただけでもゾッとします…。

プラグインを利用すれば数クリックでWebサイトまるごとバックアップを取ることができます。こまめに取っておくと、もしものときに役立ちますよ。

バックアップとは

「バックアップ」とは、何か問題が起きたときにデータを復旧できるよう、あらかじめデータのコピーを作成して保存することを言います。

バックアップファイルの保存場所は、自分のパソコン上だけでなく、安全性の高いオンラインストレージサービスなどに分散しておくと、さらに安心です。

レンタルサーバーのバックアップ機能を利用する

レンタルサーバーのなかには、直近のデータを自動でバックアップしてくれる機能を提供しているところもあります。

Lesson 2-1で紹介したエックスサーバーの場合は、過去7日分のデータを自動でバックアップし、サーバーコントロールパネルから簡単に復元できる機能が標準でついています。

バックアップの取得方法や復元方法については、ご利用のレンタルサーバーのマニュアルをご参照ください。

「All-in-One WP Migration」を利用してバックアップを取る

WordPressで作成した投稿や設定情報はデータベースとして保存され、本体・テーマ・プラグイン・画像などはファイルとして保存されています。このため、手動でバックアップを取るにはサーバーの知識が必要となり、手間もかかります。

レンタルサーバーで自動バックアップ機能が提供されていない場合は、Webサイトをまるごと簡単にバックアップできる『**All-in-One WP Migration**』というプラグインを利用して、バックアップを取得しましょう。

❶ All-in-One WP Migrationをインストールする

「プラグイン」>「新規追加」を開き、「All-in-One WP Migration」を検索して「今すぐインストール」をクリックします。

❷ 有効化する

インストールが完了したら、「有効化」をクリックします。

③「エクスポート」を開く

有効化すると、管理画面のメニューに「All-in-One WP Migration」が追加されます。「All-in-One WP Migration」>「エクスポート」を開きます。

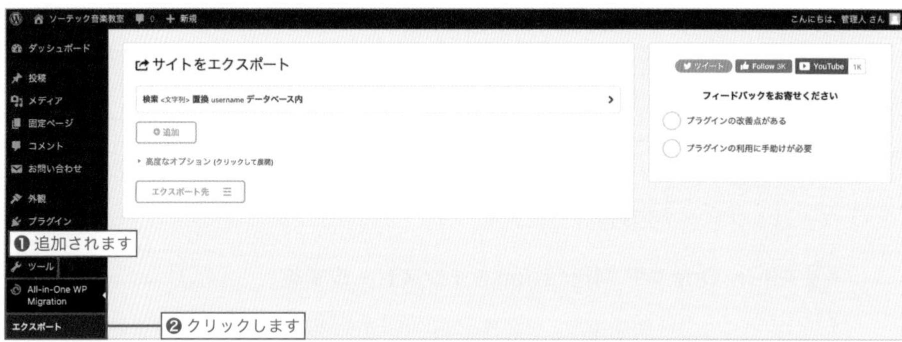

④ファイルを選択する

「エクスポート先」をクリックして、「ファイル」を選択します。

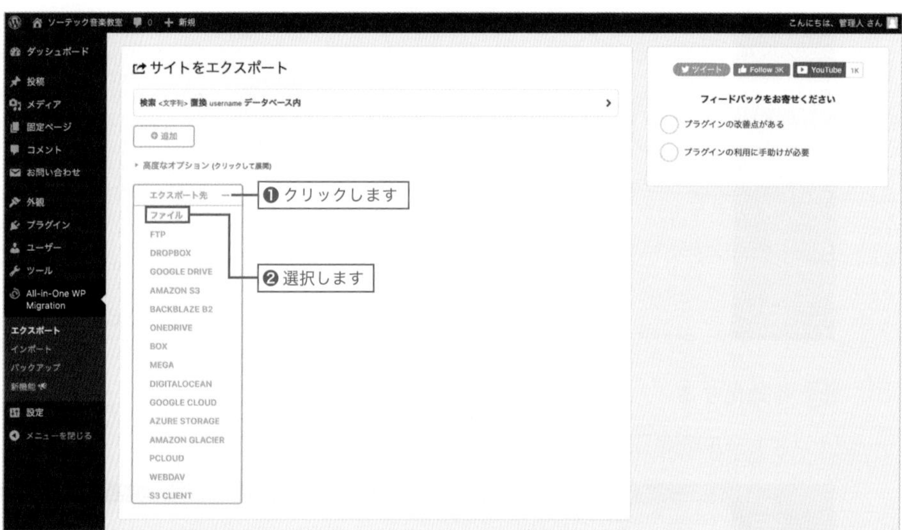

⑤ダウンロードする

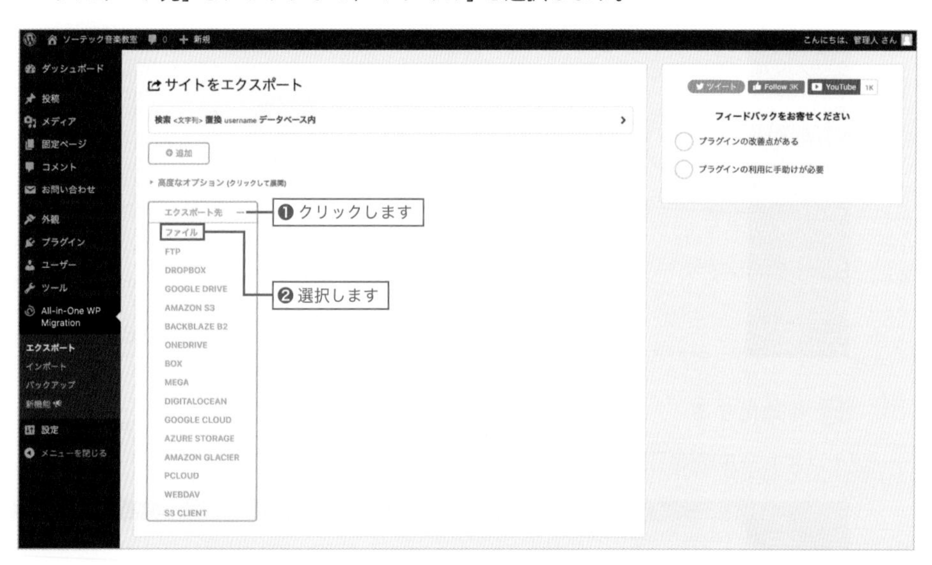

バックアップファイルの準備が完了したら、「○○をダウンロード」をクリックして、パソコンの任意の場所に保存しましょう。

管理画面からバックアップを復元する

「All-in-One WP Migration」を利用して、バックアップを復元します。

① インポートを開く

「All-in-One WP Migration」>「インポート」を開きます。

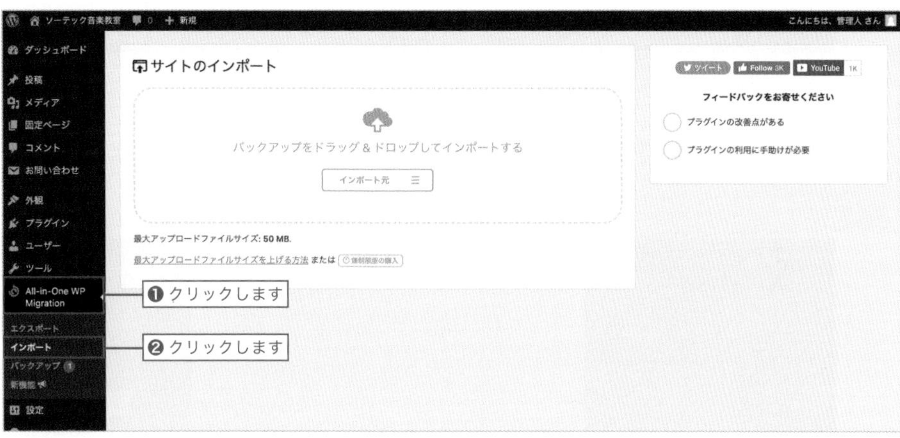

② バックアップファイルをアップロードする

バックアップファイルをドラッグ&ドロップするか、「インポート元」から「ファイル」を選択してアップロードします。

③ インポートを開始する

インポートの準備が完了したら、「開始 >」をクリックします。

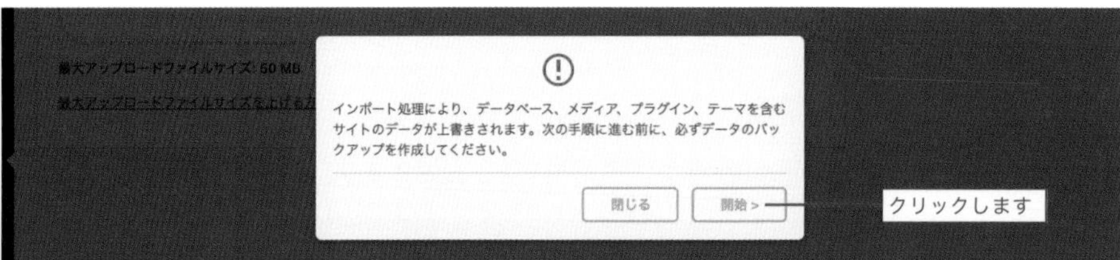

④ 完了する

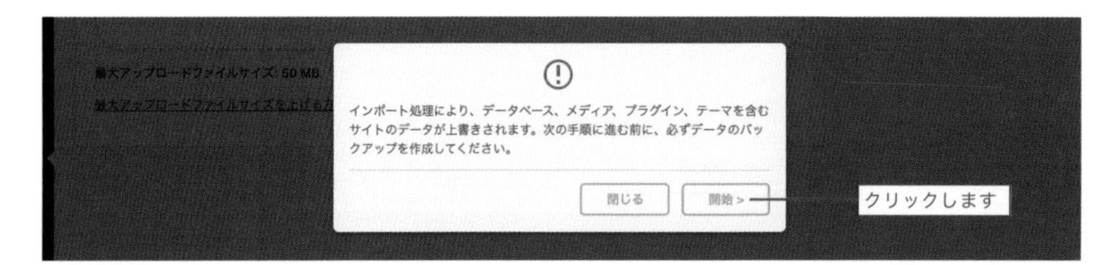

「サイトをインポートしました。」というメッセージが表示されたら、「完了 >」をクリックします。

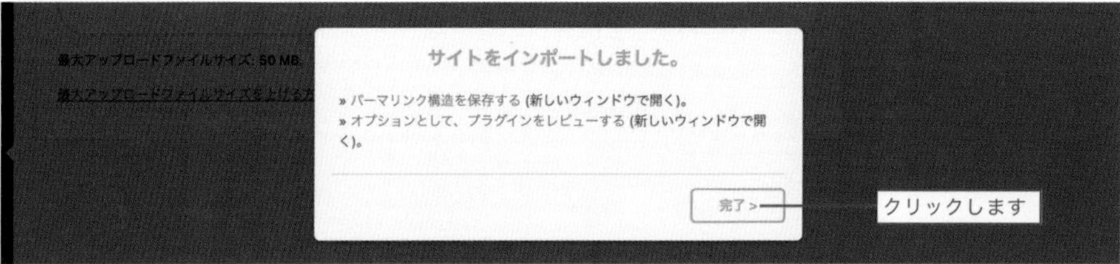

⑤ パーマリンクを更新する

最後に「設定」>「パーマリンク」を開き、内容は変更せずに「変更を保存」をクリックします。

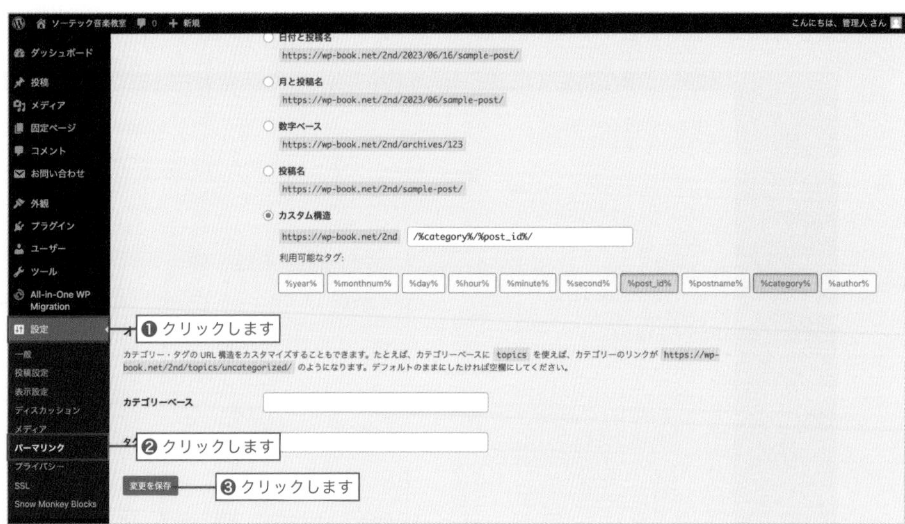

MEMO

All-in-One WP Migrationのインポート機能を利用すると、サーバー移転の際のデータ移行などもスムーズに行うことができます。

COLUMN

バックアップファイルが50MBを超える場合

50MB を超えるバックアップファイルを復元するには、無制限版の有料プラグイン（69ドル/年）を購入する必要があります。サーバーにバックアップ機能がない場合は、購入を検討してみるとよいでしょう。

有料プラグインの導入方法

1 インポートを開く

「All-in-One WP Migration」>「インポート」を開き、「無制限版の購入」をクリックします。

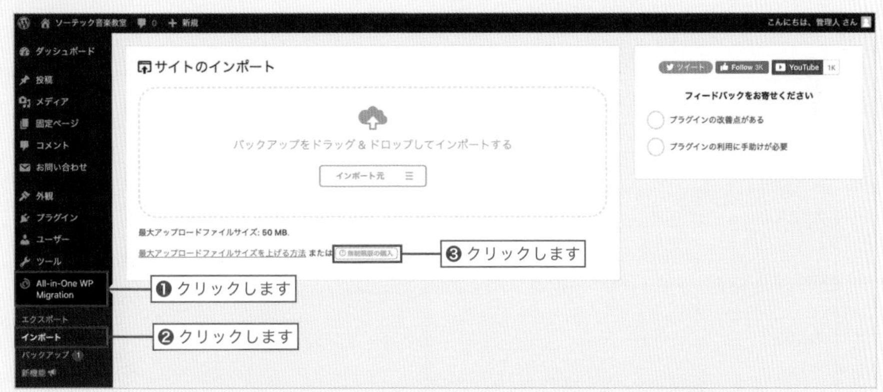

2 選択をクリックする

無制限版である「Unlimited Extension」の「選択」をクリックします。

次ページへつづく

❸ 決済する

お支払い方法をクレジットカードまたはPayPalから選択し、フォームに必要事項を入力します。「私はロボットではありません」にチェックを入れて、「決済の完了」をクリックします。

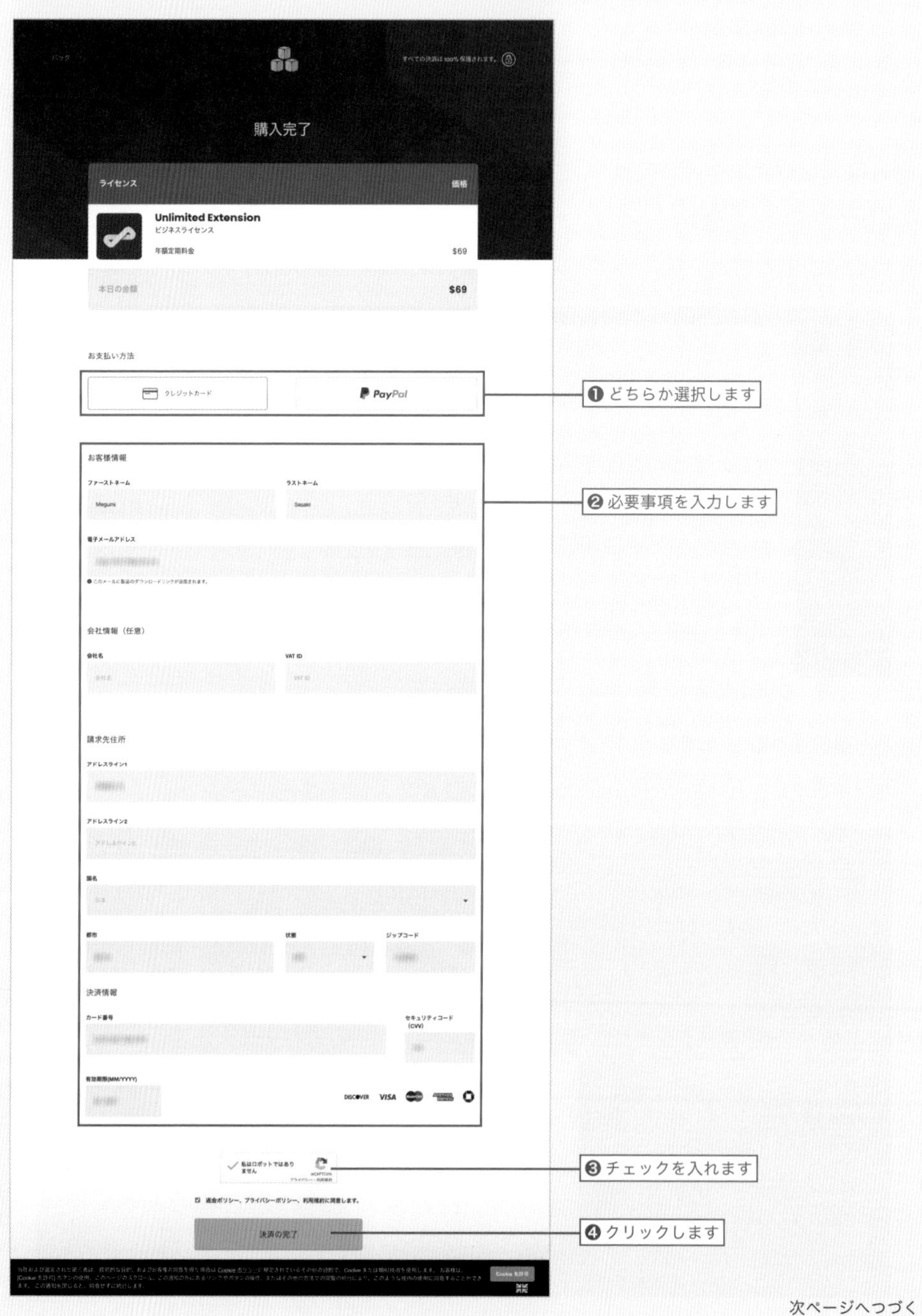

次ページへつづく

❹ 無制限版をダウンロードする

決済が完了したら入力したメールアドレス宛にダウンロード用のリンクが記載されたメールが届きます。「ダウンロード Unlimited Extension」をクリックして、パソコン上にプラグインをダウンロードします。

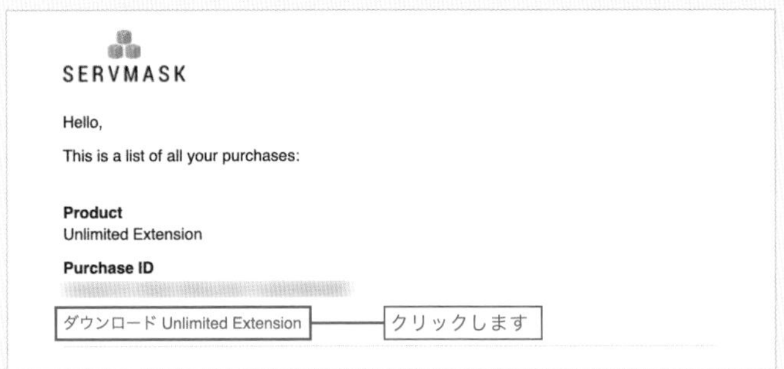

❺ プラグインをアップロードする

WordPressの管理画面に戻り、「プラグイン」>「新規追加」を開いて「プラグインのアップロード」をクリックします。

「ファイルを選択」をクリックして、手順❹でダウンロードしたファイルをZIPファイルのまま選択し、「今すぐインストール」をクリックします。

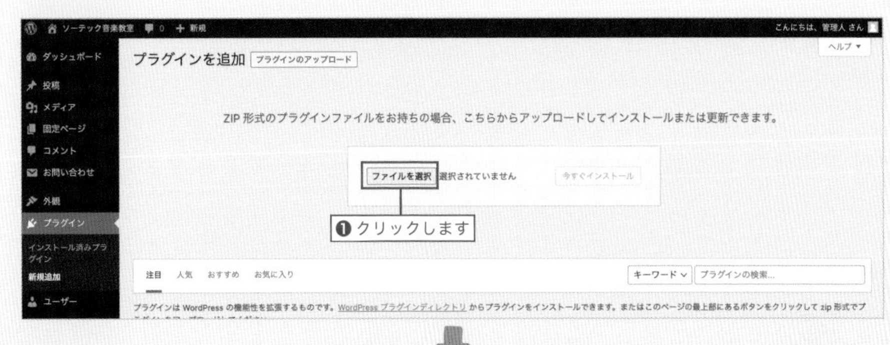

次ページへつづく

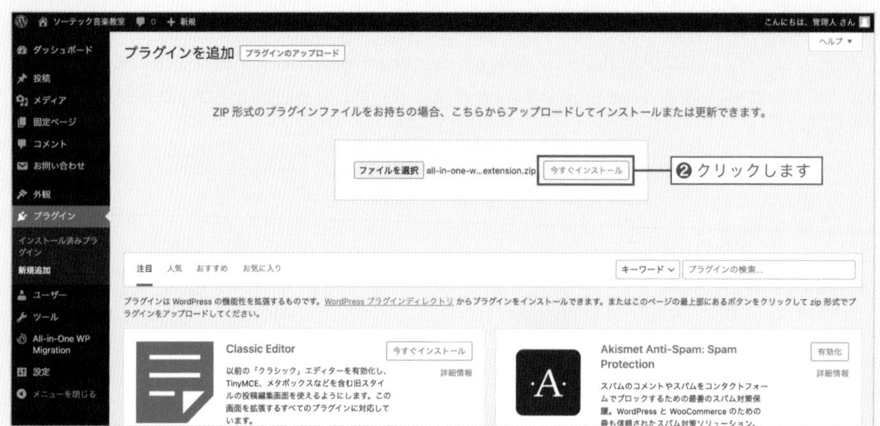

6 有効化する

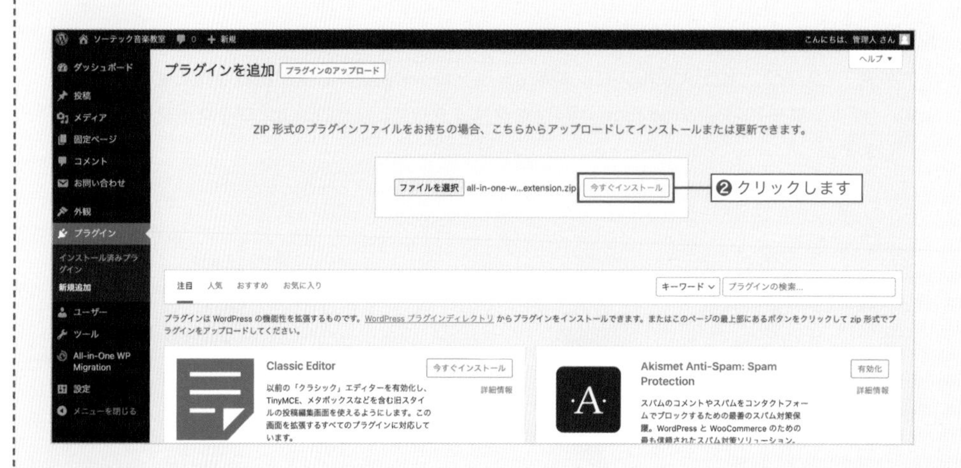

「プラグインを有効化」をクリックします。

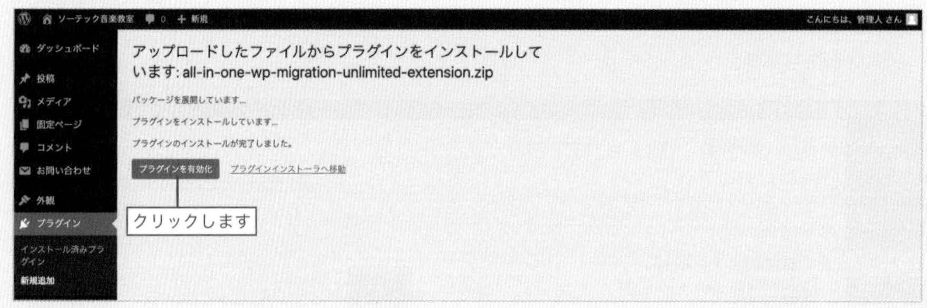

7 インポート画面を確認する

無制限版のプラグインは、有効化するだけで特別な設定は必要ありません。

「All-in-One WP Migration」>「インポート」を開くと「Maximum upload file size: Unlimited（アップロードファイルの最大サイズ：無制限）」と記載されていることが確認できます。

Lesson

9-3

被害に遭わないために

セキュリティ対策をしよう

WordPressで作られたサイトに限らず、自分のWebサイトは自分で守らなければなりません。ソフトウェアの脆弱性を悪用されたり、不正ログインによるサイト改ざんなどの被害に遭わないためにも、基本的なセキュリティ対策をしっかり行いましょう。

小規模なWebサイトでも、外部からの攻撃を受ける可能性はあるのですか?

WordPressはユーザー数が多いため、狙われやすい側面も持っています。サイトの規模に関わらず被害に遭う可能性があるので、対策は欠かせません!

WordPress本体、プラグイン、テーマは最新バージョンを利用する

WordPressの本体、テーマ、プラグインを古いバージョンのまま使用し続けていると、脆弱性を突いた攻撃に遭いやすくなります。機能面だけでなく、セキュリティの観点からも、こまめにアップデートして常に新しいバージョンを使用しましょう。

アップデートがある場合は、自分でひとつひとつチェックしなくても管理画面から通知してくれる便利な機能があります。

更新をチェックする

本体、テーマ、プラグインともにアップデートがあった場合には、ツールバーに更新アイコンが表示されます。これをクリックすると、「WordPressの更新」ページが表示されます。内容を確認して、必要な更新を行いましょう。

「ダッシュボード」>「更新」を開いても、同様に確認できます。

MEMO

WordPress本体やプラグインなどをバージョンアップする前には、必ずWebサイトのバックアップを取るようにしましょう。

WordPress本体の自動バックグラウンド更新機能

WordPress本体にマイナーアップデートがあった場合には、「自動バックグラウンド更新機能」によって自動的にファイルの更新が行われます。自動更新は順次行われるため、リリースされてから時間がかかる場合があります。すぐに更新を行いたい場合は、管理画面の「ダッシュボード」>「更新」から手動で更新してもかまいません。

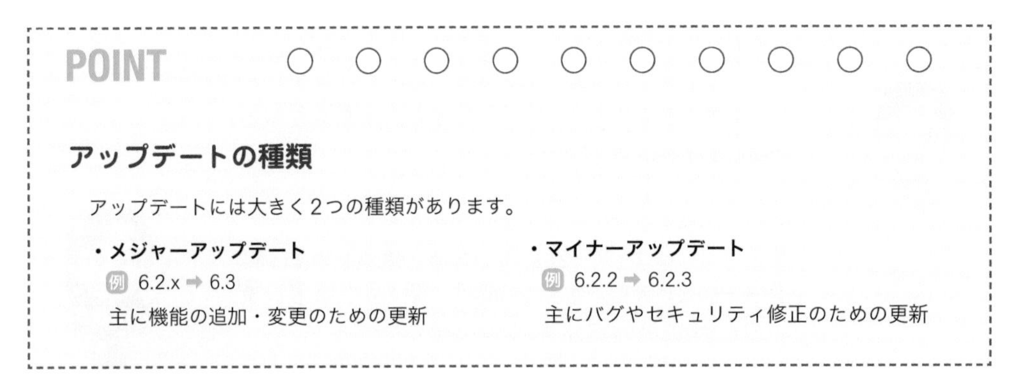

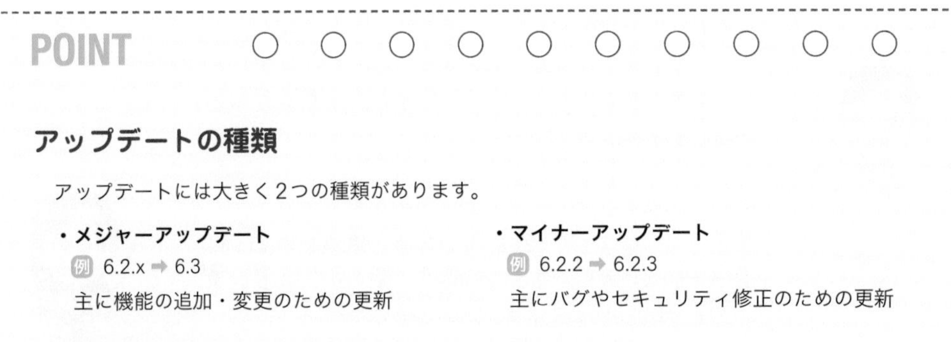

POINT

アップデートの種類

アップデートには大きく2つの種類があります。

- **メジャーアップデート**
  例 6.2.x ➡ 6.3
  主に機能の追加・変更のための更新
- **マイナーアップデート**
  例 6.2.2 ➡ 6.2.3
  主にバグやセキュリティ修正のための更新

プラグインの自動更新機能

インストール済みのプラグインやテーマにアップデートがあった場合、自動更新してくれる便利な機能もあります。

ただし、テーマやプラグインによっては更新することで仕様が変わってしまい、Webサイトの表示に影響が出るケースもあるため、使用には注意が必要です。

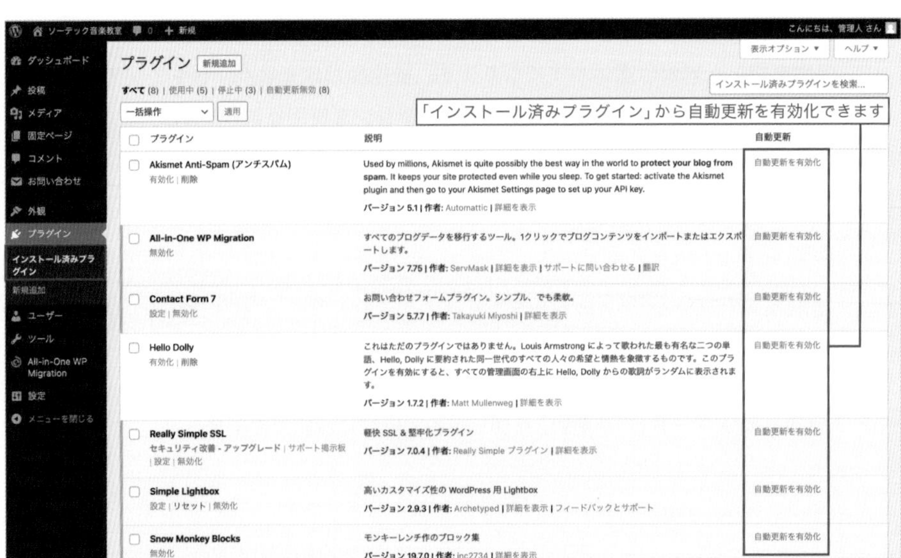

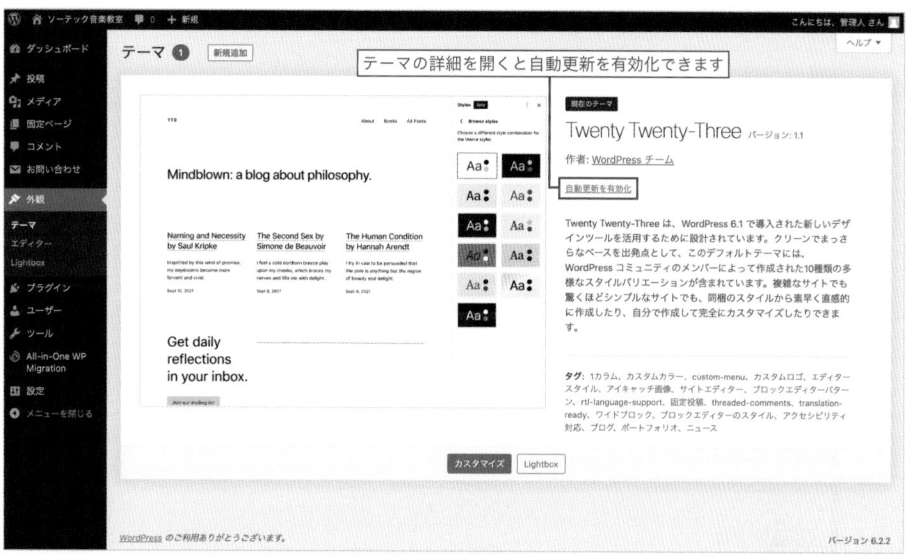

ログインパスワードを強化する

WordPressの管理画面に不正ログインをされると、Webサイトの内容が改ざんされたり、Webサイト内に悪意のあるコードが仕掛けられ、訪問者まで被害を受けてしまう可能性があります。

このため、不正ログインを防ぐ基本的な対策としてパスワードを強化しましょう。

① プロフィール画面を開く

「ユーザー」>「プロフィール」を開きます。

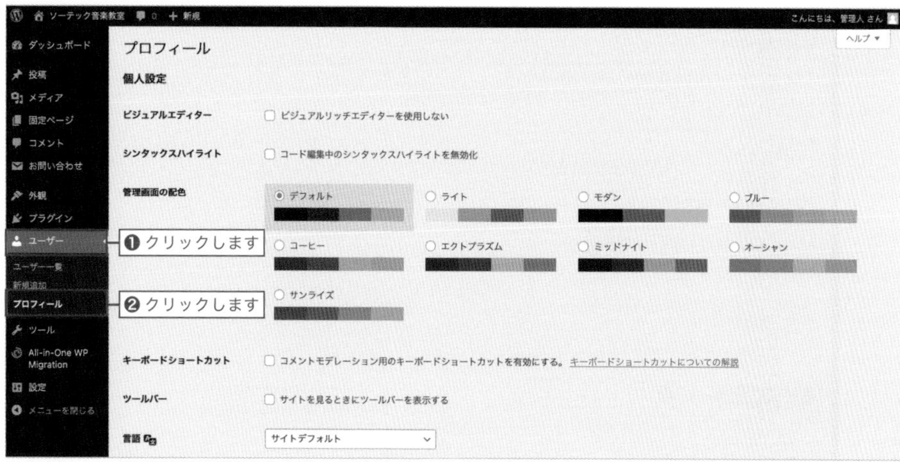

② パスワードを設定する

「新しいパスワードを設定」をクリックします。

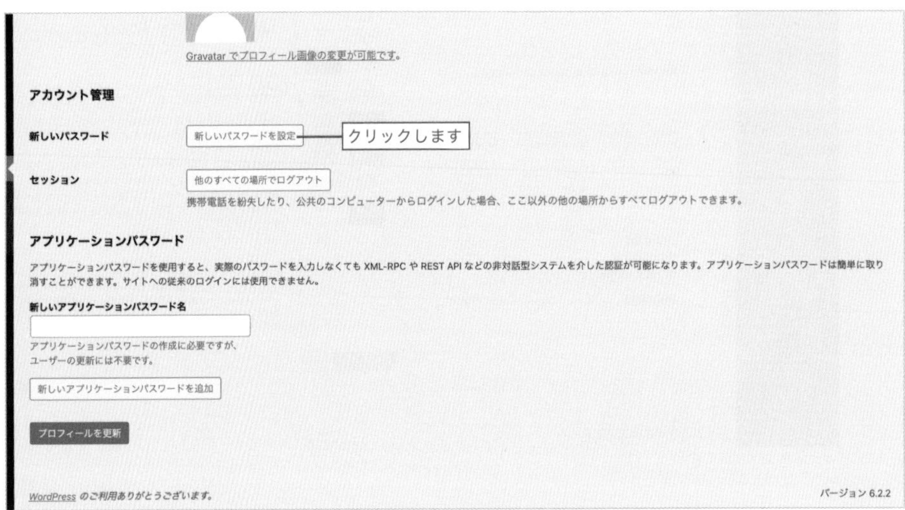

③ パスワードを更新する

強力なパスワードが自動生成されるので、コピーして控えてから「プロフィールを更新」をクリックします。

> **MEMO**
>
> 次回のログインから新しいパスワードを使用します。

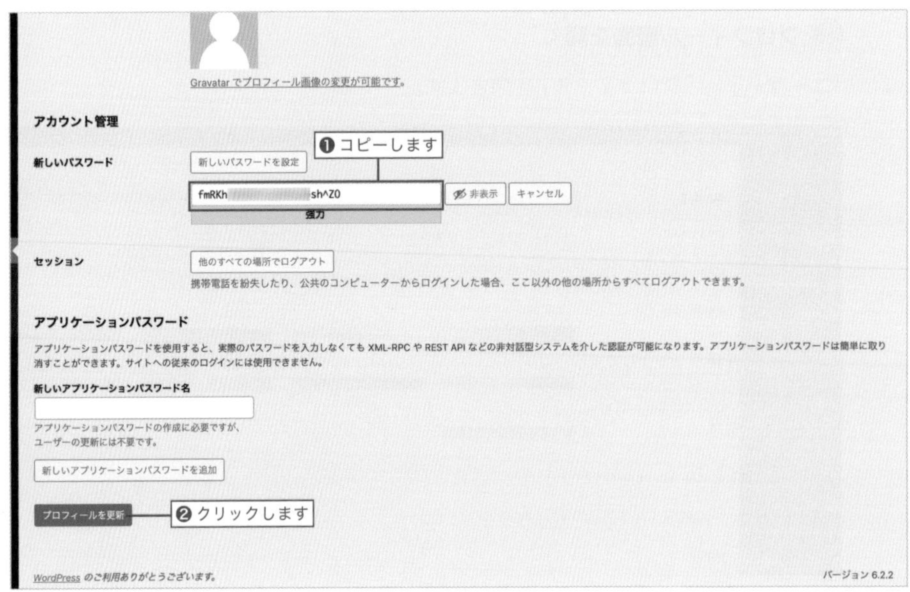

ログイン試行を制限する

ユーザー名とパスワードの入力をログインできるまで試行を繰り返す、ブルートフォース攻撃（Brute Force Attack）と呼ばれる攻撃があります。これを防ぐには、パスワードの強化だけでなく、『Limit Login Attempts Reloaded』というプラグインを利用してログイン試行回数を制限し、さらに安全性を高めましょう。

MEMO

エックスサーバーを利用の場合は、あらかじめログイン試行回数を制限する機能がサーバー側で設定されているため、プラグインのインストールは必要ありません。

❶ Limit Login Attempts Reloadedをインストールする

「プラグイン」＞「新規追加」を開き、「Limit Login Attempts Reloaded」を検索して「今すぐインストール」をクリックします。

❷ 有効化する

インストールが完了したら、「有効化」をクリックします。

③ 設定する

「Limit Login Attempts Reloaded」は、設定を行わなくても有効化するだけで機能しますが、「設定」>「Limit Login Attempts」>「設定」から設定を変更することが可能です。

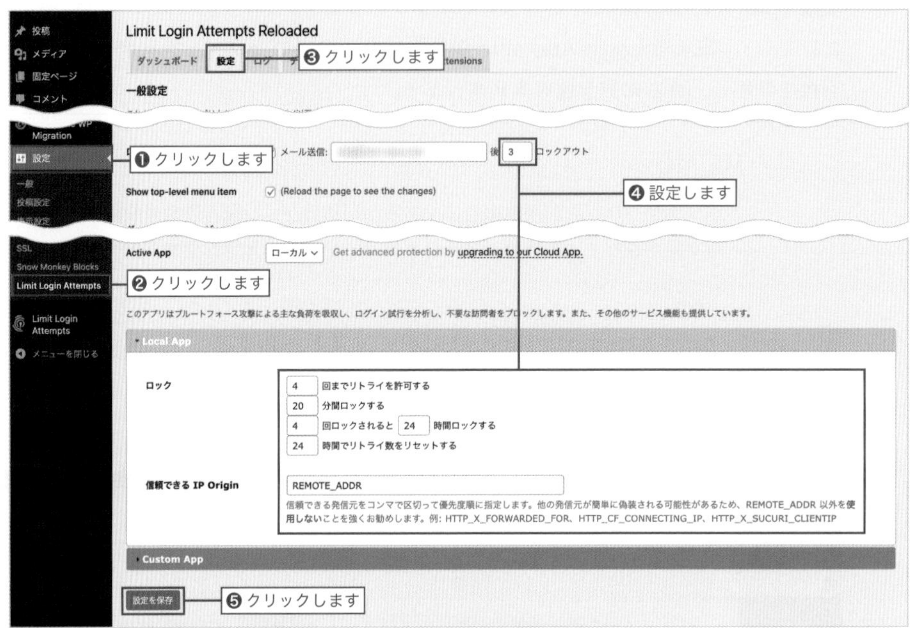

ユーザーの権限グループを設定する

WordPressには、複数人でWebサイトを管理するためのユーザーアカウントを追加できる機能があり、ユーザーによって操作できる範囲を制限することが可能です。

スタッフブログなど、複数人で投稿を行う際には、各人にユーザーアカウントを作成しましょう。

ユーザーアカウントを追加するには、「ユーザー」>「新規追加」を開き、「ユーザー名」「メール」「パスワード」を入力し、「権限グループ」を選択して「新規ユーザーを追加」をクリックします。

表9-3-1 権限グループと操作可能な範囲

権限グループ	操作可能な範囲
購読者	公開されている投稿や固定ページを閲覧可能（会員制サイトなど、サイト全体を一般非公開にしている場合などに利用）
寄稿者	投稿の執筆、自分が執筆した投稿の編集（公開権限やアップロード権限はなし）
投稿者	投稿の執筆、写真のアップロード、自分が執筆した投稿の編集と公開が可能
編集者	すべての投稿、固定ページ、カテゴリー、タグ、コメントの操作が可能
管理者	すべての操作が可能

❶クリックします
❷クリックします
❸入力します
❹選択します
❺クリックします

サイトヘルスをチェックする

WordPress本体には、現在のWebサイトの状態をチェックして改善すべき点を知らせてくれる「サイトヘルス」という機能があります。

「ツール」>「サイトヘルス」を開くと内容を確認でき、「良好」が表示されていれば問題ありません。「致命的な問題」が表示される場合は、改善の必要があるため対策を行いましょう。

パソコンのセキュリティ対策も万全に

セキュリティ対策が必要なのはWebサーバーだけではありません。使用しているパソコンがスパイウェアなどに感染している場合は、Webサーバーへの接続情報やWordPressへのログイン情報などが盗みとられてしまう可能性もあります。パソコンにセキュリティソフトを導入したり、Webブラウザは最新版のものを使用するなどの対策を行いましょう。

Lesson 9-4

Google公式のプラグインを使って

アクセス解析を設置しよう

アクセス解析を設置することで、Webサイトへのアクセス状況を把握することができます。WordPressの管理画面上でアクセス解析を閲覧できる設定をしましょう。

自分のWebサイトへのアクセス数がわかると、モチベーションもアップしそうです！

アクセス解析を設置すれば、ページごとのアクセス数もわかります。人気のあるページを分析して、さらなるアクセスアップに役立てることもできます！

Site Kit by Googleを利用する

WordPressにアクセス解析を設置する方法はいくつかありますが、Googleが提供している『Site Kit by Google』というプラグインを利用して、代表的なアクセス解析サービスである「**Googleアナリティクス4**」を導入しましょう。

手順は多いですが、クリックしていくだけで完了します。

MEMO

Lesson 3-2で「検索エンジンがサイトをインデックスしないようにする」にチェックを入れた場合は、Webサイト完成後に必ずチェックを外しましょう。

POINT        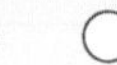

Googleアカウントを用意する

Site Kit by Googleを利用するにはGoogleアカウント（Gmailアドレス）が必要となります。Googleアカウントを持っていない場合は、あらかじめ作成しておきましょう。

https://accounts.google.com/signup

❶ Site Kit by Google をインストールする

「プラグイン」>「新規追加」を開き、「Google Site Kit」と検索して「今すぐインストール」をクリックします。

❷ 有効化する

インストールが完了したら、「有効化」をクリックします。

❸ セットアップを始める

有効化すると、管理画面の上部にSite Kitのメッセージが表示されるので、「セットアップを開始」をクリックします。

❹ Googleでログイン

「Googleアナリティクスを、設定の一部として接続しましょう。」にチェックを入れて、「Googleアカウントでログイン」をクリックします。

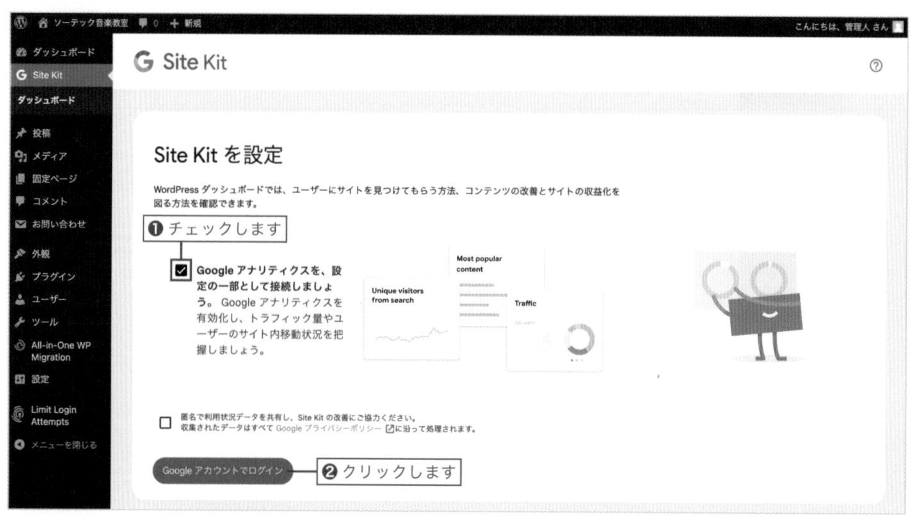

❺ アカウントを選択する

Site Kitと連携するGoogleアカウントをクリックします。

⑥「続行」をクリック

Site Kitを信頼できることを確認するメッセージが表示されたら、「続行」をクリックします。

MEMO

Search Console（サーチコンソール）とは、Google検索で自分のWebサイトがどのように検索されているかを確認できるサービスです。どんなキーワードで検索され流入しているのかを知ることができ、検索エンジン対策としても活用できます。

⑦「確認」をクリック

サイトの所有権を確認できる情報をGoogleに提供されるメッセージが表示されたら、「確認」をクリックします。

⑧「許可」をクリック

Site Kitとの連携内容を確認して、「許可」をクリックします。

⑨「セットアップ」をクリック

Search Consoleの接続について確認して、「セットアップ」をクリックします。

⑩「次へ」をクリック

Googleアナリティクスの追加について確認して、「次へ」をクリックします。

⑪ アカウントを新規作成する

WordPressの管理画面に戻り、アナリティクスの設定画面が表示されたら、「アカウント」から「アカウントを新規作成」を選択します。

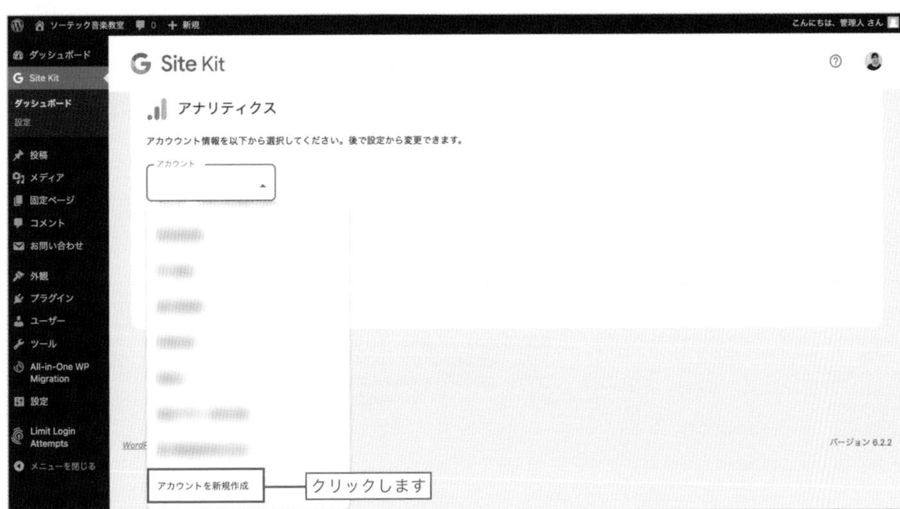

⑫ アカウントを作成する

「アカウントを作成」をクリックします。

⑬ アカウントを選択する

Googleアナリティクス4と連携するGoogleアカウントをクリックします。

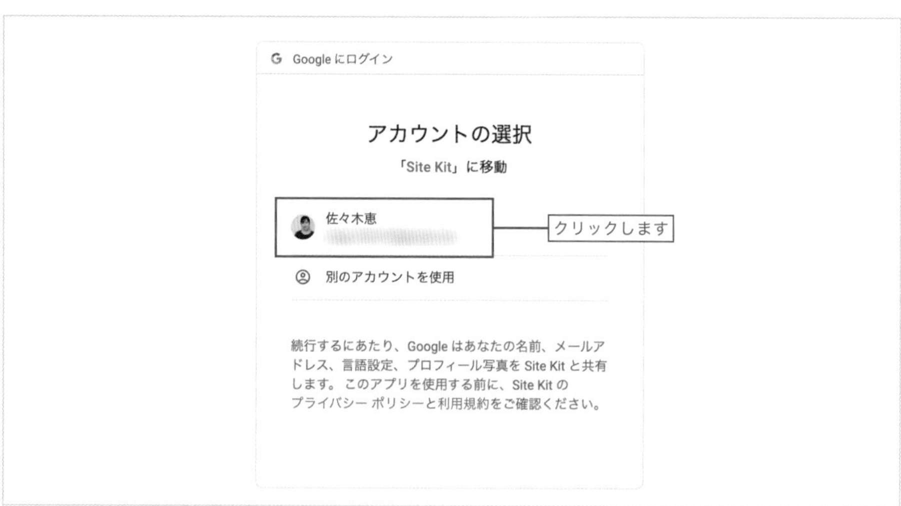

⑭「続行」をクリック

Site Kitを信頼できることを確認するメッセージが表示されたら、「続行」をクリックします。

⑮利用規約に同意する

Googleアナリティクスの利用規約が表示されたら居住国から「日本」を選択し、「同意する」をクリックします。

⑯「Go to my Dashboard」をクリック

Googleアナリティクスのアカウントが作成できたメッセージ「Your Analytics account was successfully created!」が表示されたら、「Go to my Dashboard」をクリックします。

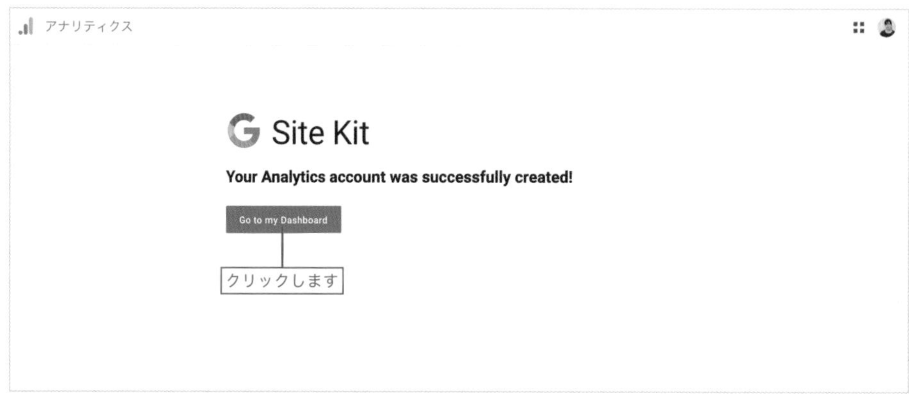

⑰ 完了

WordPressの管理画面に戻り、「アナリティクスを設定完了しました」というメッセージが表示されたら、Site Kitの設定は完了です。「確認しました。」をクリックします。

Chapter 9 Webサイト運用の知識を身につけよう

TIPS       

検索エンジンにインデックスされる状態にする

Webサイトが検索エンジンに登録されなければ、GoogleアナリティクスやSearch Consoleで正しくデータを取得することができません。

Lesson 3-2で「検索エンジンがサイトをインデックスしないようにする」にチェックを入れた場合は、Webサイトの完成後に必ず外して「変更を保存」をクリックしましょう。

Site Kitでデータを見る

Site Kitでアクセスデータを確認するには、「Site Kit」>「ダッシュボード」を開きます。

画面右上の「過去〇〇日間」をクリックすると、過去7日分〜90日分までのアクセスデータを表示させることができます。

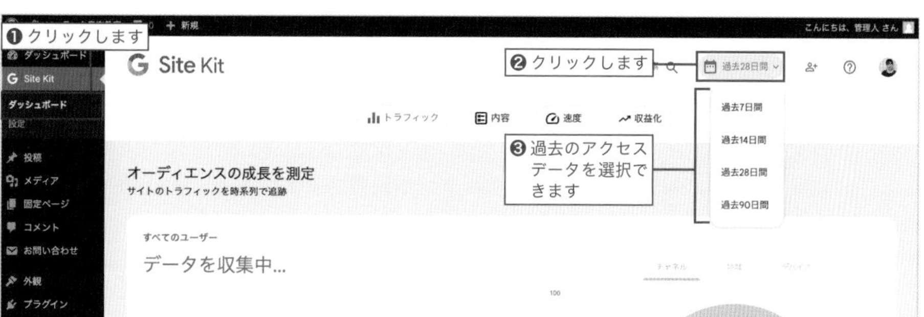

MEMO

Webサイトの公開直後や、Site Kitを設置してすぐにはデータは表示されません。数日経ってから確認しましょう。

POINT     

詳しいデータを取得するには

より詳しいデータは、GoogleアナリティクスやSearch Consoleのサイトを開くと確認できます。

- Googleアナリティクス ▶ https://analytics.google.com/
- Search Console ▶ https://search.google.com/search-console/

Lesson 9-5

Webサイトへの流入を増やすため

SNSと連携しよう

FacebookやTwitterなどのソーシャルメディアを積極的に活用して、Webサイトへの流入を増やしたり、訪問者とのコミュニケーションを図りましょう。

SNSを利用してWebサイトのアクセスアップにつなげたいのですが、よい方法はありますか?

Webサイトにシェアボタンを設置して情報を拡散しやすくしたり、自分のSNSアカウントを埋め込んでフォロワーを増やす工夫をしましょう!

投稿ページにシェアボタンを設置する

投稿ページにSNSへシェアできるボタンが設置されていると、Webサイトへの訪問者が手軽に記事をシェアすることができます。

また、自身のアカウントでシェアする際にも便利なため、ぜひ設置しておきましょう。

① AddToAny Share Buttonsをインストールする

「プラグイン」>「新規追加」を開き、「AddToAny Share Buttons」を検索して「今すぐインストール」をクリックします。

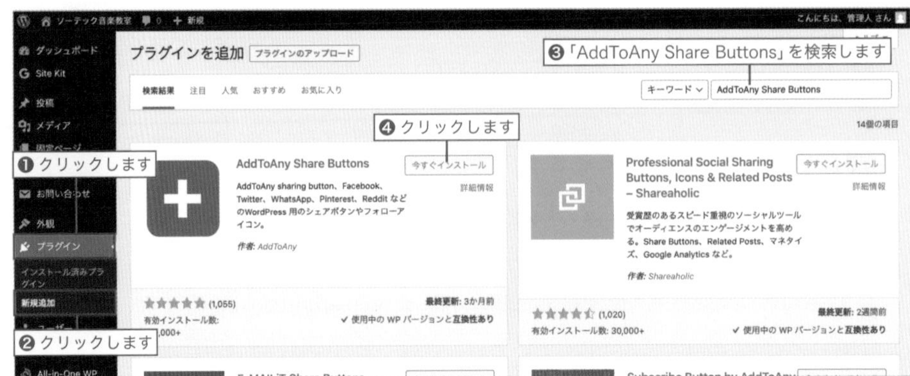

② 有効化する

インストールが完了したら、「有効化」をクリックします。

③ サイトを確認する

サイトを確認すると、各ページのコンテンツ下部にシェアボタンが表示されているのが確認できます。

④ 設定画面を開く

ボタンの表示や種類を設定するため、管理画面の「設定」>「AddToAny」を開きます。SNSの種類を追加したいので、「Share Buttons」から「サービスの追加 / 削除」をクリックします。

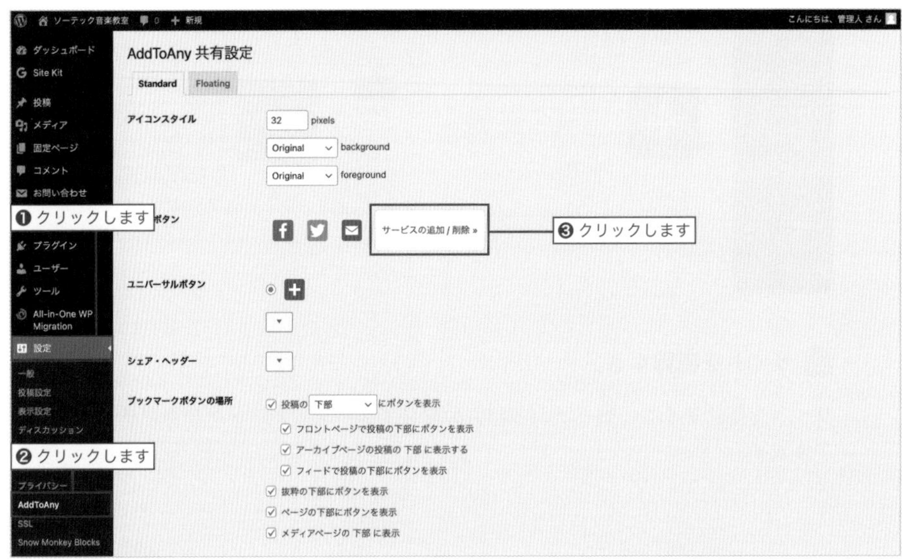

⑤ ボタンを追加する

設置できるSNSの種類が表示されるので、設置したいボタンをクリックします。ここでは、日本国内のユーザー数が多いLINEを選択します。

⑥ ボタンを削除する

初期状態ではFacebook、Twitter、Emailのシェアボタンが設定されていますが、外したい場合は設定済みのボタンをクリックします。ここでは、Emailをクリックして外します。

AddToAny 共有設定
Standard Floating
アイコンスタイル 32 pixels
Original background
Original foreground
シェアボタン
以下からサービスを選択してください。再度クリックすると非選択にできます。上のアイコンをドラッグ&ドロップして表示の順序を変更できます。
Facebook Twitter Pinterest Email
Reddit LinkedIn WhatsApp Amazon Wish List AOL Mail
Balatarin BibSonomy Bitty Browser Blogger BlogMarks
Bookmarks.fr Box.net Buffer Copy Link Diary.Ru
Diaspora Digg Diigo Douban Draugiem
クリックして外します

⑦ ユニバーサルボタンを設定する

+ボタンをクリックすると、他のSNSへシェアできるボタンが表示される仕組みになっています。

これを非表示にするには、「ユニバーサルボタン」の下にある▼をクリックして「なし」を選択します。

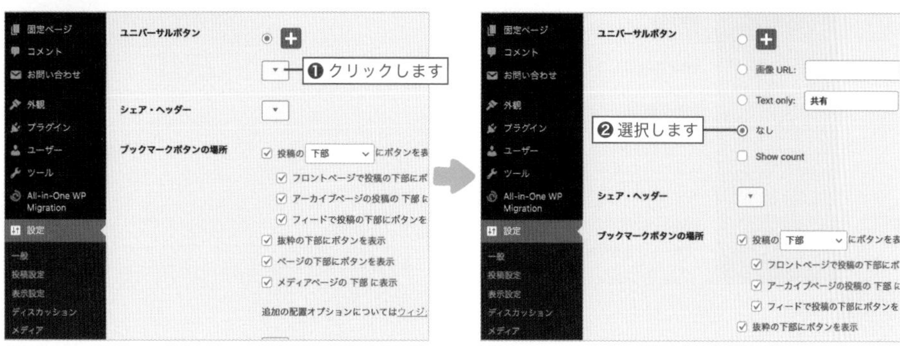

8 表示場所を設定する

シェアボタンの表示場所を設定するには「ブックマークボタンの場所」から表示させたい箇所のみにチェックを入れます。
ここでは投稿ページのみに表示させるため、「投稿の下部にボタンを表示」以外のチェックを外します。

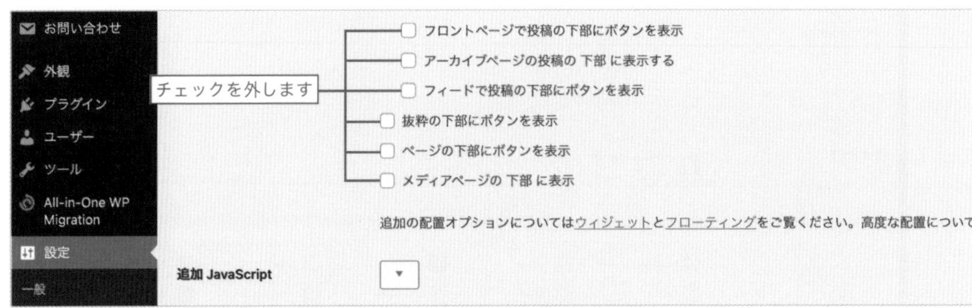

MEMO

投稿の上部や、上下にボタンを設置することも可能です。

9 保存する

「変更を保存」をクリックして保存します。

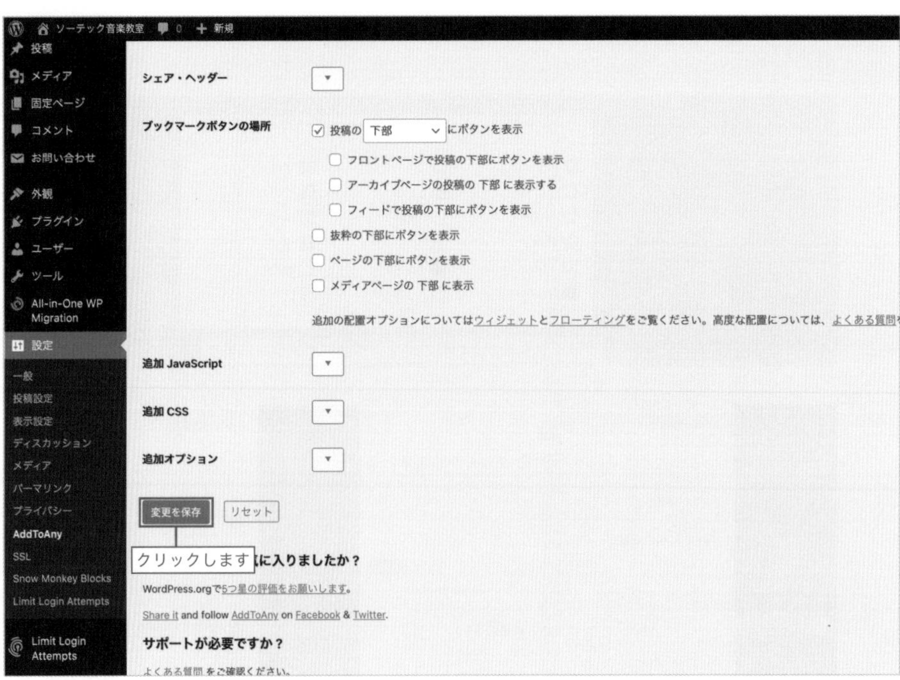

⑩ サイトを確認する

サイトを確認すると、トップページや固定ページにはシェアボタンが表示されず、投稿ページのみにシェアボタンが表示されているのが確認できます。

トップページ　お知らせ　教室案内　レッスン内容⌄　入会の流れ　よくあるご質問　お問い合わせ

7月の無料体験スケジュール

親譲りの無鉄砲で小供の時から損ばかりしている。小学校に居る時分学校の二階から飛び降りて一週間ほど腰を抜かした事がある。なぜそんな無闇をしたと聞く人があるかも知れぬ。別段深い理由でもない。新築の二階から首を出していたら、同級生の一人が冗談に、いくら威張っても、そこから飛び降りる事は出来まい。弱虫やーい。と囃したからである。小使に負ぶさって帰って来た時、おやじが大きな眼をして二階ぐらいから飛び降りて腰を抜かす奴があるかと云ったから、この次は抜かさずに飛んで見せますと答えた。

親譲りの無鉄砲で小供の時から損ばかりしている。小学校に居る時分学校の二階から飛び降りて一週間ほど腰を抜かした事がある。なぜそんな無闇をしたと聞く人があるかも知れぬ。別段深い理由でもない。新築の二階から首を出していたら、同級生の一人が冗談に、いくら威張っても、そこから飛び降りる事は出来まい。弱虫やーい。と囃したからである。小使に負ぶさって帰って来た時、おやじが大きな眼をして二階ぐらいから飛び降りて腰を抜かす奴があるかと云ったから、この次は抜かさずに飛んで見せますと答えた。

投稿日 2023年3月23日 カテゴリー: 無料体験　　タグ:
投稿者: 管理人

トップページ　お知らせ　教室案内　レッスン内容⌄　入会の流れ　よくあるご質問　お問い合わせ　プライバシーポリシー

Sotech Music School

〒102-0072
東京都千代田区飯田橋４丁目９−５　スギタビル 4F
定休日：日曜日
営業時間：10時〜20時
Tel. 00-0000-0000

© 2023 ソーテック音楽教室

SNSのタイムラインを埋め込む

SNSのタイムライン（＝投稿）をWebサイトに表示させることで、SNSでの情報発信状況を知らせることができ、フォロワーの獲得が期待できます。

ここでは、Twitter、Facebookページ、Instagram、それぞれのタイムラインの埋め込み方を紹介します。

Twitterのタイムラインを埋め込む

Twitterのタイムラインは、WordPressの「埋め込み」ブロックで簡単に表示させることができます。

1 TwitterのURLをコピーする

Webサイトに埋め込みたいTwitterアカウントのプロフィールページを開き、URLをコピーします。

2 トップページの編集画面を開く

管理画面の「固定ページ」＞「固定ページ一覧」から「トップページ」をクリックして、編集画面を開きます。

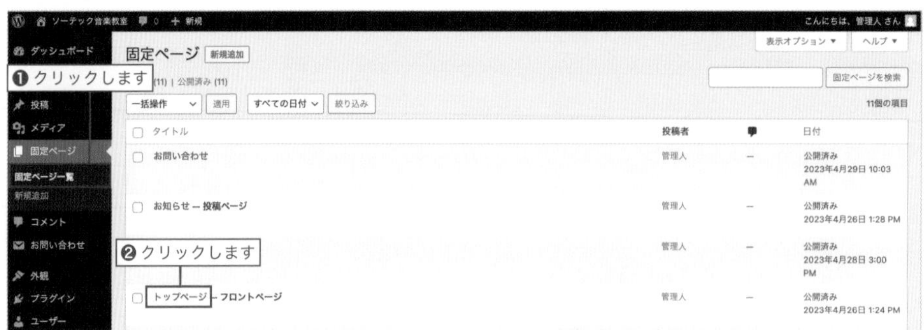

MEMO

ここではトップページに埋め込み表示させますが、任意のページでかまいません。

③「Twitter」ブロックを追加する

＋をクリックして、「Twitter」ブロックを追加します。

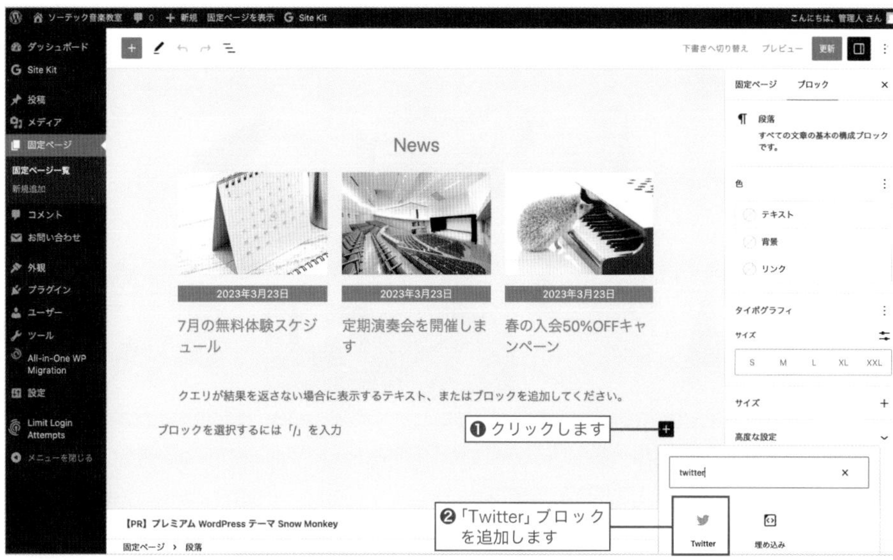

④ URLを貼り付けて埋め込む

手順①でコピーしたURLを貼り付けて、「埋め込み」をクリックします。

⑤ 更新して確認

「更新」をクリックしてトップページを確認しましょう。
Twitterのタイムラインが表示されていることが確認できます。

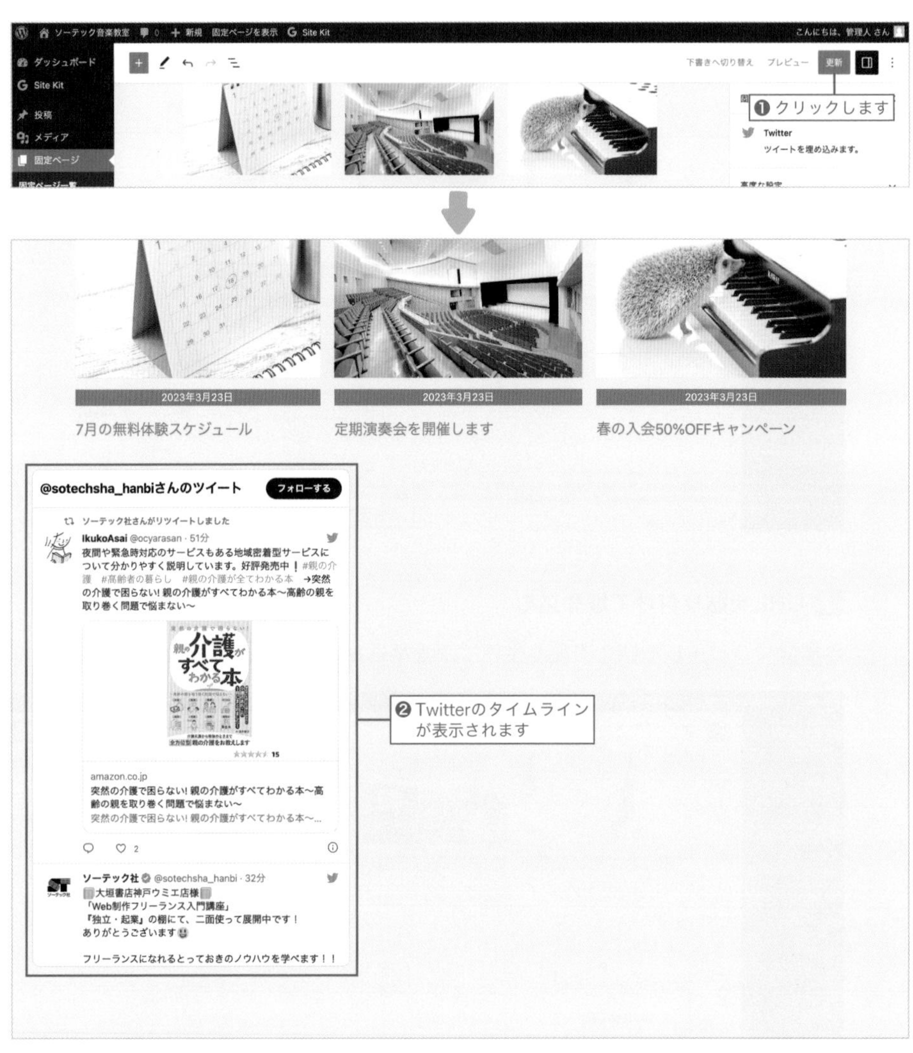

MEMO

レイアウトなどはブロックエディターで適宜調整してください。

Facebookページのタイムラインを埋め込む

Facebookページのタイムラインは、Facebookが提供する「**ページプラグイン**」というツールを利用して埋め込みます。

MEMO

Facebookの個人アカウントのタイムラインは、Webサイトに埋め込むことができません。

① ページプラグインを開く

ブラウザの別のタブで以下のURLからページプラグインのページを開きます。

URL https://developers.facebook.com/docs/plugins/page-plugin

② URLや表示を設定する

Facebookページの URLを入力して、幅や高さなどの表示を設定したら、「コードを取得」をクリックします。

③ 2つのコードをコピーする

「ステップ2」と「ステップ3」の2つのコードをコピーします。

④ トップページの編集画面を開く

管理画面の「固定ページ一覧」から「トップページ」をクリックして編集画面を開きます。

⑤ HTMLブロックを追加

＋をクリックして、「カスタムHTML」ブロックを追加します。

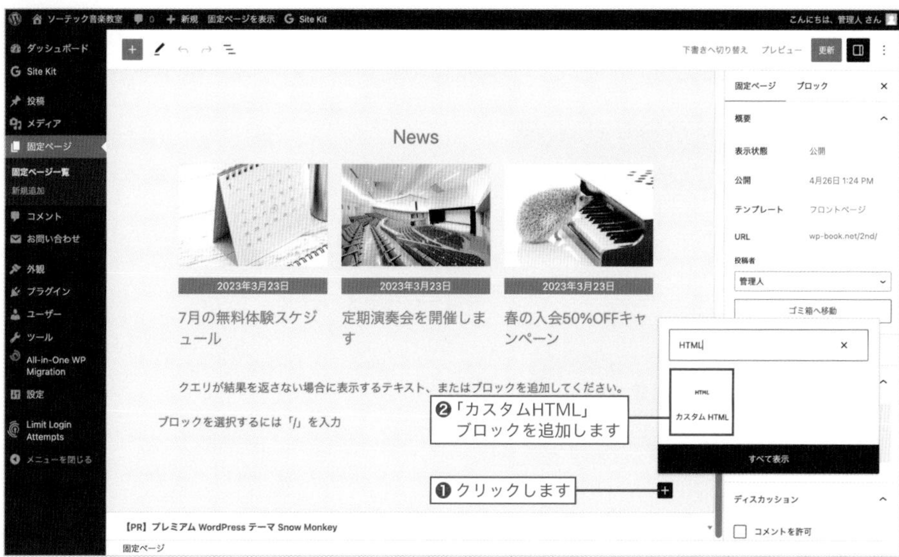

⑥ コードを貼り付ける

手順③でコピーしたコードを「ステップ2」→「ステップ3」の順に貼り付けます。

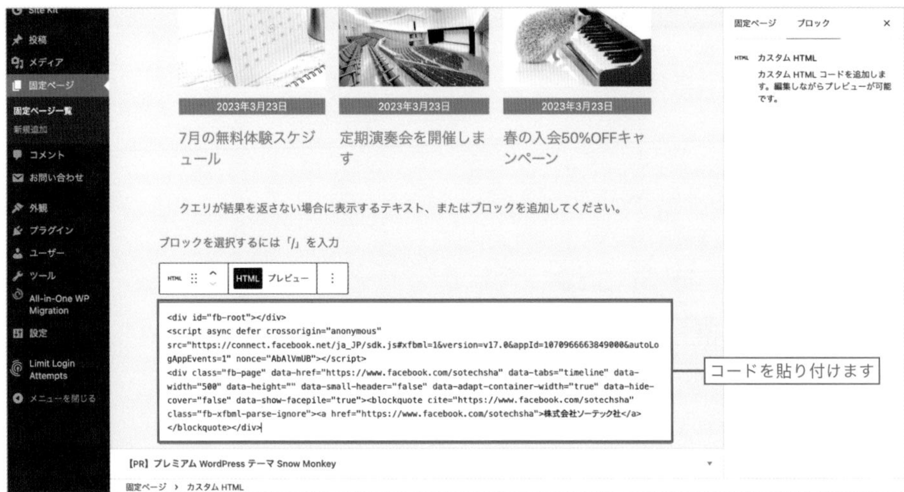

⑦ 更新して確認

「更新」をクリックして、トップページを確認してみましょう。
Facebookページのタイムラインが表示されていることが確認できます。

2023年3月23日 7月の無料体験スケジュール
2023年3月23日 定期演奏会を開催します
2023年3月23日 春の入会50%OFFキャンペーン

株式会社ソーテック社
237 フォロワー

Facebookページのタイムラインが表示されます

MEMO

レイアウトなどはブロックエディターで適宜調整してください。

Instagramのタイムラインを埋め込む

Instagramのタイムラインは、『**Smash Balloon Social Photo Feed**』というプラグインを利用して埋め込みます。

1 WebブラウザでInstagramにログインする

WordPressとInstagramを接続させるためには、あらかじめInstagramにログインしておく必要があります。
Webブラウザで以下のURLを開き、Instagramにログインしてください。ログインが完了したら閉じてもかまいません。

URL https://www.instagram.com/

2 Smash Balloon Social Photo Feedをインストールする

「プラグイン」>「新規追加」を開き、「Smash Balloon Social Photo Feed」を検索して「今すぐインストール」をクリックします。

③ 有効化する

インストールが完了したら、「有効化」をクリックします。

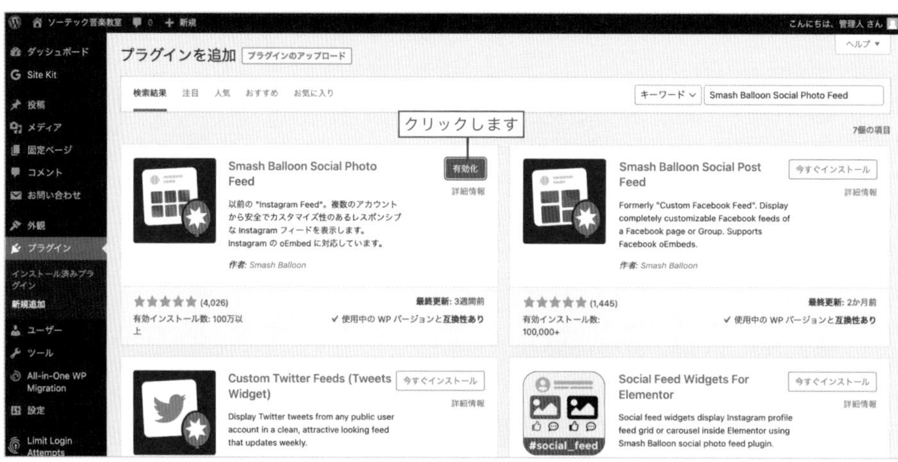

④ 設定画面を開く

有効化すると、管理画面のメニューに「Instagram Feed」が追加されます。
「Instagram Feed」>「設定」を開き、「+ ソースを追加」をクリックします。

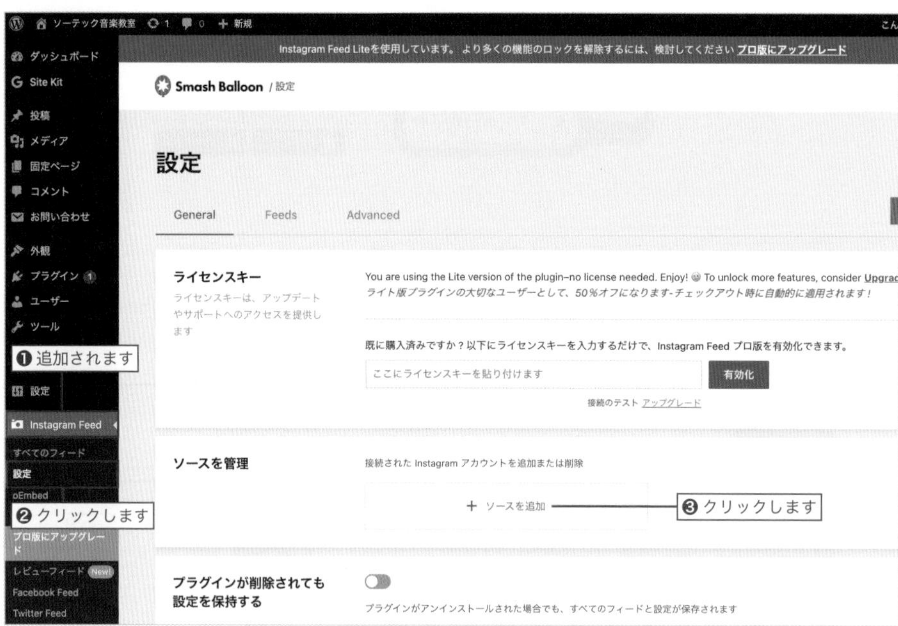

5 Instagramを接続する

アカウントの種類を選択する画面が表示されたら、「Personal」をクリックします。

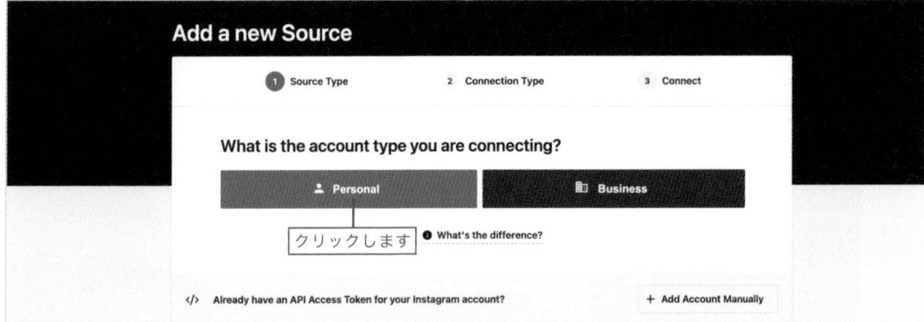

6 「Connect with Instagram」をクリック

アカウントへの接続画面が表示されたら、「Connect with Instagram」をクリックします。

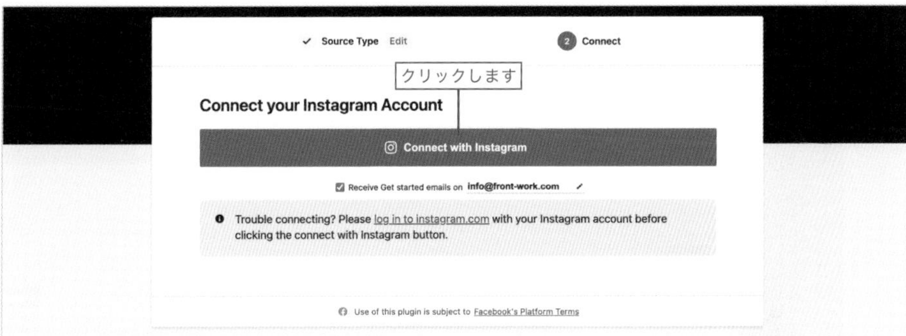

7 「許可」をクリック

Facebookアカウントへのログインの許可を確認する画面が表示されたら、「許可」をクリックします。

8 「許可する」をクリック

プラグインがInstagramアカウントへのリクエストを確認する画面が表示されたら、「許可する」をクリックします。

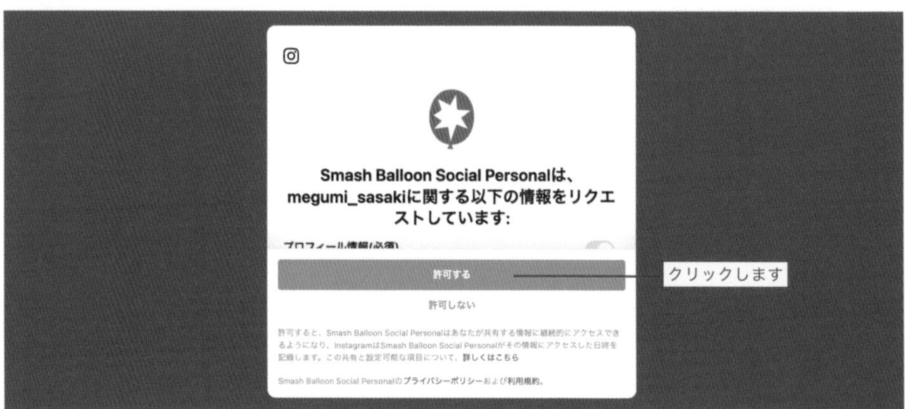

9 変更を保存する

ソースにInstagramのアカウントが接続できたら、「変更を保存」をクリックします。

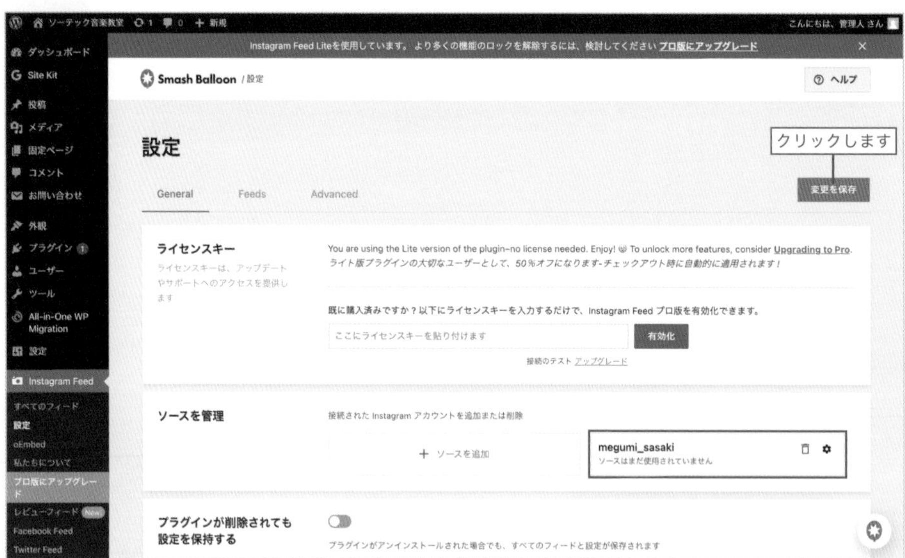

⑩ フィードを作成する

「Instagram Feed」>「すべてのフィード」を開き、「+ 新規追加」をクリックします。

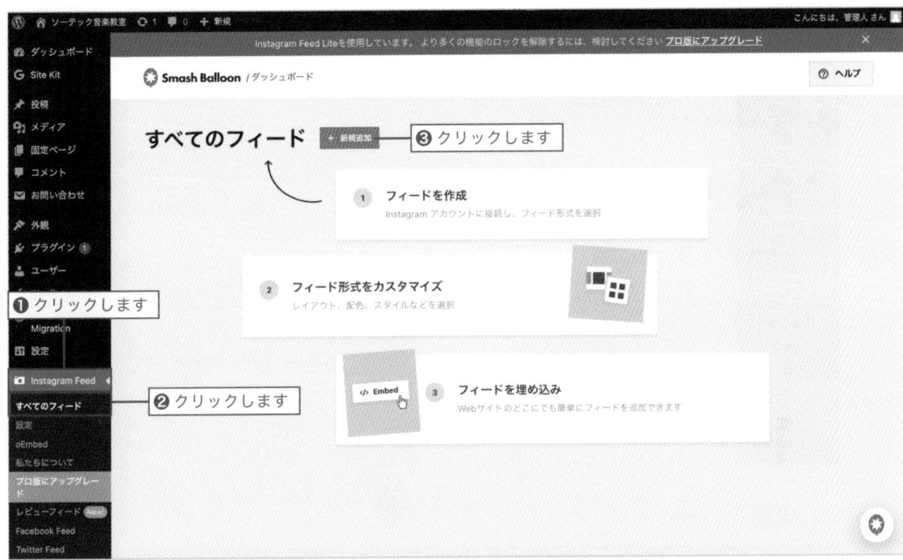

⑪ ソースを追加する

「次へ」をクリックして、「+ ソースを追加」をクリックします。
手順⑨で接続したアカウント名にチェックを入れて、「追加」をクリックします。

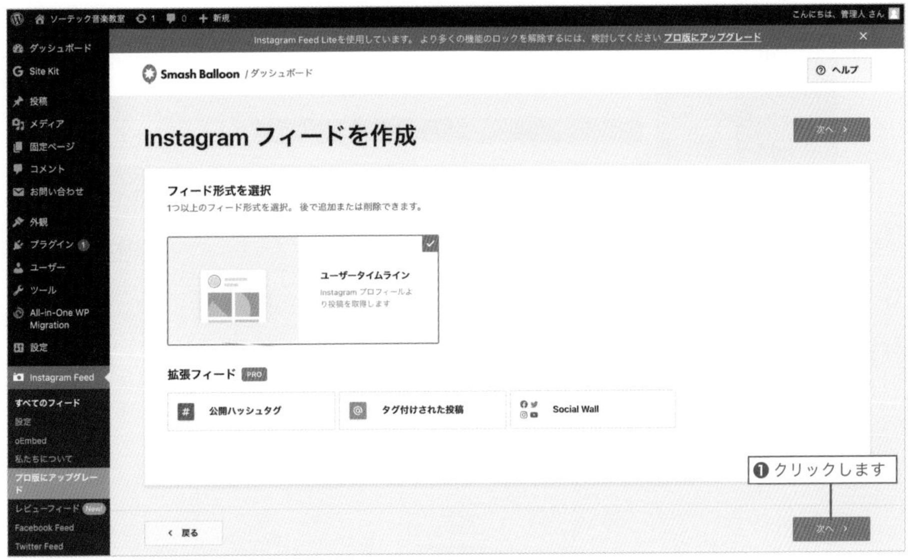

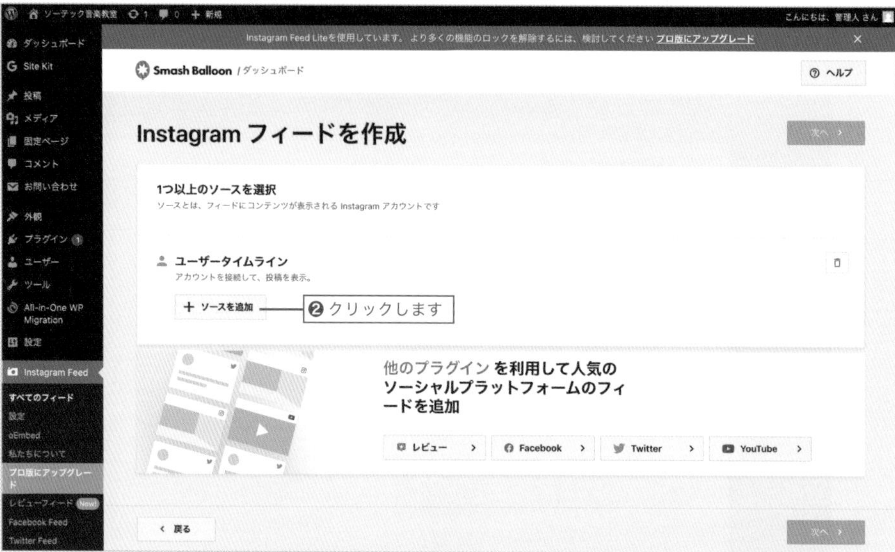
Smash Balloon / ダッシュボード
Instagram フィードを作成
1つ以上のソースを選択
ユーザータイムライン
ソースを追加
❷クリックします
他のプラグイン を利用して人気のソーシャルプラットフォームのフィードを追加
レビュー
Facebook
Twitter
YouTube

Instagram フィードを作成
タイムラインのソースを追加
タイムラインを表示するアカウントを選択または追加
❸チェックします
＋ 新規追加
megumi_sasaki
BASIC
追加
❹クリックします

⑫ 表示数を設定する

「次へ」をクリックして、「フィードレイアウト」をクリックします。フィードレイアウトが開いたら、「投稿数」のデスクトップとモバイルともに「4」に設定して、「保存」をクリックします。

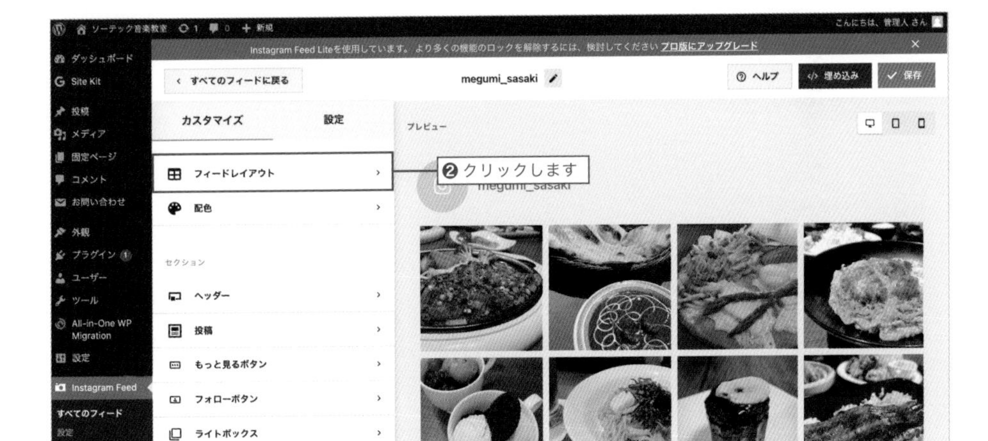

すべてのフィードに戻る　megumi_sasaki　ヘルプ　埋め込み　保存

カスタマイズ　設定

フィードレイアウト　❷クリックします

配色

セクション

ヘッダー

投稿

もっと見るボタン

フォローボタン

ライトボックス

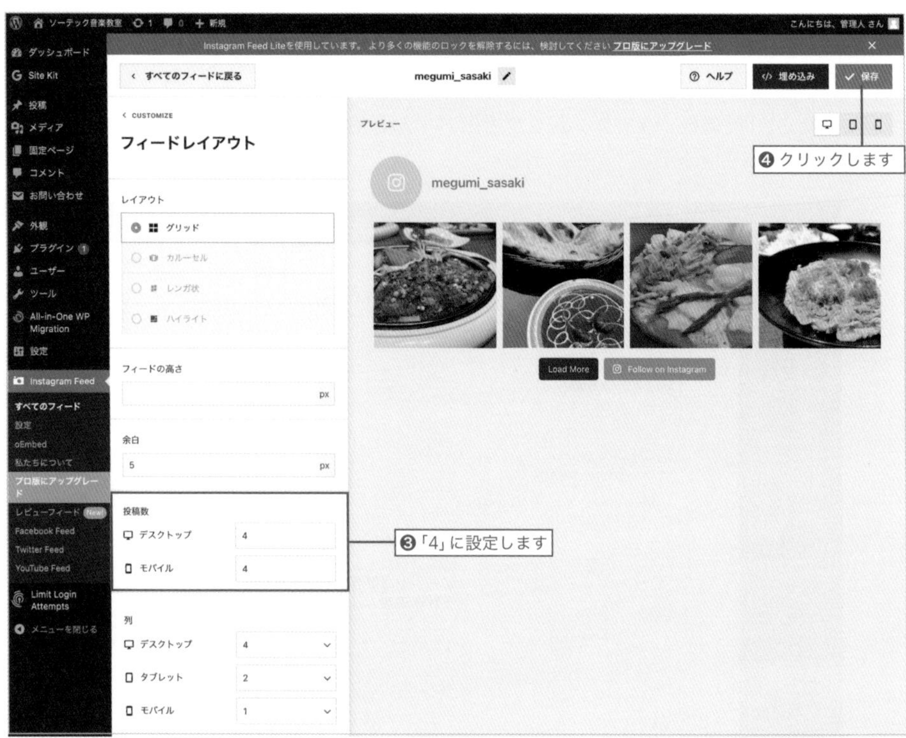

MEMO

列の項目では、端末によって横並びに表示させる枚数を設定できます。

⑬ トップページの編集画面を開く

管理画面の「固定ページ」>「固定ページ一覧」から「トップページ」をクリックして編集画面を開きます。

⑭「Instagram Feed」ブロックを追加

+をクリックして、「Instagram Feed」ブロックを追加します。

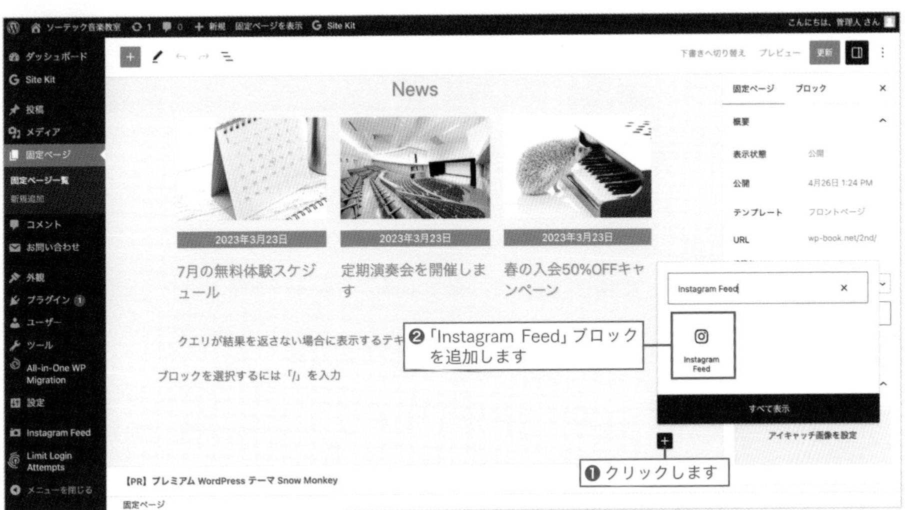

⑮ 更新して確認

「更新」をクリックして、トップページを確認しましょう。
Instagramのタイムラインが表示されていることが確認できます。

MEMO

タイムラインのプレビューが表示されるまでに時間がかかる場合があります。

Chapter 10

テーマをアレンジしよう

最後に、WordPressのデフォルトテーマ「Twenty Twenty-Three」を利用した企業や飲食店、クリエイターのWebサイトの作成例を紹介します。

Lesson 10-1

工夫次第で応用可能

付属のテーマを活用しよう

ここまで、WordPressのデフォルトテーマ「Twenty Twenty-Three」を使って音楽教室のWebサイトを作成してきましたが、同じテーマを利用した別サイトの作成例を紹介します。

サンプルサイトのとおり作成できるようにはなりましたが、いざ自分のWebサイトを作ろうとしたら、なかなか思うようにいきません…。

本節では、サンプルサイトと同じテーマを利用したWebサイトの作成例を3つ紹介します。配色や構成を変えるだけで、それぞれの業種にあった雰囲気になることがわかると思います。アイデアのヒントとして、参考にしてください！

3つのサンプルを紹介します

どんなに優れたテーマ（テンプレート）であっても、既成品である以上、100%思いどおりのWebサイトを作るのは難しいことです。設定に慣れるまでは、どのように応用したらよいのか…、イメージも描きにくいかもしれません。

そこで、サンプルサイトと同じテーマを利用した異なるタイプのWebサイトの作成例を3つ紹介していきます。WordPressの**フルサイト編集機能**や**ブロックエディター**を活用し、配色やレイアウトを工夫すると、同じテーマでも異なる雰囲気のデザインを実現できることがわかり、イメージが膨らむでしょう。

企業のWebサイト例

電気工事会社のWebサイトを例にした、オーソドックスなデザインの作成例です。

URL https://wp-book.net/2nd-sample02/

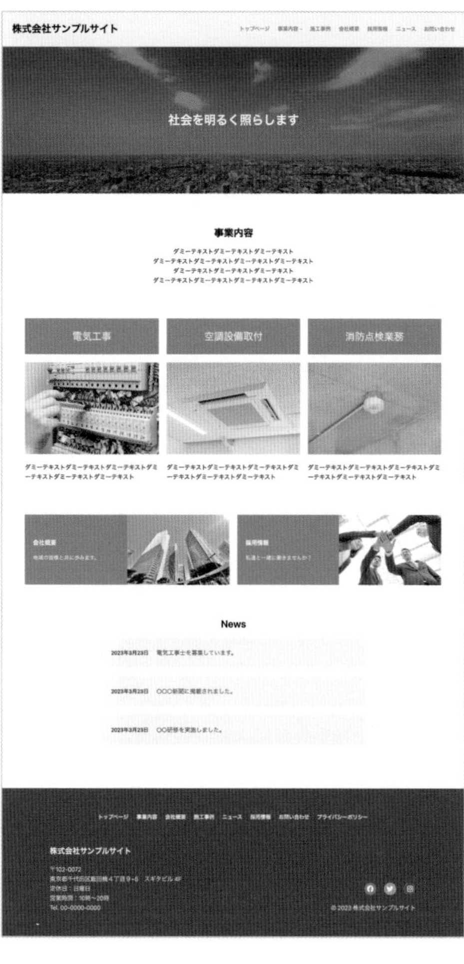

←スマートフォンの表示は
こちらでチェックできます

トップページの構成

トップページは、以下のブロックを組み合わせて作成します。

Ⓐ「カバー」ブロック
Ⓑ「見出し」ブロック
Ⓒ「段落」ブロック
Ⓓ「カラム」ブロック（3カラム）
➡「見出し」Ⓗ・「画像」Ⓘ・「段落」ブロックⓙ
Ⓔ「カラム」ブロック（2カラム）
➡「メディアとテキスト」ブロックⓀ
Ⓕ「見出し」ブロック
Ⓖ「クエリーループ」ブロック（リスト表示）

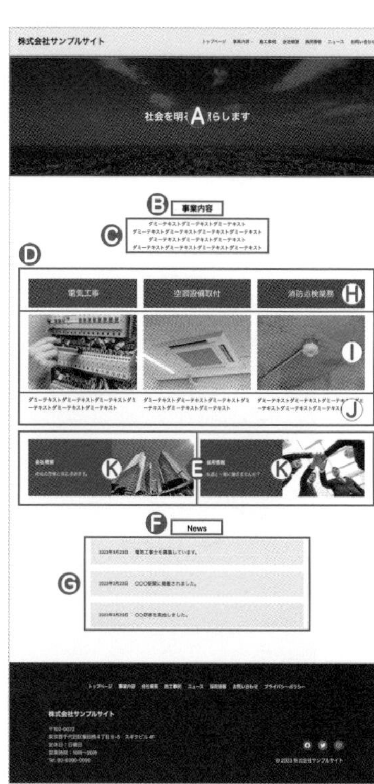

配色の設定

1 サイトの配色を設定する

Lesson 3-6を参考に、パレットを右表のように設定します。

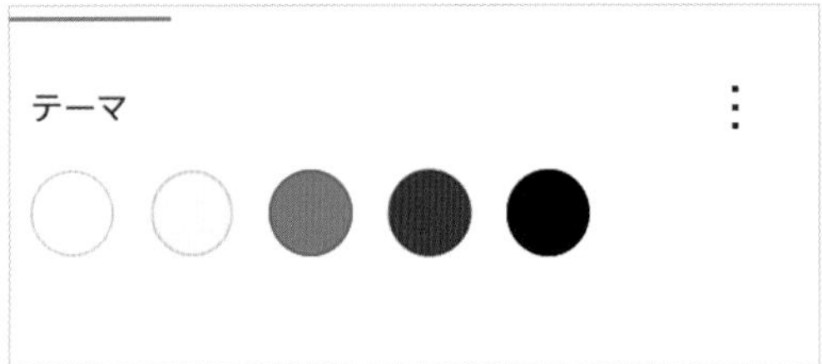

ベース	#FFFFFF
コントラスト	#F5F5F5
メイン	#107EB1
サブ	#084460
サブ2	#090909

2 ヘッダーのテンプレートパーツを設定する

ヘッダーの背景色を「コントラスト」、ナビゲーションの色を「メイン」に設定します。

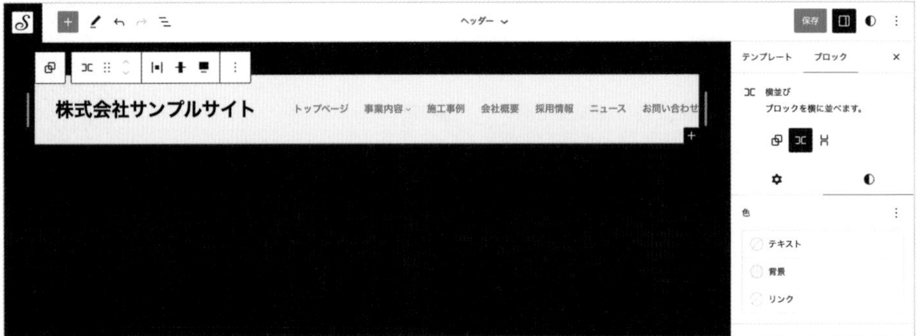

3 フッターのテンプレートパーツを設定する

フッターの背景色を「サブ」、テキスト色を「ベース」にします。

飲食店のWebサイト例

カフェのWebサイトを例にした、ぬくもりのあるデザインの作成例です。

URL https://wp-book.net/2nd-sample03/

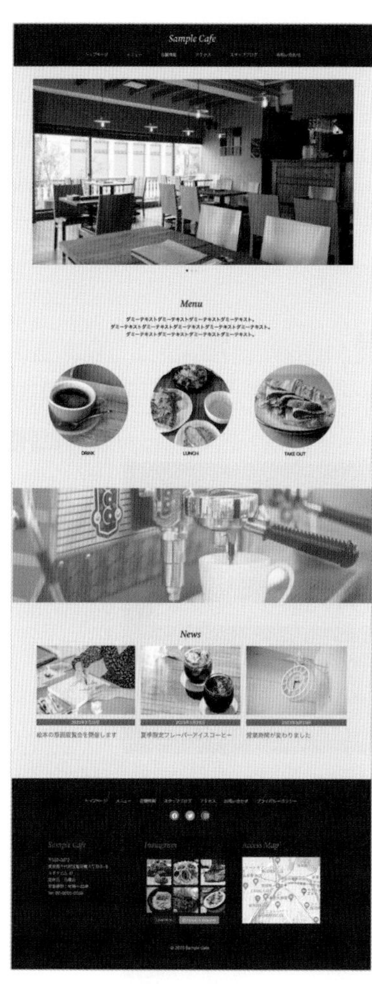

⬅スマートフォンの表示は
こちらでチェックできます

トップページの構成

トップページは、以下のブロックを組み合わせて作成します。

Ⓐ「スライダー」ブロック（Snow Monkey Blocks）
Ⓑ「見出し」ブロック
Ⓒ「段落」ブロック
Ⓓ「カラム」ブロック（3カラム）
　➡「画像」Ⓗ・「段落」ブロックⒾ
Ⓔ「カバー」ブロック（全幅・動画）
Ⓕ「見出し」ブロック
Ⓖ「クエリーループ」ブロック（グリッド表示）

配色の設定

① サイトの配色を設定する

Lesson 3-6を参考に、パレットを右表のように設定します。

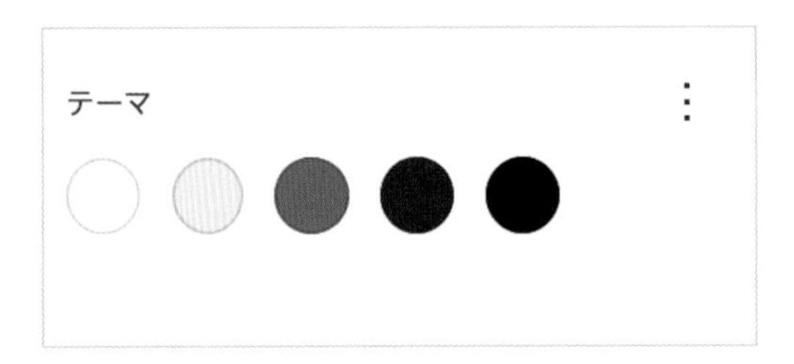

ベース	#FFFFFF
コントラスト	#F2ECDE
メイン	#856713
サブ	#352300
サブ2	#010101

② ヘッダーのテンプレートパーツを設定する

ヘッダーの背景色を「サブ」、テキストとナビゲーションの色を「コントラスト」に設定します。

③ フッターのテンプレートパーツを設定する

フッターの背景色を「サブ」、テキストの色を「ベース」に設定します。

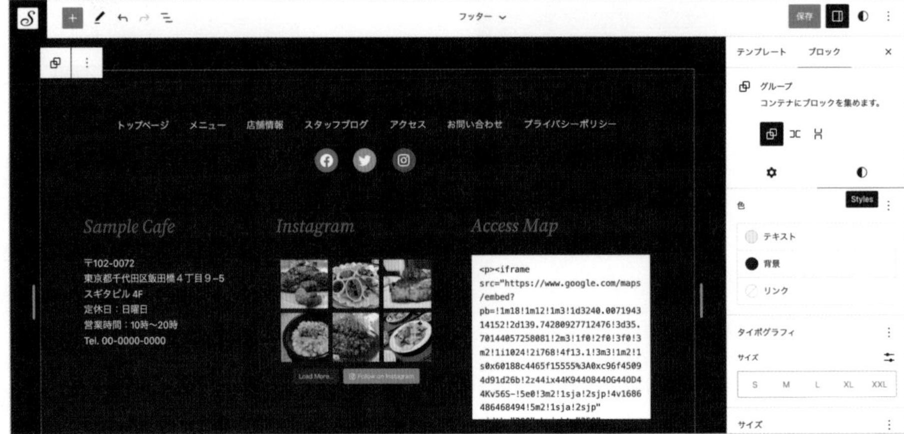

クリエイターのWebサイト例

フォトグラファーのWebサイトを例にした、スタイリッシュなデザインの作成例です。

URL https://wp-book.net/2nd-sample04/

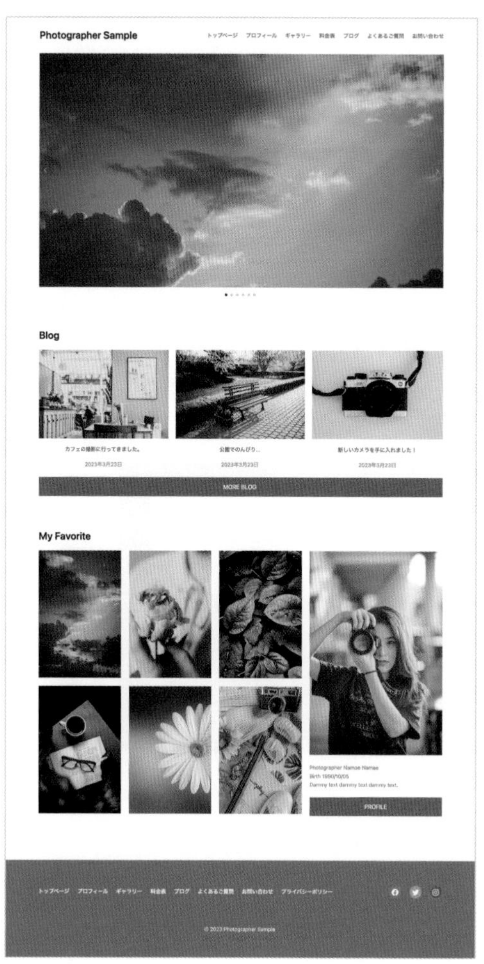

⬅スマートフォンの表示は
こちらでチェックできます

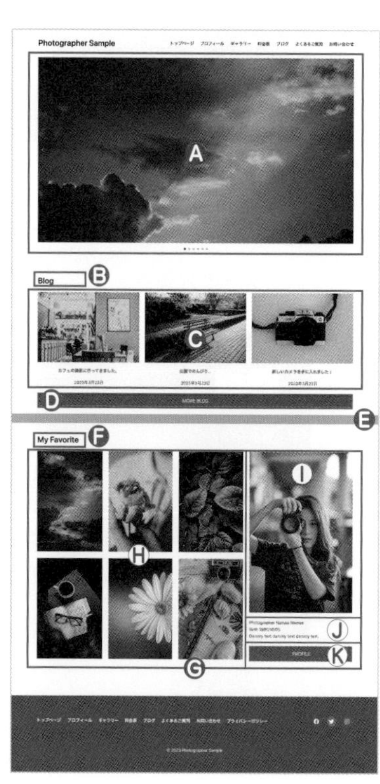

トップページの構成

トップページは、以下のブロックを組み合わせて作成します。

Ⓐ「スライダー」ブロック（Snow Monkey Blocks）
Ⓑ「見出し」ブロック
Ⓒ「クエリーループ」ブロック（グリッド表示）
Ⓓ「ボタン」ブロック
Ⓔ「スペーサー」ブロック
Ⓕ「見出し」ブロック
Ⓖ「カラム」ブロック（2カラム 2:1）
　➡「ギャラリー」ブロックⒽ
　➡「画像」Ⓘ・「段落」Ⓙ・「ボタン」ブロックⓀ

配色の設定

① サイトの配色を設定する

Lesson 3-6を参考に、パレットを右表のように設定します。

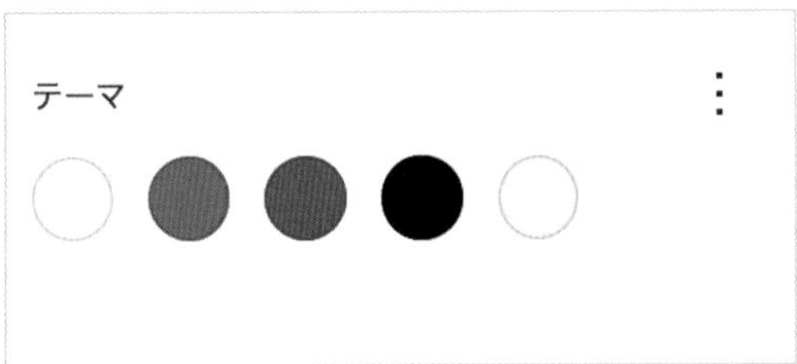

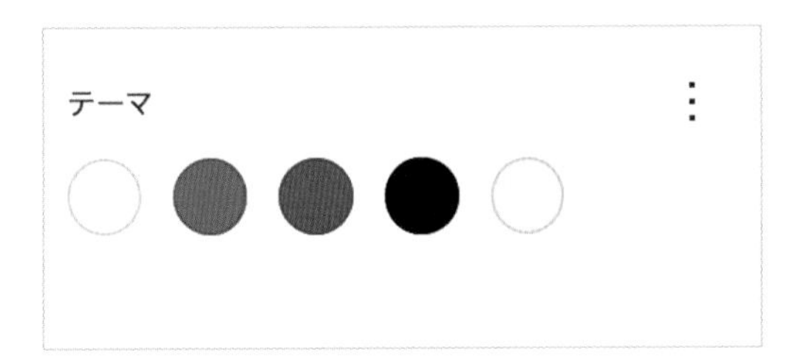

ベース	#FFFFFF
コントラスト	#6A6A6A
メイン	#E22658
サブ	#000000
サブ2	#F6F6F6

② ヘッダーのテンプレートパーツを設定する

ヘッダーの背景色を「ベース」、ナビゲーションの色を「メイン」に設定します。

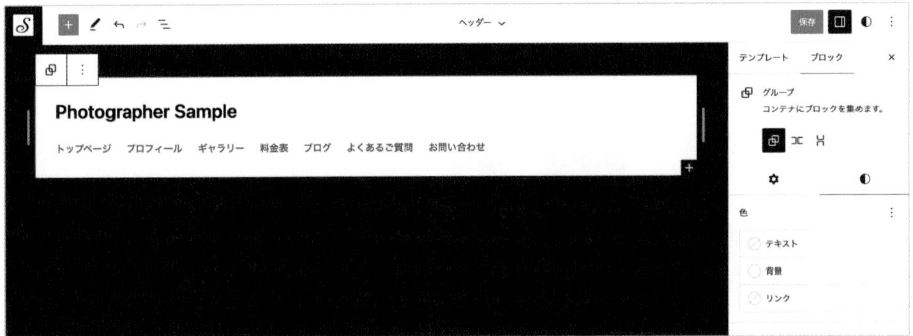

③ フッターのテンプレートパーツを設定する

フッターの背景色を「コントラスト」、テキストの色を「ベース」に設定します。

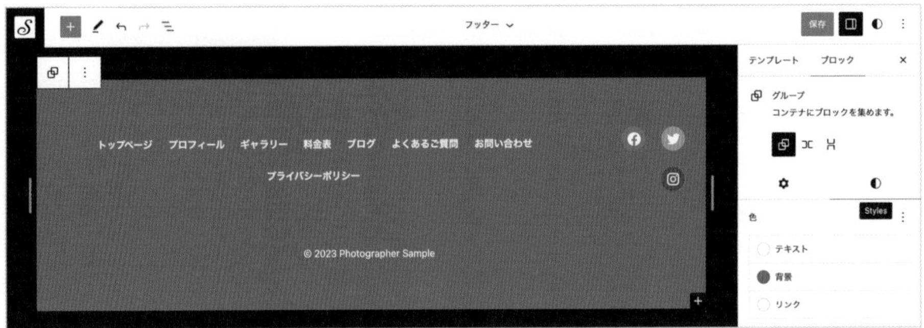

COLUMN

同じドメイン内に複数のサイトを作るには

WordPressは基本的に、1つのWebサイトを作るために設計されています。

1つのWordPressで複数のサイトを作る「マルチサイト」という機能もありますが、これを利用するにはプログラムファイルを編集したり、専門的な知識が必要となるため、初心者にはおすすめできません。

複数のサイトを作成するには、Lesson 2-3と同様にWordPressを追加インストールするのですが、このとき、手順❺「インストールの設定」(41ページ参照)で「サイトURL」に任意のディレクトリ名を入力します。

例

1つめのサイト(ドメイン直下にインストール)

URL:https://wp-book.net/

2つめのサイト(sampleディレクトリにインストール)

URL:https://wp-book.net/sample/

MEMO

パーマリンクのスラッグとディレクトリ名が重複すると不具合が生じるので、注意しましょう。

例えば、1つめのサイトに「sample」というスラッグのページがある場合は、2つめのサイトのURLと同じになってしまい、前者のページにアクセスしても後者のページが表示されてしまいます。

COLUMN

作ったWebサイトを初期化するには

1度作ったWebサイトを初期化して、WordPressがインストールされたばかりの状態に戻したいときには、『WP Reset』というプラグインを利用すると簡単です。

❶ WP Resetをインストールする

管理画面の「プラグイン」>「新規追加」を開き、「WP Reset」を検索して「今すぐインストール」をクリックします。

次ページへつづく

❷ 有効化する

インストールが完了したら、「有効化」をクリックします。

❸ リセット（初期化）する

管理画面の「ツール」>「WP Reset」を開き、ページ下部にある入力枠に「reset」と入力して「Reset Site」をクリックします。

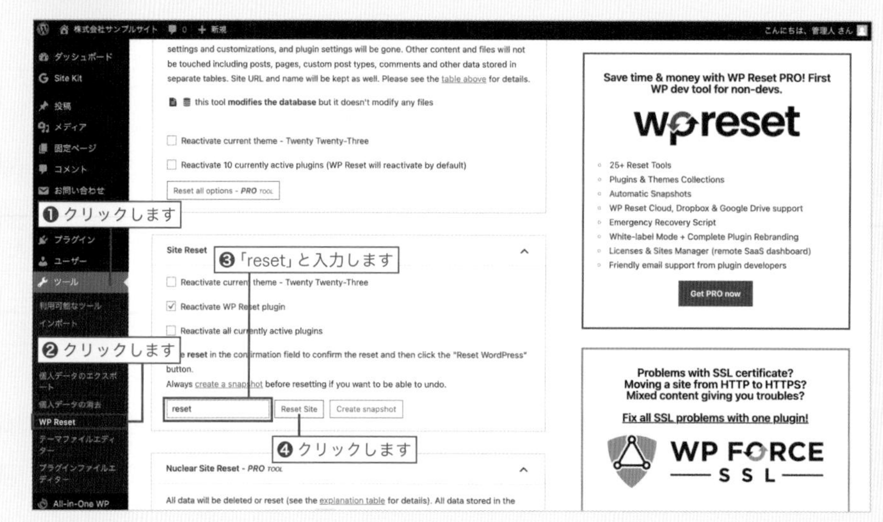

次ページへつづく

④ 最終確認をする

最終確認のメッセージが表示され、「Reset WordPress」をクリックすると数秒でWordPressが初期化されます。

MEMO

初期化を行うとインストール時の状態に戻りますが、インストール済みのテーマとプラグインは無効化された状態で残ります。

INDEX

か行

さ行

た行

な行

は行

ま行

や行

ら行

著者紹介

佐々木 恵（ささき めぐみ）

株式会社フロントワーク代表取締役。
2002年より独学でWeb制作を学び、ECサイトの制作と運用を経験。2011年からはフリーランスとしてWebの設計、構築、運用サポートまで幅広い業務を行い、2022年4月にはWeb制作業務を中心とした会社を設立。企業や公的機関などのWebサイトを多数制作している。
WordPressに関する書籍を中心に、テクニカルライターとしても活動。

主な著書
『WordPress Perfect GuideBook [5.x 対応版]』（ソーテック社）、『魅せるWordPressサイト』（ラトルズ／共著）、『CSSデザインのメソッド』（MdN／共著）、『たった1日で基本が身に付く！ WordPress超入門』（技術評論社）

Webサイト
https://frontwork.co.jp/
https://meglog.net/

◉カバー&本文イラスト　植竹 裕

いちばんやさしい WordPress 入門教室　バージョン6.x対応

2023年 8月31日　初版　第1刷発行
2024年 10月31日　初版　第2刷発行

著　　者	佐々木 恵
装　　丁	植竹 裕（UeDESIGN）
発 行 人	柳澤 淳一
編 集 人	久保田 賢二
発 行 所	株式会社ソーテック社 〒102-0072　東京都千代田区飯田橋4-9-5　スギタビル4F 電話（注文専用）03-3262-5320　FAX 03-3262-5326
印 刷 所	株式会社シナノ

Printed in Japan
ISBN978-4-8007-1323-0